岩石力学

荣传新　王晓健◎主　编
袁海平　平　琦　黎明镜　彭世龙　张亮亮◎副主编

中国建设科技出版社有限责任公司
China Construction Science and Technology Press Co., Ltd.
北　京

图书在版编目（CIP）数据

岩石力学/荣传新，王晓健主编；袁海平等副主编．
北京：中国建设科技出版社有限责任公司，2025.5.
ISBN 978-7-5160-4437-7

Ⅰ．TU45

中国国家版本馆 CIP 数据核字第 2025CM0435 号

岩石力学

YANSHI LIXUE

荣传新　王晓健　主编
袁海平　平　琦　黎明镜　彭世龙　张亮亮　副主编

出版发行：中国建设科技出版社有限责任公司
地　　址：北京市西城区白纸坊东街 2 号院 6 号楼
邮　　编：100054
经　　销：全国各地新华书店
印　　刷：北京雁林吉兆印刷有限公司
开　　本：787mm×1092mm　1/16
印　　张：12.25
字　　数：280 千字
版　　次：2025 年 5 月第 1 版
印　　次：2025 年 5 月第 1 次
定　　价：60.00 元

本社网址：www.jskjcbs.com，微信公众号：zgjskjcbs
请选用正版图书，采购、销售盗版图书属违法行为
版权专有，盗版必究。本社法律顾问：北京天驰君泰律师事务所，张杰律师
举报信箱：zhangjie@tiantailaw.com　举报电话：(010)63567684
本书如有印装质量问题，由我社事业发展中心负责调换，联系电话：(010)63567692

前　言

"岩石力学"作为一门研究岩体力学行为及其工程响应规律的应用基础学科，既是岩土工程、矿业工程、地质工程等领域的核心课程，更是深部资源开发、地下空间利用、地质灾害防控等国家重大战略工程的理论基础。岩石力学的主要内容包括岩石的物理性质、岩石的强度性质、岩石的变形性质和岩体应力等理论及应用，还有相关实验部分。

本书是根据研究生学术型、应用型人才培养的要求，结合编写组教师的长期教学经验编写而成的。编写过程中注意与其他相关课程的衔接，适当调整一些重复的内容，突出特色内容。在理论上力求简明，强调对学生的工程计算能力和分析实际问题能力的培养。本书由安徽理工大学荣传新、王晓健主编，合肥工业大学袁海平，安徽理工大学平琦、黎明镜、张亮亮和安徽建筑大学彭世龙担任副主编。具体编写分工为：王晓健、张亮亮编写第1章，彭世龙编写第2章，黎明镜编写第3章，袁海平编写第4章（不包括第4章"案例1空心包体应力计测量地应力"），荣传新编写第4章的"案例1空心包体应力计测量地应力"和第5章，平琦编写第6章。

安徽大学程桦教授担任本书主审，并对本书的编写提出了许多宝贵的建议，特此致谢。安徽理工大学硕士研究生颜梦圆等同学参与了本书的制图等工作。本教材的出版得到了安徽省高等学校省级质量工程项目"一流教材（研究生教育优秀教材，2020yjsyljc046）"的支持，在此表示感谢！

在本书编写过程中参考了有关书籍，并从中引用了部分例题和习题，在此表示感谢。由于编者水平有限，本书错漏之处在所难免，望读者批评指正。

编者
2025.4.5

目　　录

1 绪论 ·· 1
　1.1 岩石和岩体 ·· 1
　1.2 岩石力学的产生及发展 ·· 2
　1.3 岩石力学的主要研究内容及研究方法 ··· 4
　1.4 岩石力学与其他学科的关系 ·· 7

2 岩石的物理力学性质 ·· 9
　2.1 岩石的基本物理性质 ··· 9
　2.2 岩石的力学性质 ·· 11
　2.3 岩石的流变性 ··· 25
　2.4 岩石的各向异性 ··· 39
　2.5 岩石的强度准则及其工程应用 ··· 42
　2.6 岩石力学性质的主要影响因素 ··· 51

3 岩体力学性质及岩体分类 ··· 61
　3.1 岩体结构面的基本类型及特征 ··· 61
　3.2 结构面的变形特性 ··· 70
　3.3 结构面的力学效应 ··· 74
　3.4 岩体的结构 ··· 80
　3.5 岩体强度 ·· 82
　3.6 岩体破坏机理 ··· 85
　3.7 岩体的变形特性 ··· 86
　3.8 工程岩体分类 ··· 91

4 岩体初始应力及其测量 ·· 98
　4.1 基本概念 ·· 98
　4.2 重力应力场 ··· 98
　4.3 构造应力场 ··· 101
　4.4 岩体初始应力（原岩应力）分布状态 ··· 103
　4.5 原岩应力测量方法 ··· 107

5 岩石力学在地下工程中的应用 ································ 124
5.1 圆形硐室的围岩应力 ································ 125
5.2 椭圆形硐室围岩应力的弹性理论分析 ················· 137
5.3 深埋矩形硐室围岩应力的弹性理论分析 ··············· 140
5.4 硐室的围岩压力 ································ 141

6 岩石力学试验 ································ 156
6.1 岩石含水率试验 ································ 156
6.2 岩石颗粒密度试验 ································ 157
6.3 岩石块体密度试验 ································ 159
6.4 岩石单轴抗压强度试验 ································ 161
6.5 岩石抗拉强度试验 ································ 162
6.6 岩石剪切试验 ································ 164
6.7 岩石三轴试验 ································ 165
6.8 岩石变形试验 ································ 167

课后习题答案 ································ 169
参考文献 ································ 187

1 绪 论

【内容提要】

本章主要内容包括：岩石和岩体的定义、分类及特征；岩石力学的发展过程和当前主要研究内容。本章的教学重点为岩石和岩体的基本概念，教学难点是岩体的特征。

【能力要求】

通过本章的学习，学生应掌握岩石力学的定义、岩石和岩体的分类及特征，了解岩石力学目前的主要研究内容。

岩石力学是在岩石工程建设的设计和施工中必不可少的一门理论和应用科学，也是固体力学的一个分支，它研究岩石在不同物理环境的力场中产生的力学效应。全世界勘探开发能源和矿产资源的需要，对岩石力学岩石工程及其相关的技术提出了更多的要求。大坝、水电站、大型地下结构、露天采矿和在困难条件下的井巷开拓开采都是岩石力学取得成功的标志。

1.1 岩石和岩体

岩石和岩体是岩石力学的直接研究对象。因此，学习和研究岩石力学，首先要明白岩石（岩块）和岩体的基本概念。

岩石是由矿物或岩屑在地质作用下按一定的规律聚集而形成的自然地质体。存在于地壳中的具有一定化学成分和物理性质的自然元素和化合物统称为矿物，其中构成岩石的矿物称为造岩矿物。岩石可由单种矿物组成，例如，纯洁的大理石由方解石组成；多数的岩石则是由两种以上的矿物组成的，例如，花岗岩主要是由石英、长石、云母三种矿物组成的。

岩石按成因可分为三大类：岩浆岩、沉积岩、变质岩。岩浆岩是岩浆冷凝而形成的岩石，具有强度高、均质等特性。沉积岩是由母岩（岩浆岩、变质岩和更早形成的沉积岩）在地表经风化剥蚀后而产生的物质，通过搬运、沉积和硬结作用而形成的岩石。沉积岩的主要成分为颗粒和胶状物。其中，颗粒包括各种不同形状及大小的岩屑和某些矿物，胶状物常见的成分为钙质、硅质、铁质以及泥质等。沉积岩的物理力学特性不仅与矿物和岩屑的成分有关，而且与胶状物的性质有很大的关系。另外，由于沉积环境的影响，沉积岩具有层理构造，这就使得沉积岩沿不同方向表现出不同的力学性质。变质岩是由原岩在地壳中受到高温、高压及化学活动性流体的影响发生质变而形成的岩石。它的物理性质与原岩的性质和变质作用的性质及变质程度有关。

岩体是由岩石结构体和结构面组成的地质体。它包括岩石和各种地质构造形迹，如节理、裂隙、褶皱等结构面。岩石和岩体是既有区别又互相联系的两个概念。岩石是岩体的组成物质，岩体是岩石和结构面的统一体。岩体的显著特征之一是具有一定的结构。岩体是漫长历史中地质的产物，在长期的成岩及变形过程中形成了它们特有的结构。岩体结构包括两个要素：结构面和结构体。结构面即岩体内具有一定方向、延展性较大、厚度较小的面状地质界面，包括物质的分界面和不连续面，它是在地质发展过程中，尤其是地质构造变形中形成的，如断层、节理、层理、片理、裂隙等。被结构面分割而形成的岩块，四周均被结构面包围，这种由不同产状的结构面切割形成的单元体称为结构体。结构面的产状、切割密度、粗糙度、起伏度、延展性和黏结力以及充填物的性质等都是评定岩体强度和稳定性能的重要依据。

结构体也是岩体的重要组成部分，结构体的规模取决于结构面的密度，密度愈小，结构体的规模愈大。在研究结构体时，首先要弄清楚结构体的岩石类型及其物理力学属性，然后根据结构面的组合确定结构体的几何形态和大小，以及结构体之间的镶嵌组合关系等。结构体的不同形态称为结构体形式，常见的单元结构体有块状、柱状、板状、菱形、楔形和锥形体等形式。

常见岩体的结构体类型有块状结构、层状结构、碎裂结构以及散体结构等。当岩体强烈变形破碎时，也可以形成片状、破碎状、鳞片状等形式的结构体。

因为岩石力学中的许多研究对象是岩体，所以，岩石力学也称岩体力学。但随着科学技术的发展，岩石与岩体已有很严格的区分，因此有人认为应将岩石力学改为岩体力学更切合本学科的研究主题。但是，岩石力学这一名词沿用已久且使用普遍而难以更改，所以岩石力学和岩体力学是同一学科。

1.2 岩石力学的产生及发展

岩石力学是伴随着采矿、土木、水利、交通等岩石工程的建设和数学、力学等学科的进步而逐步发展形成的一门新兴学科。其发展进程可分为四个阶段。

1. 初始阶段（19世纪末至20世纪初）

此阶段产生了初步理论以解决岩体开挖的力学计算问题。例如，1912年海姆（A. Heim）提出了静水压力的理论。他认为地下岩石处于一种静水压力状态，作用在地下岩石工程上的垂直压力和水平压力相等，均等于单位面积上覆岩层的质量，即γh。朗金（W. J. M. Rankine）和金尼克也提出了相似的理论。朗金根据松散理论、金尼克根据弹性理论的泊松效应认为只有垂直压力等于γh，而水平压力应为γh乘一个侧压系数，即$\lambda \gamma h$。由于当时地下岩石工程埋藏深度不大，因而一度认为这些理论是正确的。但随着开挖深度的增加，越来越多的人认识到上述理论是不准确的。

2. 经验理论阶段（20世纪初至20世纪30年代）

此阶段出现了根据生产经验提出的地压理论，并开始用材料力学和结构力学的方法分析地下工程的支护问题。最有代表性的理论就是普罗托吉雅柯诺夫提出的自然平衡拱学说，即普氏理论。该理论认为，围岩开挖后自然塌落呈抛物线拱形，作用在支架上的压力等于冒落拱内岩石的质量，仅是上覆岩石质量的一部分。于是，确定支护结构上的荷载大小和分布方式成了地下岩石工程支护设计的前提条件。普氏理论是相应于当时的支护形式和施工水平发展起来的。由于当时的掘进和支护所需的时间较长，支护和围岩不能及时紧密相贴，致使围岩最终往往有一部分破坏、塌落。但事实上，围岩的塌落并不是形成围岩压力的唯一来源，也不是所有的地下空间都存在塌落拱。进一步地说，围岩和支护之间并不完全是荷载和结构的关系问题，在很多情况下围岩和支护形成一个共同承载系统，而且维持岩石工程的稳定最根本的还是要发挥围岩的作用。因此，靠假定的松散地层压力来进行支护设计是不合实际的。

3. 经典理论阶段（20世纪30年代至60年代）

此阶段是岩石力学这一学科形成的重要阶段，弹性力学和塑性力学被引入岩石力学，确立了一些经典计算公式，形成围岩和支护共同作用的理论。结构面对岩体力学性质的影响受到重视。岩石力学文献和专著的出版、实验方法的完善、岩体工程技术问题的解决，这些都说明岩石力学发展到此阶段已经成为一门独立的学科。

20世纪50年代，鲁宾涅特运用连续介质理论写出了求解岩石力学领域问题的系统著作。同期，开始有人用弹塑性理论研究围岩的稳定问题，导出著名的劳纳—塔罗勃公式和卡斯特纳公式。塞拉塔用流变模型进行了隧洞围岩的黏弹性分析。但是，上述的连续介质理论的计算方法只适用于圆形巷道等个别情况，而对普通的开挖空间却无能为力，因为没有现成的弹性或弹塑性理论解析解可供应用。

20世纪60年代，运用早期的有限差分和有限元等数值分析方法，出现了考虑实际开挖空间和岩体节理、裂隙的围岩和支护共同作用的弹性或弹塑性计算解，使运用围岩和支护共同作用原理进行实际岩石工程的计算分析和设计变得普遍起来。同时，人们认识到，运用共同作用理论解决实际问题，只有以原岩应力（地应力）作为前提条件进行理论分析，才能把围岩和支护的共同变形与支护的作用力、支护设置时间、支护刚度等关系正确地联系起来。否则，使用假设的外荷载条件计算，就失去了它的真实性和实际应用价值。这一认识促进了中国早期的地应力测量工作的开展。但是，早期的连续介质理论忽视了对地应力作用的正确认识，忽视了开挖的概念和施工因素的影响。地应力是一种内应力，由开挖形成的"释放荷载"才是引起围岩变形和破坏的根本作用力。而传统连续介质理论采用固体力学或结构力学的外边界加载方式，往往得出远离开挖体处的位移大而开挖体内边缘位移小的计算结果，这显然与事实不符。多数的岩石工程不是一次开挖完成的，而是多次开挖完成的。由于岩石材料的非线性，其受力后的应力状态具有加载途径性，因此前面的每次开挖都对后面的开挖产生影响。施工顺序不同，开挖步骤不同，都有各自不同的最终力学效应，也即不同的岩石工程稳定性状态。因此，忽视施工过程的计算结果将很难用于指导工程实践。1962年10月，在第13届地质力学讨论会上成立了国际岩石力学学会，米勒担任第一任主席。这是岩石力学发展史上的重要事件。

该理论的缺陷是过分强调节理、裂隙的作用，过分依赖经验，而忽视理论的指导作用。该理论完全反对把岩体作为连续介质看待，也是不正确的和有害的。因为这种认识阻碍了现代数学力学理论在岩石工程中的应用，譬如早期的有限元应用就受到这种理论的干扰。因为，虽然岩体中存在这样那样的节理、裂隙，但从大范围、大尺度看仍可将其作为连续介质对待。对节理、裂隙的作用，对连续性和不连续性的划分，均需由具体研究的工程和处理问题的方法来确定，没有绝对统一的模式和标准。1959 年 12 月法国马尔帕塞（Malpasset）坝的破坏，以及 1963 年 10 月意大利瓦扬（Vajont）坝的溃败，都使当地人民生命财产遭到巨大损失。人们发现，这两个坝的破坏并不是坝体结构强度不够，而是坝基和边坡岩体出了问题，从而使更多的人体会到坝基岩体的稳定与结构物的强度同等重要。因此，有组织地研究岩体力学特性的要求就被提了出来。

4. 现代发展阶段（20 世纪 60 年代至今）

此阶段是岩石力学理论和实践的新进展阶段。其主要特点是，用更为复杂的多种多样的力学模型来分析岩石力学问题，把力学、物理学、系统工程、现代数理科学、现代信息技术等的最新成果引入了岩石力学。而电子计算机广泛应用为流变学、断裂力学、非连续介质力学、数值方法、灰色理论、人工智能、非线性理论等在岩石力学与工程中的应用提供了可能。20 世纪 80—90 年代，岩石工程三维信息系统、人工智能、神经网络、专家系统、工程决策支持系统等迅速发展起来，并得到普遍的重视和应用。系统科学虽然早已引起岩石力学界的注意，但直到 20 世纪 80—90 年代才成为共识，并进入岩石力学理论和工程应用。

时至今日，岩石工程力学问题已被当作一种系统工程来解决。系统论强调复杂事物的层次性、多因素性及相互关联和相互作用特征，并认为人类认识是多源的，是多源知识的综合集成。这些为岩石力学理论和岩石工程实践的结合提供了依据。

1.3 岩石力学的主要研究内容及研究方法

岩石力学需要研究岩石或岩体在外力作用下的力学特性，包括应力状态、应变状态和破坏条件等，它是解决岩石工程技术问题的理论基础。目前，国内外有的坝高已超 300m，大型地下水电站、隧道和矿山巷道的深度已超过 3000m，地下洞室的跨度已近百米。这些生产上的高速发展，都对岩石力学的研究提出了新的要求和课题。同时，岩石力学在许多方面的研究还不够成熟，特别是岩体作为一种自然的地质体，影响其稳定性的各种因素之间的关系纷繁复杂，它们之间的很多规律尚未得到充分认识。所以，我们在实践中应该注重总结同岩石"斗争"的经验，将其提升为理论，再回到工程实践中解决生产中提出的有关岩石工程问题。

目前，岩石力学的研究内容大致可以归纳为以下四个大方面，其中又包含若干子问题的研究。

1. 应用岩石力学、环境安全和控制

（1）环境保护。

涉及采矿引起的地面沉降，地下工程对环境的影响，废弃矿井的安全处置等。

（2）存储和弃置。

涉及放射性废料的安全处置，天然气和地下冷库工程附近流体的运移问题等。

（3）天然岩质边坡的稳定性、岩体表面开挖的安全性。

涉及岩质边坡和露天矿边坡的稳定性，边坡的长期稳定性，节理岩体梯状坡道的稳定性，用有限元法分析边坡在自然冻融条件下的稳定性，边坡失稳机理，公路风化岩体边坡的最优设计。

(4) 隧道。

涉及隧道的连续介质和非连续介质模拟，锚固隧道头部的模拟，块状岩体中隧道的静力分析，隧道的三维有限元分析，隧道衬砌的力学行为及裂缝特性，特殊岩土条件下的隧道开挖，水下隧道的大变形，穿过断层破碎带的地下结构的三维数值模拟，在复杂岩体和高水压条件下隧道的安全分析，隧道支承系统的可靠性分析，受挤压地层中隧道施工方法，软弱岩体中的隧道失稳和支承系统的最优化设计，分形几何学在隧道施工现场的应用等。

(5) 采矿。

涉及采矿中的岩爆、多洞室和支柱的应力分析，采矿方法的研究，地下开采空间的稳定性，岩体失水条件下的变形，采矿中的新设计方法，废矿的风险分析和管理，矿业开采中的支承设计，采场应力和变位分析，特殊条件采矿。

(6) 地下硐室。

涉及地下硐室支承的受力分析和设计，变形测量，硐室设计，数值模拟，稳定分析，洞室开挖的稳定性，硐室所引起的围岩温度场的变化，地下硐室的建设和监测，大型地下硐室的建设管理，地下开挖的三维数值模拟和稳定分析，地面沉降的解析解和数值解，新的稳定指标的研究等。

(7) 石油工程。

涉及井眼稳定分析，油藏应力和温度场分析等。

(8) 岩基。

涉及大坝的失稳，岩基的动力安全分析，岩基的非线性变形等。

(9) 节理岩体的行为。

涉及非连续岩体的非线性变形的反分析概念和方法，节理岩体的强度和变形分析，岩体节理的尺度效应，岩体节理系统的随机模拟，岩体节理的概率模拟，岩体力学特性的地质统计和块体模拟等。

(10) 数值方法的实现。

涉及岩体节理网络中多相流动的模拟，工程岩体的神经网络方法分类，节理岩体的均质化方法等。

(11) 其他。

涉及岩体的化学注浆等。

2. 力学现象与温度、水力和化学现象的耦合

(1) 室内试验——压缩试验。

涉及地下存储液体对围岩渗流的影响，脆性岩石在压缩条件下的失稳过程和声发射，岩石力学性质在高温和三维受力情况下的试验，试验条件对岩石力学性能的影响，超声波在岩体中的传播速度和衰减规律的研究，深部岩石的力学性质，多轴应力状态下的岩石强度特性，岩体失稳准则的研究，脆性岩石在压缩条件下的破裂，岩石塑性参数随时间的变化，高温高压状态下的应力应变研究，非大气条件下的岩石强度，岩体失稳准则在实际工程中的应用，岩体塑性各向异性的评价，岩石的拉伸强度，单轴压缩试验和点荷载条件下岩石强度的关系，应力导致的破坏所引起的声发射，岩石的长期力学特性，含水饱和度和风化对岩石强度的影响，岩石的物理特性，岩石流变失稳和疲劳试验之间的关系等。

(2) 室内试验——抗剪试验。

涉及岩体节理的抗剪特性，变形特性，节理的直剪试验，岩桥的集结等。

(3) 岩体水力特性与力学耦合现象的室内试验。

涉及孔隙压力在三轴剪力下的变化，变形与液体流动的耦合，裂隙岩体的变形与渗透特性，作为孔隙介质的岩体在三轴应力下的气体滤过性能，水力裂隙的剪胀和渗透性能，测量应力与渗流耦合作用的新装置，闭合裂隙的水力特性，水力裂缝重新张开，三维水力劈裂的模拟，气体和液体二相渗流规律的试验研究。

(4) 现场试验。

涉及温度、力学、水力和化学过程的耦合，地层的水力特性试验，岩体各向异性的确定等。

(5) 岩体行为模拟。

涉及用微地震技术为岩体的损伤定位，岩石和岩体破坏准则的统一表达，地热开发中水力和温度的相互作用。

(6) 其他。

3. 岩石动力学和技术

(1) 天然地震和诱发地震。

天然地震涉及岩体的风化过程研究，化学添加剂对裂纹扩展的影响，用 CT 扫描数据分析裂缝的扩展，计算机辅助试验测量岩石的应力-应变曲线等。

诱发地震涉及诱发地震的机理及震源的研究，采用微地震技术研究应力集中和岩体的破裂性状，地震的模拟等。

(2) 岩爆。

涉及岩爆的反分析，用随机方法测量动态裂纹的强度，非线性岩石动力学系统的人工辨识，采矿工程中的岩爆研究，井眼的破碎，隧道及围岩的动力分析，岩爆的预测，露天矿边坡的动力稳定性，动荷载下岩石的破裂行为等。

(3) 原岩应力。

涉及应力释放及构造应力对应力场的影响，水力劈裂，原岩应力测量，节理裂隙的发展，岩层稳定分析，在温度作用下裂纹的断裂韧度等。

(4) 岩石爆破。

涉及岩石爆破中的瞬态应力场的定量研究，光面爆破、地下爆破对地面的影响等。

(5) 岩石切割和钻孔。

涉及微结构面在岩石切割中的作用，隧道钻孔机在隧道开挖中的用途，钻具形状的优化设计，岩石灾变机理等。

(6) 盆地模拟。

涉及沉积盆地的应力应变数值模拟，盆地应力场的多样性研究等。

4. 现场试验与监测

(1) 试验技术。

涉及井壁及围岩应力的实验室模拟，锚索荷载分布，暴露岩体裂隙的描述，隧道围岩破坏程度的估计，用数字图像分析和测量岩石的应变，软弱岩石和喷射混凝土早期强度的评价方法，原场应力的测量，钻孔数据在选址上的应用等。

（2）岩石和岩体的性质测定。

涉及岩体的分级，海底隧道的选址调查，煤柱的应力分析，船闸岩体的力学特性，现场测量数据的处理和解释，岩体参数的确定及测量仪器，注浆效果的分析，岩体静力和动力特性的分析，岩体节理的剪切强度和刚度，尺寸效应，岩石流动的长期观测，液体流动和物质传输问题，岩体特性的三维反分析等。

（3）监测、长期测量和风险评价。

涉及岩体振动及移动的监测，隧道开挖、变形的监测，用 GPS 对隧道变形的监测，岩质边坡稳定性的长期观测，岩石工程事故研究等。

（4）岩石锚固效果监测。

涉及锚固效果分析，用新模型分析锚杆的荷载，衬砌的受力分析等。

岩石力学作为一门独立的学科，至今才有 50 余年的历史，这是很短暂的。岩石力学作为一门新兴学科的同时，又是一门重要的交叉学科和边缘学科，是用力学的观点对自然存在的岩石和岩体进行性质测定和理论计算，来为具体的工程建设服务的。所以，岩石力学研究采用科学实验、理论分析和工程实践紧密结合的方法。

首先，对现场的地质条件和工程环境进行调查分析，掌握工程岩体的组成规律和地质环境，然后进行室内外物理力学性质试验和模型试验，作为建立岩石力学的概念、模型和分析理论的基础。事实证明，每当用新的技术对岩体进行科学实验而获得成功时，我们对岩石性能的认识也就前进了一步。因此，岩石力学的科学实验必须采用最先进的测试手段。

其次，我们可以按地质和工程环境的特点分别采用弹性理论、塑性理论、流变理论以及断裂、损伤等力学理论进行分析。需要注意的是，由于一定的理论都是在一定的假设条件下建立的，其与复杂多变的自然岩体之间总是存在一定的差距，理论的适用性总要受到一定的限制。因此，应用这些力学理论时，要注意其适用性。

此外，目前有许多岩石力学问题，运用现有的知识和理论仍得不到完善的解答。因此，我们还要紧密地结合工程实际，重视从工程实践中总结经验，将其发展上升为理论，并充实完善该理论。现在计算机技术飞速发展，使得电子计算机以惊人速度处理复杂数据的能力越来越受到众多学者的青睐。借助飞速发展的计算机技术对复杂的岩石力学问题进行模拟计算，是岩石力学研究中十分有用的方法。现代的岩石力学研究已经离不开模拟计算。

1.4　岩石力学与其他学科的关系

岩石力学是工程地质与工程力学渗透发展所形成的边缘学科，这个渗透是指工程力学知识渗透到工程地质研究领域。岩石力学是以工程地质研究为基础，运用工程力学的知识解决地质工程问题。它的理论基础相当广泛，涉及工程地质学、水文地质学、固体力学、流体力学、计算数学、弹塑性力学、构造地质学、地球物理学及建筑结构等学科。因此，要学好岩石力学，必须具备以上基础知识，特别是固体力学和弹塑性力学等力学基础更应牢固掌握。而且，岩石力学还是工程地质和地质工程设计、施工的桥梁，是工程地质定量化的手段。岩石力学是应用性很强的学科。没有地质工程也就没有岩石力学，没有工程地质也建立不起来岩石力学基础。从这个意义上来说，应该承认，岩石力学是工程地质分支学科，它的理论是建立在工程地质基础之上的。岩石力学工作者必须明确，岩石力学首先是地质体力学。

岩石力学涉及两大学科：地质学科和力学学科。

首先，利用工程地质学、历史地质学、构造地质学、岩石学、地球物理学等地质学科的理论和方法研究结构面、地应力、水、气等地质作用因素在工程岩体中的分布规律，及其对岩体的力学性质和稳定性的影响；其次，对完整致密的或比较完整致密的岩体，利用弹性力学和塑性力学等力学的基本理论研究岩石和工程岩体的应力、变形和强度等的力学影响；再次，对完整性较差的裂隙岩体，利用非连续、非均质和各向异性体力学理论来研究岩体的力学影响，对含水、气（有压气体）的裂隙岩体还应考虑多相耦合的力学问题；最后，对某些风化严重的岩石，使用土力学的理论和方法往往会得到更为接近实际的结果。

此外，岩石力学还有分支学科。包括工程岩石力学、构造岩石力学、破碎岩石力学。

① 工程岩石力学：为各类建筑工程及采矿工程等服务的岩石力学，重点是研究工程活动引起的岩体重分布应力以及在这种应力场作用下工程岩体（如边坡岩体、地基岩体和地下洞室围岩等）的变形和稳定性。

② 构造岩石力学：为构造地质学、找矿及地震预报等服务的岩石力学，重点是探索地壳深部岩体的变形与断裂机理，为此需研究高温高压下岩石的变形与破坏规律以及与时间效应有关的流变特征。

③ 破碎岩石力学：为掘进、钻井及爆破工程服务的岩石力学，重点是研究岩石的切割和破碎理论以及岩体动力学特性。

【知识归纳】

本章介绍了岩石和岩体的定义及区别，岩石、岩体的分类和特征，学习岩石力学过程中应该采取的研究方法和研究的重点，并对岩石力学的产生和发展过程、岩石力学与其他学科的关系做了阐述。总之，岩石力学是一门应用性很强的学科。我们在学习过程中，在准确概念的指导下，抓住岩体的结构特征，综合研究分析，才能得出符合科学实际的结果。

【独立思考】

1-1　何谓岩石力学？谈谈你对岩石力学的认识和看法。

1-2　自然界中的岩石按地质成因可分为哪几大类？其各有什么特点？

1-3　简要叙述岩体结构的类型与特征。

1-4　当前岩石力学的主要研究内容和研究方法是什么？

2 岩石的物理力学性质

【内容提要】

本章主要内容包括:岩石的基本物理性质和岩石的变形与强度特征;岩石的三种基本力学模型和两种组合模型,岩石的应力、应变特征;基于弹性力学理论,岩石的各向异性特征;岩石力学性质的影响因素;常用的岩石强度准则。本章的教学难点是岩石的流变性和强度理论。

【能力要求】

通过本章的学习,学生应了解岩石的基本物理力学性质,熟悉岩石的基本力学模型,掌握岩石的常用强度理论。

岩石是由一种及以上矿物经历漫长的地质年代所组成的固结或不固结的集合体,是组成地壳的物质之一,是地球岩石圈的主要成分。岩石根据成因一般分为三大类:岩浆岩、沉积岩、变质岩。

由于自然界地质运动和环境变化的影响,岩体中包含了大量的结构面和结构体。《岩土工程勘察规范》(GB 50021—2001)(2009年版)将岩体结构分为五类:整体状结构、块状结构、层状结构、碎裂状结构和散体状结构。由于岩块是不含弱面的完整岩石,所以岩块的强度比岩体的强度大得多。一般以室内岩石试件试验所得到的力学指标表示岩石的力学性质,而以现场大型试块试验所得的力学指标表示岩体的力学性质。通过岩体结构种类的划分,找出岩块力学性质与岩石力学性质的内在联系,为岩土工程设计取得一定数量的岩体力学性质指标,是岩石力学这门学科的研究内容之一。

2.1 岩石的基本物理性质

在岩石力学中,常用某种数据来描述岩石的某种物理性质,这些数据就是岩石的物理量指标。在岩体工程中,常用的物理性质有以下几种。

2.1.1 岩石的重力密度

岩石单位体积(包括孔隙体积)的重力称为岩石的重力密度(重度)。其表达式为:

$$\gamma = \frac{W}{V} \tag{2-1}$$

式中 γ——岩石的重力密度,kN/m^3;

W——被测定岩石试件的重力，kN；

V——被测定岩石试件的体积，m³。

岩石重度又可分为天然重度（γ）、干重度（γ_d）和饱和重度（γ_w）。它们的区别在于不同状态下试件重量不同，从而造成数值上的差异，即：

$$\gamma = \frac{W}{V}$$

$$\gamma_d = \frac{W_d}{V}$$

$$\gamma_w = \frac{W_w}{V}$$

式中 W——天然状态下岩石试件的重量（kN）；

W_d——岩石试件在105℃条件下烘至恒重的干重量（kN）；

W_w——岩石试件在水饱和状态下的重量（kN）。

岩石重度的大小在一定程度上反映出岩石力学性质的优劣，通常岩石重度越大，其力学性质越好。

2.1.2 岩石的相对密度

岩石的相对密度就是岩石的干重力除以岩石的实体体积（不包括孔隙体积），再与4℃时水的重度之比，即：

$$\Delta = \frac{W_d}{V_0 \Delta_w} \tag{2-2}$$

式中 V_0——岩石试件的实体体积，m³；

Δ_w——4℃时水的重度，kN/m³。

岩石相对密度的大小取决于组成岩石矿物的相对密度。显然，矿物的相对密度越大，岩石的相对密度也越大，反之则越小。因此，含有矿物相对密度较大的碱性和超碱性岩石，一般具有较大的相对密度；含有矿物相对密度较小的酸性岩石，则具有较小的相对密度。

2.1.3 岩石的孔隙度

岩石的孔隙度是指岩石中裂隙和孔隙的发育程度，其衡量指标为孔隙率（n）或孔隙比（e）。

（1）孔隙率。

孔隙率是指岩石内孔隙体积占原体积（包括孔隙体积）的百分比。其值可按下式计算：

$$n = \frac{V - V_0}{V} \times 100\% \tag{2-3}$$

式中 V_0——岩石试件的实体体积，m³；

V——被测定岩石试件的体积，m³。

因为孔隙率能直接反映出岩石中孔隙和裂隙所占体积的百分比，所以孔隙率也是衡量岩石工程质量的重要指标之一。显然，孔隙率越大，岩石中的孔隙和细微裂隙也就越多,岩石的力学性能也就越差。

(2) 孔隙比。

孔隙比是指岩石中各种孔隙体积与原体积内固体矿物颗粒的体积之比,即:

$$e = \frac{V-V_s}{V_s} = \frac{n}{1-n} \tag{2-4}$$

式中 V_s——岩石原体积内固体矿物颗粒的体积,m³。

2.1.4 岩石的吸水性与渗水性

岩石的吸水能力用吸水率表示。吸水率是指在一定的压力下,岩石干试样吸入水的重力与岩石试件干重力之比。吸水率常用 ω 表示,即:

$$\omega = \frac{W_w}{W_D} \times 100\% \tag{2-5}$$

式中 W_w——在一个大气压下试样吸入水的重量,kN;
W_D——岩石试件的干重量,kN。

岩石吸水率的大小既与岩石孔隙率、孔隙的连通和开阀情况有关,也与压力的大小有关。同样的岩石试件在压力大时吸水率大,压力小时吸水率小。岩石吸水率还与浸水时间有关,浸水时间不同,可得出不同的吸水率。

岩石的渗水性是指在一定的试验条件下,水渗入岩石透过试样的能力。由于透过岩石必须有连通的孔隙,渗水性的大小不仅取决于孔隙比的大小,还与孔隙的大小和连通情况有关。岩石渗水性用渗透系数 K 表示。渗透系数根据达西(Darcy)定律可定义为:

$$Q = -iKA \tag{2-6}$$

式中 Q——单位时间内的渗流量,m³/s;
i——水力梯度,表示单位渗流路径上的水头损失,$i=h/L$,无量纲;
A——过水面积,m²;
K——渗透系数,m/s。

在岩石工程中,常通过引入黏性系数 k 使渗透系数 K 与岩体的性质有关,即:

$$k = \frac{K\mu}{\gamma g} \tag{2-7}$$

式中 γ——流体的重度,kN/m³;
μ——流体的动力黏度,N·s/m²;
g——自由落体加速度,m/s²。

2.2 岩石的力学性质

岩石的力学性质是指岩石在受力后所表现出来的某种力学特性,主要包括岩石的变形特征和岩石的强度特征。

2.2.1 岩石的变形特征

岩石在荷载作用下,首先发生的物理现象就是变形;随后,当作用的荷载不断增加,或者当荷载超过某一数值并保持不变时,随着荷载作用时间的增长,会导致岩石的破坏。

岩石在荷载作用下的变形可表现为弹性变形、塑性变形和流变变形。然而,岩石的变形特征并非岩石的绝对属性,它与受力状态、所处的环境有关。同一种岩石在不同的受力状态下可以有完全不同的变形特征。

通过岩石的变形试验,可全面深入地了解岩石的变形特性。通过应力-应变曲线(应力-应变曲线可由变形试验绘制),即可对岩石的变形特性进行分析研究。岩石的变形试验有单轴试验和三轴试验两种,现分述如下。

1. 岩石在单轴压缩状态下的应力-应变曲线

奥地利岩石学家米勒(L. Miller)根据28种岩石的大量单轴试验资料,将岩石的应力-应变曲线划分成如下六种类型(图2-1)。

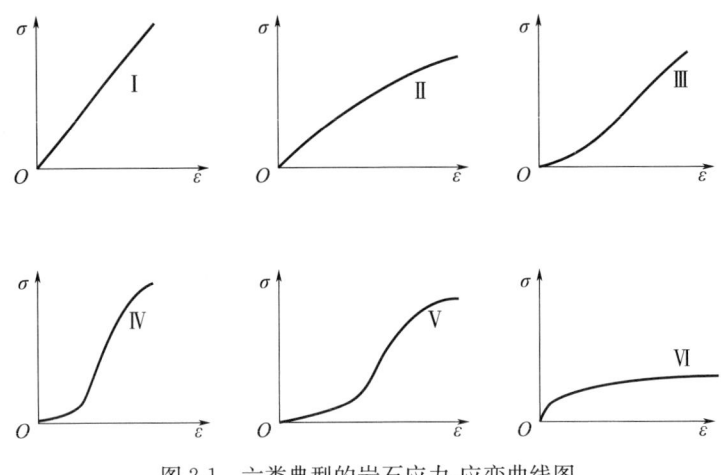

图2-1 六类典型的岩石应力-应变曲线图

(1) 类型Ⅰ:应力-应变曲线是一条直线或者近似直线,直到试件发生突然破坏为止。具有这种变形特性的岩石有玄武岩、石英岩、白云岩以及极坚固的石灰岩等,这些材料塑性阶段不明显,具有弹性性质。

(2) 类型Ⅱ:应力较低时,应力-应变曲线近似于直线,当应力增加到一定数值后,应力-应变曲线向下弯曲,随着应力逐渐增加而曲线斜率也就越变越小,直至试件破坏。具有这种变形特性的岩石有较软弱的石灰岩、泥岩以及凝灰岩等,这些材料具有弹-塑性性质。

(3) 类型Ⅲ:应力较低时,应力-应变曲线略向上弯曲,当应力增加到一定数值后,应力-应变曲线逐渐变为直线,直至试件破坏。具有这种变形特性的代表岩石有砂岩、花岗岩、片理平行于压力方向的片岩以及某些辉绿岩等。从力学属性来看,这种变形特性属于塑-弹性性质。

(4) 类型Ⅳ:应力较低时,应力-应变曲线向上弯曲,当压力增加到一定数值后,变形曲线成为直线,最后曲线向下弯曲,近似S形。具有这种变形特性的岩石大多数为变质岩,如大理岩、片麻岩等。这种材料具有塑-弹-塑性性质。

(5) 类型Ⅴ:基本上与类型Ⅳ相同,应力-应变曲线也呈S形,不过曲线较平缓。

这种曲线一般发生在压缩性较高的岩石中。应力垂直于片理的片岩具有这种性质。

(6) 类型Ⅵ：应力-应变曲线是岩盐的特征曲线。开始先有很小一段直线部分，然后是非弹性的曲线部分，并继续不断地蠕变。某些软弱岩石也具有类似特征。这种材料具有弹-塑-蠕变性质。

这些应力-应变曲线中，向下弯的曲线（类型Ⅱ）和 S 形曲线在高应力时出现的下弯段，是在高应力作用下岩石内部形成细微裂隙和局部破坏的缘故；向上弯曲的曲线（类型Ⅲ）和 S 形曲线在低压时出现的向上弯曲段，是岩石在压力作用下其张开裂隙和微裂隙闭合的缘故。由张开裂隙或微裂隙闭合而引起的岩石变形是不可恢复的，属于塑性变形。此外，裂隙两侧面一般并不光滑平整，而总是有高低不平的凸突部分，故裂隙闭合过程中，裂隙上的凸突部分先接触，并产生弹性变形。随着荷载的增加，这些凸突部分总的接触面积增大而应变减小，这就决定了应力-应变曲线的非线性性质（非线性弹性）。这一部分曲线的长度依岩石裂隙的状态和性质而定。在无裂隙的完整岩石中，一般情况下不会出现这种性质。

2. 岩石应力-应变的全过程曲线

上面所讨论的变形是岩石试件在普通材料试验机上的试验结果，岩石试件的破坏形式是突发的，在岩石破坏的一瞬间，岩石发生崩裂，碎块向四面飞射，并伴有很大的声响。这是由材料试验机的刚度不足造成的，即岩石试件的刚度大，材料试验机的刚度小，材料试验机在岩石试件受载变形的同时也发生变形，并积蓄了相当的应变能；当岩石试件受载达到破裂的瞬间，其承载能力下降，失去对材料试验机进行支撑的能力，材料试验机在试验过程中所积存的应变能就在这一瞬间迅速释放，致使材料试验机冲击岩石试件，使它炸裂成碎块，于是岩石试件破裂，材料试验机自动卸载，岩石试件破坏的全过程就不能继续观测。由这种非刚性材料试验机所得的结果，仅仅反映了岩石在破坏前期的应力-应变关系，即如图 2-1 所示的六种典型的应力-应变曲线。为了观测岩石试件破坏的全过程，必须采用刚性很大的材料试验机，试验过程中，材料试验机积蓄的应变能很小，岩石试件破坏时不受很大应变能的冲击，而是表现为缓慢破坏。利用配有伺服系统的刚性材料试验机来做岩石试件的应力-应变试验，即可绘制出岩石应力-应变全过程曲线，如图 2-2 所示。它不仅反映了岩石破坏前期的本构关系，也反映了岩石破坏后期的本构关系，为进一步研究岩石的变形特性和强度特性提供了必要的资料。

从图 2-2 中可以看出，典型的岩石应力-应变全过程曲线可分成以下四个特征区域。

① OA 区段。该段曲线微向上弯曲，是岩石微裂隙被压实的结果。该曲线接近弹性，稍有一点弹性后效，一般不产生不可恢复的变形。

② AB 段。该段曲线接近直线，属于弹性变形。

③ BC 段。B 点通常在峰值应力（C 点应力值）的 2/3 处。B 点为屈服点，其相应的应力值称为屈服极限。该段曲线的斜率随着应力的增加逐渐减

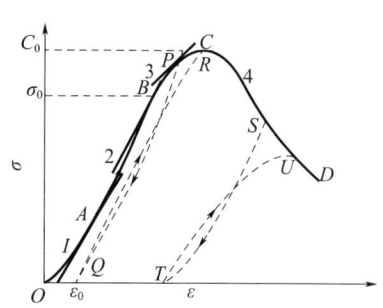

图 2-2 岩石应力-应变全过程曲线

小，直到零，属于塑性强化阶段。图 2-2 中 PQ 为卸载曲线，QR 为加载曲线，因而有永久变形 ε_0 产生。反复加载和卸载也符合此规律。

④ CD 段。从 C 点开始，曲线斜率为负。ST 为卸载曲线，TU 为重新加载曲线。U 点永远低于 S 点，即再加载时，加载曲线总在低于 S 点处与原曲线相遇。CD 段曲线反映出承载能力随变形的增加而减小的性质。岩石在 CD 段内的发展过程称为破坏过程，破裂逐渐发展，直至完全失去承载能力时岩石才算破坏。破坏过程起于 C 点，即从 C 点开始，破裂不断发展直到最终破坏。由于普通材料试验机的刚度不足，岩石试件常在 CD 段上某点突然发生脆性破坏。在一般情况下，破坏多数发生在靠近 C 点处。

岩石应力-应变全过程曲线的工程意义在于，峰值左侧的曲线与普通材料试验机得到的结果没有什么区别，峰值右侧的曲线反映了岩石破裂后的力学性质。岩体在漫长的地质年代中受各种力的作用已经不是完整的岩体，内部出现了各种类型的弱面。而采矿工程就是在这种受到损伤的岩体中进行的，开挖岩体所引起的力学效应是加载或卸载，因此，开采过程中岩体的应力-应变关系只能通过峰值右侧的曲线反映出来。峰值右侧的加载与卸载曲线较真实地反映了各工程岩体的力学特性，利用它能较精确地计算各点的应力、应变及位移。过去，人们用峰值左侧的曲线表示岩体的应力-应变关系，以峰值应力代表岩体强度，超过峰值就认为岩体已经破坏，不能再起承载的作用。现在看来这是不符合实际的。从图 2-2 峰值右侧图形可以看出，曲线不与水平轴相交，表明岩石即使在破坏且变形很大的情况下，也具有一定的承载能力。事实上，在矿井中所看到的岩体都有程度不同的破裂，但仍具有很大的强度。例如，在计算充填体中的矿柱强度时，由于考虑到岩体破裂后仍有很大的强度，当安全系数降到 0.8~1 时，矿柱也能起到支撑作用，从而减少开采损失。

3. 三轴压缩状态下的岩石变形特性

采矿工程中所遇到的岩体或矿体多处于三向应力状态，因此，仅研究单轴应力状态下岩石的变形性质是不够的，必须充分认识复杂应力状态下岩石的变形性质，只有这样才能正确地解决开采过程中的岩石力学问题。三轴试验有常规三轴试验和真三轴试验两种，现分述如下。

(1) 常规三轴试验。它是岩石试件在三向应力状态且围压相等的条件下进行的。我国自制成功的"长江-500 型"就属于这类三向围压试验机。围压通过高压油加载，最大侧压可达 147MPa，垂直方向加载方式与普通单轴试验机相同，最大荷载为 4900kN。常规三轴试验的试件采用直径为 9cm、高为 20cm 的圆柱体。在某一侧限压力作用下，逐渐对试件施加轴向压力，直至试件压裂为止，测得试件压裂时的轴向应力，即为围压 σ_3 作用下岩石试件的破坏强度。在施加轴向压力的过程中，除了及时记录各加载瞬间的轴向压力外，还必须记录相应的三个轴向应变 ε_1、ε_2 和 ε_3，直至岩石试件完全破坏为止。根据上述资料即可绘制应力-应变曲线。

(2) 真三轴试验。真三轴试验机（图 2-3）能产生三向不等的压力，其将围压的液压直接加载方式改为液压间接刚性加载方式，即 σ_2 和 σ_3 由独立的液压系统控制。而三轴的应力关系式为：$\sigma_1 > \sigma_2 > \sigma_3$，通过刚性过加载方式实现上述要求。真三轴试验可充分反映中间主应力 σ_2 对岩石变形及强度的影响，这一特点也正是其与常规三轴试验的主要区别。

图 2-3　岩石真三轴试验机

日本的茂木清夫对山口县大理岩进行了 $\sigma_1 > \sigma_2 > \sigma_3$ 的真三轴试验，他分别以固定 σ_3、变动 σ_2，固定 σ_2、变动 σ_3 的方法测得 σ_2、σ_3 对轴向应变 ε_1 的影响，如图 2-4 所示。

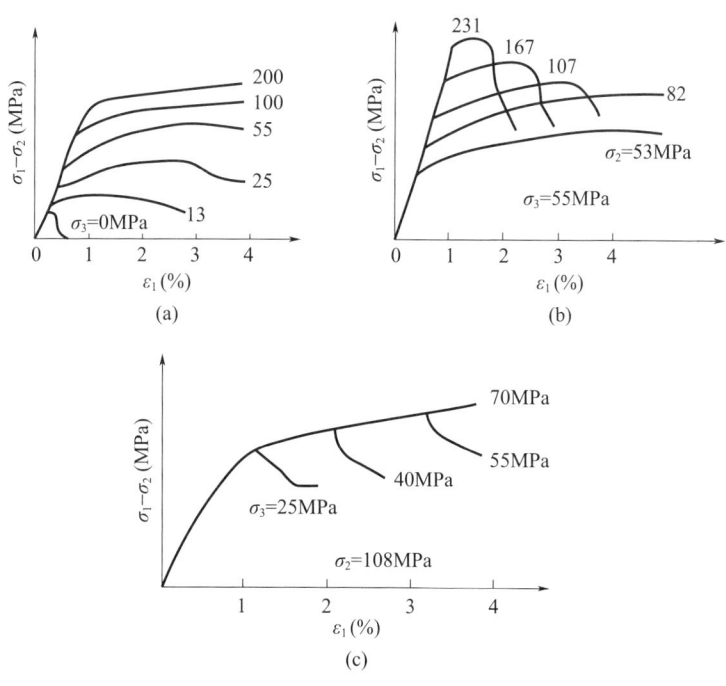

(a) $\sigma_2 = \sigma_3$ 时的围压效应；(b) σ_3 为常数时，σ_2 对轴向应变 ε_1 的影响；
(c) σ_2 为常数时，σ_3 对轴向应变 ε_1 的影响

图 2-4　岩石在三轴压缩状态下的应力-应变曲线（茂木清夫）

从图 2-4 中可以看出：

① 当 $\sigma_2 = \sigma_3$ 时，随围压的增大，岩石的塑性和岩石破坏时的强度、屈服极限同时增大；

② 当 σ_3 为常数时，随着 σ_2 的增大，岩石的强度和屈服极限有所增大，而岩石的塑性却降低；

③ 当 σ_2 为常数时，随着 σ_3 的增大，岩石的强度和塑性有所增大，但其屈服极限并无变化。

图 2-5 所示为三轴试验中测定的轴向应力-应变曲线和轴向应力-体积应变曲线，体积应变 $\Delta V/V_0$ 就是三个主应变之和 $\varepsilon_1+\varepsilon_2+\varepsilon_3$，$\Delta V$ 是试件压缩时的体积变化，而 V_0 是试件原来没有施加任何应力时的体积。从图 2-5 中可以看出，当轴向应力 σ_1 较小时，岩石符合线弹性材料的性状。体积应变 $\Delta V/V_0$ 是具有正斜率的直线，这是由于 $\varepsilon_1>|\varepsilon_2+\varepsilon_3|$，也即体积随着压力的增加而减小。当应力大约达到强度的一半时，体积应变开始偏离线弹性材料的直线状态。随着应力的增加，这种偏离的程度也越来越大，在接近破裂时，偏离程度较大，使得岩石在压缩阶段的体积超过其原来的体积，产生负的压缩体积应变，通常称之为扩容。扩容就是体积扩大的现象，往往是岩石破坏的前兆。扩容是由岩石试件内细微裂隙的形成和扩张所致，这种裂隙的长轴与最大主应力的方向是平行的。

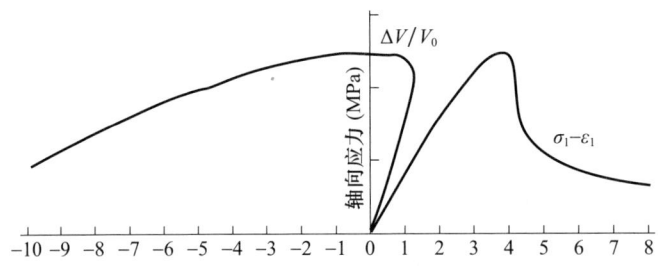

图 2-5　岩石的轴向应力-应变曲线和轴向应力-体积应变曲线

4. 岩石变形特性参数的测定

岩石的变形特性常用弹性模量、变形模量和泊松比等指标表示。

（1）弹性模量 E。它是单独受力时正应力 σ 与弹性正应变 ε_e 之比，即：

$$E=\frac{\sigma}{\varepsilon_e} \qquad (2-8)$$

对于线弹性岩石，其实应力-应变曲线具有近似直线的形式，卸载后，应变完全恢复，卸载的应力-应变曲线与加载时重合，如图 2-6 所示。因此，弹性模量 E 可用下式表示：

$$E=\frac{\sigma}{\varepsilon} \qquad (2-9)$$

对于非线弹性岩石，因其加载、卸载时应力路径保持不变，其应力-应变关系可由单值函数 $\sigma=f(\varepsilon)$ 表示。由于其应力-应变呈曲线关系（图 2-7），因此，弹性模量是一变量，曲线上任意点 P 的弹性模量值取决于该点的位置，且该点的弹性模量有切线模量 E_t 和割线模量 E_c 之分，即：

$$E_t=\frac{d\sigma}{d\varepsilon} \qquad (2-10)$$

$$E_c=\frac{\sigma}{\varepsilon} \qquad (2-11)$$

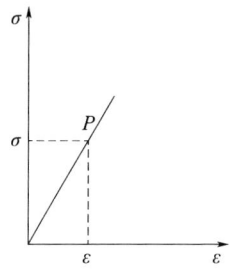 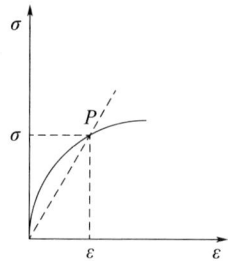

图 2-6 线弹性岩石弹性模量计算简图　　图 2-7 非线弹性岩石弹性模量计算简图

(2) 变形模量 E_0。它是正应力 σ 与总应变 ε（弹性应变 ε_e 与塑性应变 ε_p 之和）的比值，即：

$$E_0 = \frac{\sigma}{\varepsilon} = \frac{\sigma}{\varepsilon_e + \varepsilon_p} \tag{2-12}$$

显然，对于线弹性岩石，其变形模量与弹性模量是相同的；对于弹-塑性、塑-弹性、塑-弹-塑性岩石，其变形模量 E_0、弹性模量 E_e 及塑性模量 E_p 之间具有以下关系：

$$\frac{1}{E_0} = \frac{1}{E_e} + \frac{1}{E_p} \tag{2-13}$$

(3) 泊松比 μ。它是岩石的横向应变 ε_x 与纵向应变 ε_y 的比值，即：

$$\mu = \frac{\varepsilon_x}{\varepsilon_y} \tag{2-14}$$

在岩石的弹性工作范围内，泊松比一般为常数。但超越弹性范围以后，泊松比将随应力的增大而增大，直到 $\mu = 0.5$ 为止。

表 2-1 列出了某些岩石的弹性模量 E 和泊松比 μ 的参考值。

表 2-1　某些岩石的弹性模量 E 和泊松比 μ 的参考值

岩石种类	E（$\times 10^4$ MPa）	μ
闪长岩	10.1～11.8	0.26～0.37
细粒花岗岩	8.1～8.2	0.24～0.29
斜长花岗岩	6.1～7.4	0.19～0.22
斑状花岗岩	5.5～5.8	0.13～0.23
花岗闪长岩	5.6～5.8	0.20～0.23
石英砂岩	5.3～5.9	0.12～0.14
片麻花岗岩	5.1～5.4	0.16～0.18
正长岩	4.8～5.3	0.18～0.26
片岩	4.3～7.0	0.12～0.25
玄武岩	4.1～9.6	0.23～0.32
安山岩	3.8～7.7	0.21～0.32
绢云母页岩	3.4	—
花岗岩	3.0～6.1	0.17～0.36
细砂岩	2.8～4.8	0.15～0.62

续表

岩石种类	E ($\times 10^4$MPa)	μ
中砂岩	2.6~4.0	0.10~0.22
石灰岩	2.4~3.8	0.19~0.35
石英岩	1.8~6.9	0.12~0.27
板状页岩	1.7~2.1	—
粗砂岩	1.7~4.1	0.10~0.45
片麻岩	1.4~5.5	0.20~0.34
页岩	1.3~4.1	0.09~0.35
大理岩	1.0~7.5	0.06~0.35
碳质砂岩	0.5~2.1	0.08~0.25
泥灰岩	0.4~0.7	0.30~0.40
石膏	0.1~0.8	0.30

2.2.2 岩石的强度特征

岩石在外荷载的作用下，当应力达到某一极限值时便发生破坏，这个极限值就是岩石的强度。

岩石在不同性质的荷载作用下表现出不同的强度值，而且相差悬殊。其中，抗压强度最大，抗拉强度最小。一般岩石的抗压强度为抗拉强度的 10~30 倍。

岩石双向或三向受压时，其强度较单向受压有明显的提高。三向受压时，提高最为显著。各向主应力之间的差值越小，强度提高幅度越大。在二向等压作用下，岩石有极高的强度，除出现压实现象和塑性变形增大以外，可认为其几乎是不可能被压坏的。

岩石的各种强度值，是用相应的岩石试件在室内通过试验测得的。

1. 岩石的单向抗压强度

岩石的单向抗压强度是岩石试件在单向受压条件下出现破坏时，试件单位面积上所承受的极限强度。它在数值上等于试件破坏时的最大压应力，可按下式计算岩石的单向抗压强度 σ_c：

$$\sigma_c = \frac{P}{A} \tag{2-15}$$

式中　P——破坏时试件承受的荷载，kN；

　　　A——垂直于加载方向上试件的截面积，m²。

岩石试件一般采用正方柱或圆柱体，其中正方柱的横断面尺寸分别为 5cm×5cm（或 7cm×7cm），圆柱体的直径 $d=$5cm(或 7cm)。试件高度分别如下。

正方柱：

$$h = (2 \sim 2.5)\sqrt{A} \tag{2-16}$$

圆柱体：

$$h = (2 \sim 3)d \tag{2-17}$$

式中　A——正方柱试件的横断面积，cm²。

完整岩石的单向抗压强度，除与岩石本身的矿物组成、结构特征、孔隙度及隐裂隙等有关外，还与试件的形状和尺寸、试件的端部条件、加载速度及含水率等有关。

试件形状和尺寸对强度的影响，主要表现在高径比 h/d 或高宽比 h/a 和横断面积上。试件太高，高径比太大，则试件会由于弹性不稳定而提前发生破坏，降低岩石的强度；试件太短，试件端面与承压板之间出现的摩擦力会阻碍试件的横向变形，强度会有所提高。根据研究，采用圆柱体试件时，高径比 $h/d=2\sim2.5$ 为宜。

由图 2-8、图 2-9 可以看出均质岩石试件受压破坏的两种形式，简述如下。

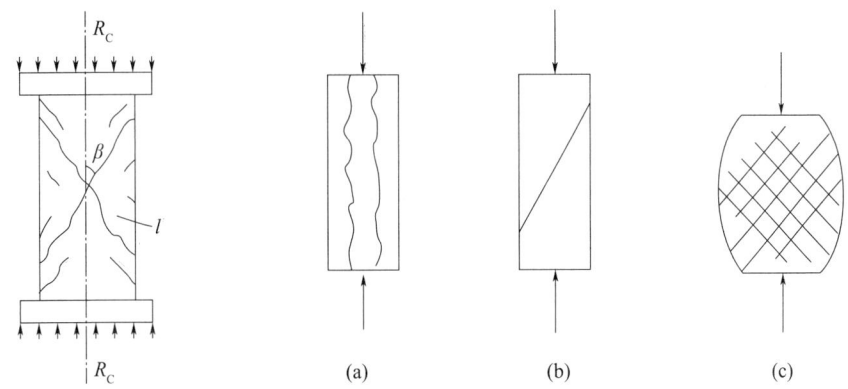

图 2-8 岩石的抗压强度试验　　图 2-9 岩石单轴压缩时的常见破坏形式

① 当端面摩擦力较大时，在试件内部两种不同应力状态的交界面处，会形成斜向的剪切破坏面。理论上，该剪切破坏面与试件端面的交角为 $45°+\dfrac{\varphi}{2}$（φ 为岩石的内摩擦角）。这样就形成了锥形破裂体，这是最常见的岩石试件的破坏形式。

② 当对试件进行润滑处理，或当承压板与试件直径相同时，侧向压缩作用减弱，试件横向扩张所受到的阻碍作用降低，由此在试件中引起的切向、径向拉应力相对增大，使破裂沿着轴向方向发展，导致试件劈裂成柱状，而不具锥形破裂的特征。

对岩石进行单轴抗压试验时，如果加载速度过大，超过了岩石的变形速度，即岩石的变形尚未达到稳定状态又继续加载，则在岩石中会出现应变滞后于应力的现象，从而相对地提高岩石的弹性模量，减小了其组成粒子之间的位移，使岩石显示出更大的强度。同时，当岩石的应力和应变达到某种限度，开始出现粒子位置交换（开始出现塑性变形）时，如果加载速度过大，会使粒子在脱离了原有的结合关系之后，无暇完成新的结合关系，从而导致岩石呈脆性破坏。由此可见，增大加载速度不仅会使岩石的强度加大，也会改变岩石的破坏性质。在进行岩石单轴抗压试验时，以 0.49～0.78MPa/s 的速率加载为宜。

岩石的湿度对其抗压强度也有影响，特别是当岩石具有较大的孔隙和裂隙、较多的亲水矿物或可溶矿物时，其强度的降低更为明显。

此外，具有层状、片状结构的岩石，其强度还具有明显的各向异性。

必须指出的是，测定某种岩石的抗压强度时，需用该种岩石的 3～5 个相同试件做相同的试验，取其算术平均值作为该种岩石的抗压强度。表 2-2 所列为某些岩石抗压强度的参考值。

表 2-2 某些岩石抗压强度的参考值

岩石种类	抗压强度（MPa）	岩石种类	抗压强度（MPa）
粗玄岩	196～343	石英片岩	69～178
辉长岩	177～294	云母片岩	59～127
闪长岩	177～294	凝灰岩	59～167
玄武岩	147～294	千枚岩	49～196
石英岩	147～294	片麻岩	49～196
花岗岩	98～245	石灰岩	29～245
流纹斑岩	98～245	砂岩	19.6～196
大理岩	98～245	泥灰岩	12～98
板岩	98～195	页岩	9.8～98
白云岩	78～245	煤	4.9～49

2. 岩石的抗拉强度

岩石在单轴拉伸条件下发生破坏时，其横断面上的极限拉应力称为岩石的单轴抗拉强度。岩石的单轴抗拉强度可以用直接拉伸法和劈裂法进行测定。

① 直接拉伸法。采用直接拉伸法测定岩石的抗拉强度时，用拉力机对两端胶有金属帽套夹具的标准圆柱状试件［直径 $d=5$cm，高 $h=(2～2.5)d$］，以 0.29～0.47MPa/s 的速率施加相对轴向拉力（图 2-10），直到试件沿弱面破坏为止，测读破坏时的极限拉力 P，则可按下式计算其抗拉强度值的大小，即：

$$\sigma_t = \frac{P}{A} \tag{2-18}$$

式中 P——破坏时的极限拉力，N 或 kN；

A——垂直于加载方向上试件的横断面积，cm² 或 m²。

该法的缺点是：试件制备困难，且不易与拉力机固定，在试件固定处附近也往往有应力集中现象。因此，这种方法很少应用。目前多采用劈裂法。

② 劈裂法。劈裂法是将岩石试件制成直径 $d=5$cm，厚度 $t=(0.5～1)d$ 的圆盘体。然后将其横置于试验机的承压板间，并在试件与上、下承压板间沿试件侧壁各放一根直径为 1.5～2.0cm 的钢筋，使压力沿钢筋成均布线荷载作用于试件的厚度方向上，然后加压，如图 2-11 所示。由于试件受对径压缩，在荷载连线的直径平面内将产生拉应力。逐渐增大压力，直到试件沿该直径平面开裂。

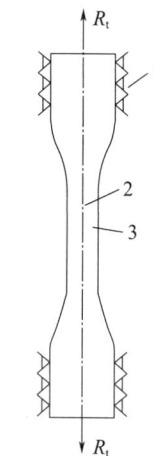

图 2-10 直接拉伸试验试件受力示意图

用劈裂法测定岩石破坏时的极限荷载，然后可用下式求出其抗拉强度值，即：

$$\sigma_t = \frac{2P}{\pi dt} \tag{2-19}$$

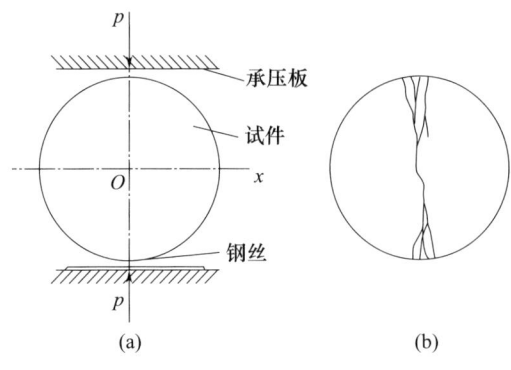

图 2-11 圆盘劈裂试件

式中　P——破坏时的极限荷载，kN；

　　　d——圆盘试件的直径，m；

　　　t——圆盘试件的厚度，m。

试验表明，改变试件厚度 t 和直径 d 的比值并不影响抗拉强度的大小。

对于岩石的抗拉强度的测定，不论是运用直接拉伸法还是劈裂法，至少要取 3 个试件重复试验后取其平均值作为该种岩石的抗拉强度。

采用劈裂法测定岩石的抗拉强度时，也可用不规则试块进行试验，但需注意选好合适的加压方向，满足 $\dfrac{t}{d}\leqslant 1.5$ 的条件。设不规则试块的体积为 V，则其抗拉强度为：

$$\sigma_t = \frac{P}{V^{2/3}} \tag{2-20}$$

用不规则试块测得的强度值离差比较大，但可用增加测试次数而取其平均值的方法来弥补。

采用直接拉伸法与劈裂法两种方法测试岩石的抗拉强度时，其试件破裂面上的应力状态是不同的，直接拉伸法试件的破裂面上只受拉应力作用，而劈裂法试件的破裂面上不但有拉应力还有压应力，但试件属受拉破坏。表 2-3 所列为某些岩石抗拉强度的参考值。

表 2-3　某些岩石抗拉强度的参考值

岩石种类	抗拉强度（MPa）	岩石种类	抗拉强度（MPa）
辉绿岩	7.9～11.8	粗砂岩	3.9～4.9
细砂岩	7.9～11.8	流纹岩	3.9～6.4
铁质砂岩	6.9～8.8	大理岩	3.9～5.3
石英岩	6.9～8.8	石灰岩	2.9～4.9
玄武岩	6.9～7.9	斑状花岗岩	2.9～4.9
中砂岩	4.9～6.9	页岩	2.0～3.9
花岗岩	3.9～9.8	白垩	0.9

3. 岩石的抗剪强度

岩石的抗剪强度是岩石抵抗剪切滑动破坏的极限能力，是岩石强度的重要参数之一。根据莫尔-库伦理论，岩石的抗剪强度可用黏聚力 c 和内摩擦角 φ 表示，它们可通过室内的剪切试验确定。

岩石抗剪强度的测定，通常采用直接剪切试验、楔形剪切试验和三轴压缩剪切试验三种方法。

① 直接剪切试验。直接剪切试验分为单面剪切试验和双面剪切试验两种，通常采用单面剪切试验，如图 2-12 所示。

单面剪切试验的原理是使岩石只有一个面为选定的剪断剪裂面。设此断裂面面积为 A，岩石被剪断时所施加的垂直荷载为 P，水平剪切力为 T，那么，在这种受力条件下，岩石的抗剪强度 τ 为：

$$\tau = \frac{T}{A} \text{（MPa）} \tag{2-21}$$

试验时，先在试件上施加垂直荷载 P，然后在水平方向上逐渐施加水平剪切力 T，直到试件破坏为止。此时，剪切破裂面上既有正应力 σ，又有剪应力 τ。其值按下式计算：

$$\left.\begin{array}{l}\sigma = \dfrac{P}{A} \\ \tau = \dfrac{T}{A}\end{array}\right\} \tag{2-22}$$

试件破坏时所需水平剪切力 T 与垂直荷载 P 有关。当给定某一 P 值，要使试件剪断，必须在试件上作用一相应的水平剪切力 T。这样多次进行剪断试验，可以得到许多组 P、T 值，将其标在坐标图上，得到许多点，然后将这些点连接起来就可得到岩石的抗剪强度曲线，如图 2-13 所示。

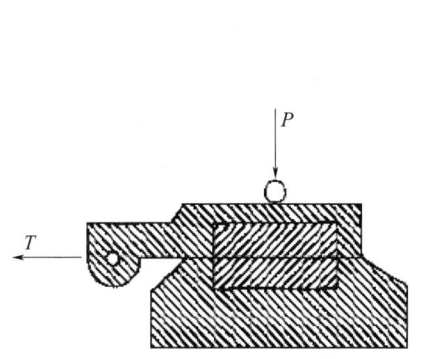
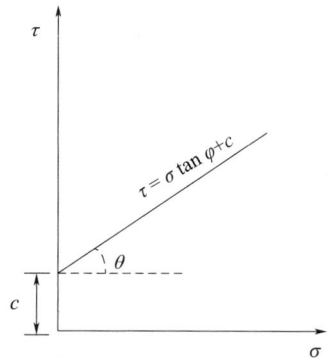

图 2-12 单面剪切试验设备示意图　　图 2-13 岩石的抗剪强度曲线

为了计算方便，常将此曲线简化成一条直线，直线在纵轴上的截距为 c（岩石的黏聚力，又称内聚力、凝聚力），与水平轴的夹角为 φ（岩石的内摩擦角）。此直线的物理意义是：岩石试件在不同正应力作用下，有不同的抗剪强度。岩石的抗剪强度 S_s 可用下式表示：

$$\tau = \sigma \tan \varphi + c \tag{2-23}$$

分析式（2-23）可以看出，当 $\sigma=0$ 时，$\tau=c$ 时，表明无正应力时岩石的抗剪强度为 c，此时剪应力只要能克服岩石的黏聚力，岩石就将被剪断。每种岩石都有其自身的黏聚力，它是一个定值。对于不同的岩石，黏聚力 c 值越大，岩石的抗剪强度也越大。

当 $\sigma \neq 0$ 时，欲使岩石被剪断，所施加的剪应力首先应克服岩石的黏聚力，然后需克服正应力在剪切面上产生的摩擦力 $F=\sigma\tan\varphi$。岩石的内摩擦角 φ 越大，岩石的抗剪强度也越大。当岩石的黏聚力 c 为零时，岩石颗粒间无黏聚力，岩石属于完全的松散体，其抗剪强度全靠岩石的内摩擦角 φ 提供，即靠松散岩石颗粒间的内摩擦力提供。因此，c 和 φ 是反映岩石抗剪强度的两个重要参数。

② 楔形剪切试验。试验时将岩石试件置于楔形剪切仪中进行加压，直至试件沿预定的剪切面被剪裂。

根据力的平衡原理，作用于剪切面上的法向力 N 和切向力 Q 可按下式计算：

$$N=P(\cos\alpha+f\sin\alpha)$$
$$Q=P(\sin\alpha+f\cos\alpha) \tag{2-24}$$

式中　P——试验机施加的总应力，kPa；
　　　α——试件倾角，°；
　　　f——圆柱形滚柱与试验机垫板间的摩擦系数。

将上式除以试件的剪切面积 A，即可得到受剪面上的法向应力 σ 和切向应力 τ（τ 为岩石的抗剪强度）：

$$\sigma=\frac{N}{A}=\frac{P}{A}(\cos\alpha+f\sin\alpha)$$
$$\tau=\frac{Q}{A}=\frac{P}{A}(\sin\alpha+f\cos\alpha) \tag{2-25}$$

如图 2-14 所示，试件一般多采用尺寸为 7cm×7cm×7cm（或 10cm×10cm×10cm）的立方体试件或直径为 5 cm（或 7 cm）的圆柱形试件。试验时应当采用多个试件分别以不同的 α 角进行测定。α 值可在 30°～70°，但为保证试件按预定的倾角被剪断，并防止因倾角太大导致试件倾倒，α 值以 40°～65°为宜。每变化一次 α 角，即可测出一组试件破坏时对应的 σ 及 τ 值。由这些对应值即可作出岩石在极限平衡条件下的 σ-τ 曲线（岩石的抗剪强度曲线）。

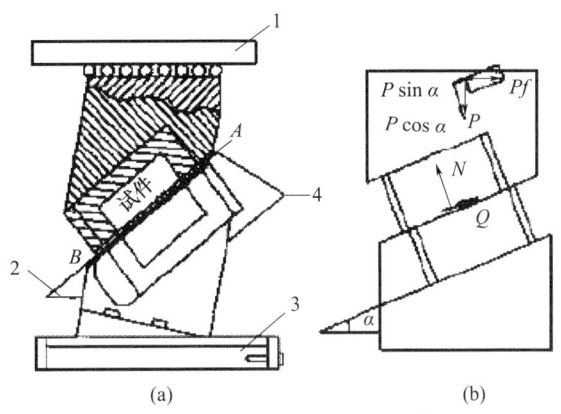

(a) 装置示意图；(b) 试验时受力情况
1—上压板；2—倾角；3—下压板；4—夹具
图 2-14　楔形剪切仪

③ 三轴压缩剪切试验。通过三轴压缩剪切试验方法也可求出岩石的 c、φ 值。用同种岩石试件做多次三轴压缩剪切试验，改变每个试件所受的三向应力 σ_1、$\sigma_2=\sigma_3$，可求

出在各种组合条件下试件破坏时的三向应力。每次组合都可绘制一个极限莫尔圆，如图 2-15 所示。通过一系列的试验，可绘制出若干个极限莫尔圆，这些莫尔圆的包络线就是岩石的抗剪强度曲线。这条曲线是非线性的，为简化计算可以近似为一条倾斜的直线。此直线的方程为：

$$\tau = \sigma \tan\varphi + c \tag{2-26}$$

式中符号意义同前。

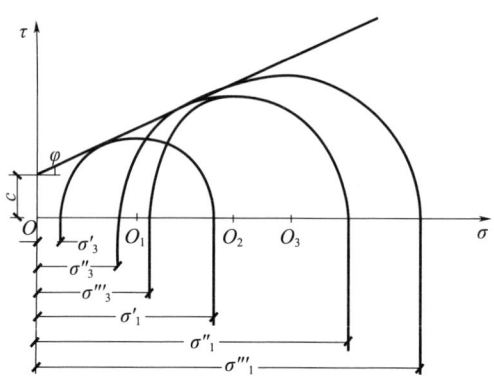

图 2-15　三向压缩试验绘制的岩石抗剪强度曲线

表 2-4 列出了某些岩石的内摩擦角 φ 和黏聚力 c 的参考值。

表 2-4　某些岩石的内摩擦角 φ 和黏聚力 c 的参考值

岩石种类	内摩擦角 φ（°）	黏聚力 c（MPa）	岩石种类	内摩擦角 φ（°）	黏聚力 c（MPa）
辉绿岩	55～60	24.5～58.8	大理岩	35～50	14.8～28.4
石英岩	50～60	19.6～58.8	石灰岩	35～50	9.8～49
辉长岩	50～55	9.8～49	白云岩	35～50	19.6～49
闪长岩	50～55	9.8～49	砾岩	35～50	7.9～49
花岗岩	45～60	13.7～49	砂岩	35～50	7.9～39.2
流纹岩	45～60	9.8～49	片麻岩	35～50	2.9～4.9
玄武岩	48～55	19.6～58.8	片岩	25～65	1.0～19.6
安山岩	45～50	9.8～39	页岩	15～30	2.9～19.6
板岩	45～60	1.96～19.6			

2.2.3　岩石的破坏形式

大量岩石的变形和强度试验表明，岩石的破坏常常表现为脆性破坏、塑性破坏两种形式。

1. 脆性破坏

大多数坚硬岩石在一定的荷载作用下都表现出脆性破坏的性质。也就是说，这些岩石在荷载作用下，尚未出现明显的变形就突然破坏。根据岩石破坏时断裂面受力性质不同，脆性破坏又可分为如下几种。

① 脆性拉伸断裂。当断裂面上所受的拉应力达到其抗拉强度时岩石就被拉断，如图 2-16（a）、图 2-16（b）所示。

② 脆性剪切断裂。当断裂面上所受的剪应力达到其抗剪强度时岩石就被剪断，如图 2-16（c）所示。

由此可知，脆性破坏是由岩石中裂隙的发生和发展造成的。在井下硐室周围，巷道交叉处的矿柱以及采场的孤立矿柱，在一定条件下都可能发生脆性破坏。

2. 塑性破坏

在两向或三向受力情况下，岩石在破坏前的变形很大，没有明显的破坏荷载，表现出显著的塑性变形，这种破坏就是塑性破坏。塑性变形是岩石内部结构形态发生变化使结晶晶格错位的结果，如图 2-16（d）所示。在一些软弱岩石（特别是黏土质岩石）中，这种破坏较为明显。例如，某些井下硐室或巷道底部岩石隆起，两帮岩石向硐内突出，都属于塑性破坏。

此外，由于岩层中存在节理、裂隙、层理、软弱夹层等软弱结构面，岩层的整体性受到破坏。在荷载作用下，当这些软弱结构面上的剪应力大于该面上的强度时，岩石就产生沿着弱面的剪切破坏，从而使整个岩体滑动。这种破坏现象称为弱面剪切破坏，如图 2-16（e）所示。例如，井下硐室围岩沿着潜在破坏面滑动，露天矿边坡沿着软夹层或结构面滑动等，均属于这种破坏形式。

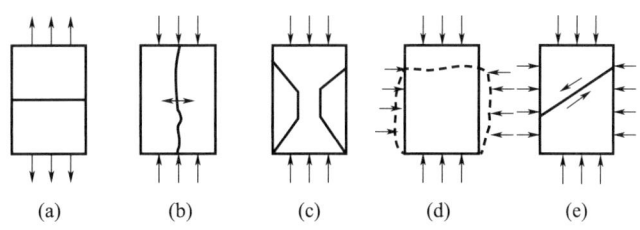

图 2-16 岩石的破坏形式

2.3 岩石的流变性

2.3.1 流变的概念

岩石变形不仅表现出弹性和塑性，而且会表现出流变性。所谓岩石的流变性，就是指岩石的应力-应变关系随时间变化而变化的性。岩石变形过程中具有时间效应的现象，称为流变现象。岩石的流变包括蠕变、松弛和弹性后效。

① 蠕变，是指当应力不变时，应变随时间增长而增大的现象。

② 松弛，是指当应变保持一定时，应力随时间增长而减小的现象。

③ 弹性后效，是指加载或卸载时，弹性应变滞后于应力的现象。

1. 岩石的蠕变曲线

通常用蠕变曲线（ε-t 曲线）表示岩石的蠕变特性，如图 2-17 所示。

在不同应力条件下，岩石的蠕变曲线并不相同。

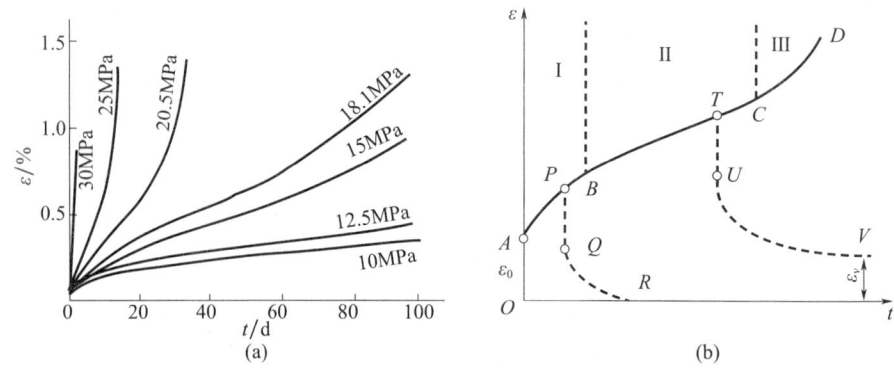

图 2-17 岩石的蠕变曲线

(1) 稳定蠕变。如图 2-17（a）中应力 $\sigma \leqslant 12.5\text{MPa}$ 的两条曲线。当岩石在某一较小的恒定荷载作用下，应力较小时，其变形虽然随时间增长有所增加，但蠕变变形的速率则随时间增长而减小，最后变形趋于一个稳定的极限值。作用的荷载不同，这个稳定值也不同，这种蠕变称为稳定蠕变。稳定蠕变一般不会导致岩体整体失稳。

(2) 非稳定蠕变。非稳定蠕变细分为典型蠕变和加速蠕变。岩石承受的恒定荷载较大，当岩石应力超过某一临界值时，变形随时间增加而增大，其变形速率逐渐增大，最终导致岩体整体失稳破坏。如图 2-17（a）所示，$\sigma = 15\text{MPa}$ 和 18.1MPa 两条曲线为典型蠕变曲线。蠕变过程可以分为如下四个阶段 [图 2-17（b）]。

① 瞬时弹性变形阶段（OA）；

② 过渡蠕变阶段（AB），其中 A 点应变速率最大，随时间增加，达到 B 点时为最小；

③ 等速蠕变阶段（BC），应变速率保持不变，直到 C 点；

④ 加速蠕变阶段（CD），应变速率迅速增加，直到岩石破坏。

图 2-17（a）中应力 $\sigma \geqslant 20.5\text{MPa}$ 的三条曲线属于加速蠕变曲线，曲线几乎无稳定蠕变阶段。

(3) 岩石的长期强度。一种岩石既可以发生稳定蠕变，也可以发生非稳定蠕变，这取决于岩石应力的大小。超过某一临界应力时，岩石按非稳定蠕变发展；小于此临界应力时，岩石按稳定蠕变发展。通常称此临界应力为岩石的长期强度。后面将要专门介绍试验确定其值的方法。

2. 流变方程

在流变学中，流变性主要是研究材料流变过程中的应力、应变和时间的关系，用应力、应变和时间组成的流变方程来表达。流变方程主要包括本构方程、蠕变方程和松弛方程。

岩石是一种力学性质十分复杂的介质，它既可能出现弹性、塑性的变形特征，也可能出现流变的变形特征，然而这些变形特征并非某一种岩石固有的特征，而与岩石受力状态和赋存条件有关。为了研究岩石的流变性质，可将介质理想化，归纳成各种模型，模型可用理想化的基本模型（或称元件）组合而成。元件的组合方式有串联、并联、串并联或并串联等。模型建立后，再建立模型的本构方程。塑性力学和流体力学中，介质的应力-应变关系是非线性的，这种非线性关系的数学表达式称为本构方程或状态方程。在弹性力学中，介质的应力-应变关系是线弹性的，用胡克定律描述这种关系，通常称之为物理方程。大家都已熟知物理方程在解弹性力学问题时的重要性，在解塑性力学问题或流变问题时，本构方程也具有同样的意义。

为了建立描述岩石流变性的本构方程，首先应在一系列的流变试验基础上建立岩石的流变模型。因此，在流变试验的基础上，出现了用数理统计学的回归拟合方法建立方程的经验方法。为了克服经验方法的不准确性，可应用基本元件建立流变模型，借助微分方程建立曲线微分模型，此法即流变模型理论法，也称微分方程法（后文有详述）。

根据岩石典型蠕变试验结果［图 2-17（b）］，由数理统计学的回归拟合方法建立经验方程。岩石蠕变经验方程的通常形式为：

$$\varepsilon(t)=\varepsilon_0+\varepsilon_1(t)+\varepsilon_2(t)+\varepsilon_3(t) \tag{2-27}$$

式中　$\varepsilon(t)$——t 时间的应变；

ε_0——瞬时应变；

$\varepsilon_1(t)$——初始阶段应变；

$\varepsilon_2(t)$——等速阶段应变；

$\varepsilon_3(t)$——加速阶段应变。

回归拟合方法通常有以下三种。

(1) 幂函数方程。

在 87.8MPa 恒压下，对大理石进行轴向和侧向蠕变试验，得出如图 2-18 所示的典型应变-时间曲线，其可用幂函数方程表达。

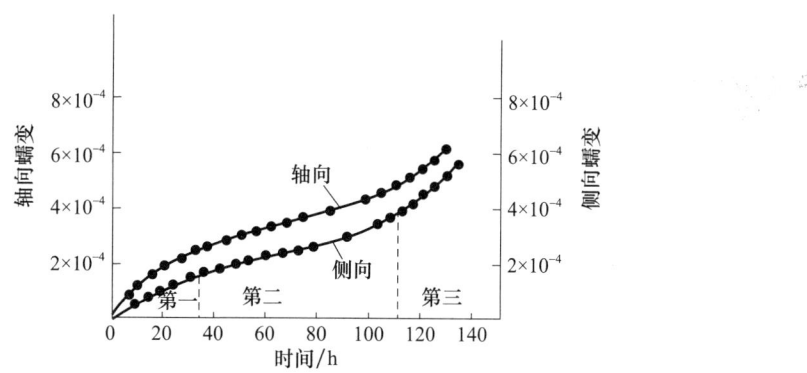

图 2-18　在 87.8MPa 恒压下大理石的轴向、侧向蠕变

第一、第二阶段的轴向蠕变方程为：

$$\varepsilon=0.4205 t^{0.5044}\times 10^{-4} \tag{2-28}$$

第一、第二阶段的侧向蠕变方程为：

$$\varepsilon=1.1610 t^{0.5690}\times 10^{-4} \tag{2-29}$$

(2) 指数方程

对闪长玢岩试件进行弹簧式单轴压缩蠕变试验，加载到 5t 后产生加速蠕变，其蠕变曲线为指数方程：

$$\varepsilon=0.01968481\times e^{0.2617857} \tag{2-30}$$

在室温（20±4）℃和大气压（0.102±0.05）MPa的条件下，在实验室对几种岩石进行单轴蠕变试验，并用计算机进行拟合分析，得到了各种岩石的蠕变方程。

干燥的钙质石灰岩：
$$\varepsilon = (2822 + 5\lg t + 48t^{0.651}) \times 10^{-6} \tag{2-30a}$$

干燥的白云质石灰岩：
$$\varepsilon = (648 + 56t^{0.489} + 0.7e^{0.49t}) \times 10^{-6} \tag{2-30b}$$

干燥的砂岩：
$$\varepsilon = (1858 + 410t^{0.687} - 58e^{0.01t}) \times 10^{-6} \tag{2-30c}$$

（3）微分方程法。

此法在研究岩石的流变性时，将介质理想化，归纳成各种模型，模型可用理想化的具有基本性能（包括弹性、塑性和黏性）的元件组合而成，通过这些不同形式的元件的串联、并联、并串联或串并联等，得到一些典型的流变模型，相应地推导出它们的微分方程，即建立模型的本构方程和有关的特性曲线微分模型，故也称流变模型理论法。这既是数学模型，又是物理模型，比较形象，是大学本科生必须牢固掌握的岩石力学基本理论之一。

为此，首先要弄清基本模型（元件）的概念和数学表达式。

2.3.2 三种基本元件的力学模型

在流变学中，所有的流变模型均可由三个基本元件组合而成。这三个基本元件为弹性元件（H）、塑性元件（C）和黏性元件（N），现分述如下。

1. 弹性元件（胡克体）

如果材料在荷载作用下，其变形性质完全符合胡克定律，是一种理想弹性体，则称此种材料为胡克体（Hookean solid）。胡克体力学模型用一个弹簧元件表示，如图2-19所示，符号为H。

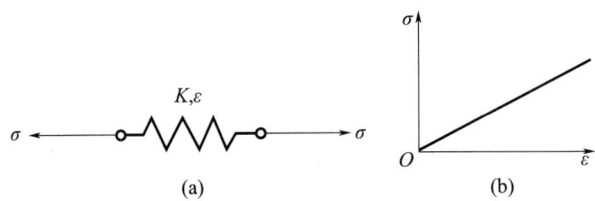

图2-19 胡克体力学模型

胡克体的应力-应变关系是线弹性的，其本构方程为：
$$\sigma = k\varepsilon \tag{2-31}$$

式中 k——弹性系数。

分析式（2-31）可知，胡克体的性能为：①具有瞬时弹性变形性质，无论荷载大小，只要σ不为零，就有相应的应变ε出现；②应力保持恒定，应变也保持不变，故无蠕变性质；③当σ变为零（卸载）时，ε也为零，说明没有弹性后效，即变形与时间无关；④应变为恒定时，应力也保持不变，应力不因时间增长而减小，故无应力松弛性质。

2. 塑性元件（圣维南体）

物体所受的应力达到屈服极限时便开始产生塑性变形，即使应力不再增加，变形仍不断增长，具有这一性质的物体称为理想塑性体（又称圣维南体、库伦体）。理想塑性体力学模型用一个摩擦片（或滑块）表示，符号为 C，如图 2-20 所示。理想塑性体服从库伦摩擦定律，本构方程为：当 $\sigma<\sigma_s$ 时，$\varepsilon=0$；当 $\sigma\geqslant\sigma_s$ 时，ε 趋向于无穷大。其中 σ_s 为材料的屈服极限。即当 $\sigma<\sigma_s$ 时，不滑动，无任何变形；当 $\sigma\geqslant\sigma_s$ 时，变形无限增长。

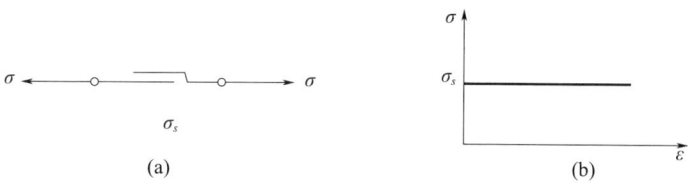

图 2-20 库伦体力学模型

3. 黏性元件（牛顿体）

牛顿体力学模型可用一个带孔活塞组成的阻尼器表示，简化模型如图 2-21（a）所示，并用符号 N 表示，通常称为黏性元件。牛顿体是一种理想黏性体，符合牛顿流动定律，即应变与时间成正比，如图 2-21（b）所示；应力与应变速率成正比，如图 2-21（c）所示，图中斜直线通过坐标原点。

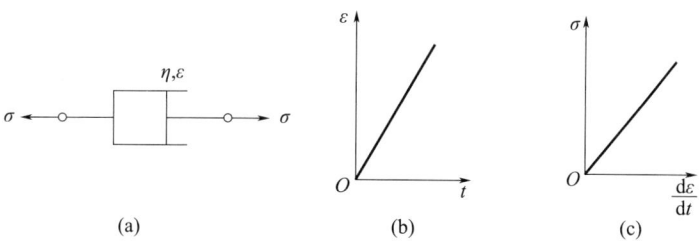

图 2-21 牛顿体力学模型

根据定义，元件的本构关系为：

$$\sigma=\frac{\eta \mathrm{d}\varepsilon}{\mathrm{d}t} \tag{2-32}$$

即：

$$\sigma=\eta\varepsilon'$$

式中 η——牛顿黏性系数。

将式（2-32）积分，得：

$$\varepsilon=\frac{\sigma t}{\eta}+C$$

式中 C——积分常数。

当 $t=0$ 时，$\varepsilon=0$，则 $C=0$，有：

$$\varepsilon=\frac{\sigma t}{\eta} \tag{2-33}$$

分析牛顿体的本构关系，可知牛顿体具有如下性质。

① 当 $\sigma=\sigma_0$ 时，$\varepsilon=\sigma_0 t/\eta$，说明受应力 σ_0 作用，要产生相应的变形必须经过时间 t。$t=0$，$\varepsilon=0$，表明无瞬时变形。从元件的物理概念也可知，当活塞受拉力时，活塞发生位移，但由于黏性液体的阻力，活塞的位移逐渐增大，位移随时间推移而增大，黏性元件具有蠕变性质。所以，牛顿体与胡克体不同，它无瞬时变形，但是有蠕变性质。

② $\sigma=0$（卸载），$\eta\varepsilon'=0$，积分后得 $\varepsilon=C$，C 为常数，活塞的移动立即停止，不再恢复，只有再次受到相应的压力时，活塞才回到原位，所以牛顿体无弹性后效，有永久变形。

③ $\varepsilon=C$，C 为常数，由式（2-32）可知 $\sigma=0$，说明当应变保持某一恒定值后，应力为零，无应力松弛性质。

综上所述，可了解牛顿体具有黏性流动的特点。此外，塑性变形也称塑性流动，它与黏性流动有明显的区别，塑性流动只有当应力 σ 达到或超过屈服应力 σ_0 时才发生。当 σ 小于屈服应力 σ_0 时，完全塑性体表现出刚体的特点，而黏性流动则不需要应力超过某一定值，只要有微小的应力，牛顿体就会发生流动。实际上，塑性流动、黏性流动经常和弹性变形联系在一起。因此，常常出现黏弹性体和黏弹塑性体。前者研究应力小于屈服极限时应力、应变与时间的关系；后者研究应力大于屈服极限时应力、应变与时间的关系。

2.3.3 组合模型

上述基本元件的任何一种元件单独表示岩石的性质时，只能描述弹性、塑性或黏性三种性质中的一种性质，而客观存在的岩石性质都不是单一的，通常都表现出复杂的特性。为此，只有对上述三种元件进行组合，才能准确地描述岩石的特性。人们已经提出了几十种流变体的组合模型，它们大多数是利用提出者的名字命名的。组合的方式有串联、并联、串并联和并串联。串联以符号"—"表示，并联以符号"｜"表示。下面讨论串联和并联的性质。

串联：应力，组合体总应力等于串联中任何元件的应力（$\sigma=\sigma_1=\sigma_2$）；应变，组合体总应变等于串联中所有元件应变之和（$\varepsilon=\varepsilon_1+\varepsilon_2$）。

并联：应力，组合体总应力等于并联中所有元件应力之和（$\sigma=\sigma_1+\sigma_2$）；应变，组合体总应变等于并联中任何元件的应变（$\varepsilon=\varepsilon_1=\varepsilon_2$）。

1. 马克斯威尔（Maxwell）体

马克斯威尔体是一种弹黏性体，它由一个弹簧和一个阻尼器串联组成。其力学模型如图 2-22 所示。用符号表示为：M=H—N。

图 2-22 马克斯威尔体力学模型

① 本构方程。

由串联方式可得：

$$\sigma = \sigma_1 = \sigma_2$$
$$\varepsilon = \varepsilon_1 + \varepsilon_2 \tag{1}$$

则：
$$\varepsilon' = \varepsilon'_1 + \varepsilon'_2 \tag{2}$$

而：
$$\varepsilon'_1 = \frac{\mathrm{d}\left(\frac{\sigma}{k}\right)}{\mathrm{d}t} = \frac{\left(\frac{\mathrm{d}\sigma}{\mathrm{d}t}\right)}{k} = \frac{\sigma'}{k} \tag{3}$$

$$\varepsilon'_2 = \frac{\sigma}{\eta}$$

将式（3）代入式（2），则有：
$$\varepsilon' = \varepsilon'_1 + \varepsilon'_2 = \frac{\sigma'}{k} + \frac{\sigma}{\eta} \tag{2-34}$$

式（2-34）为马克斯威尔体的本构方程。

② 蠕变方程。

在恒定荷载 $\sigma = \sigma_0$ 条件下，$\varepsilon'_1 = \sigma'/k = 0$，本构方程简化为：
$$\varepsilon' = \sigma_0 / \eta$$

解此微分方程，得：
$$\varepsilon = \frac{\sigma_0 t}{\eta} + c$$

式中　c——积分常数。

当 $t=0$ 时，在瞬时恒定应力 σ_0 的作用下，因为牛顿体无瞬时变形，而胡克体有瞬时变形，因此 $\varepsilon = \varepsilon_1 + \varepsilon_2 = \sigma_0/k$。由此可知，$C = \sigma_0/k$，代入上式，可得马克斯威尔体的蠕变方程：
$$\varepsilon = \frac{\sigma_0 t}{\eta} + \frac{\sigma_0}{k} \tag{2-35}$$

由式（2-35）可知，模型有瞬时应变，并且随着时间增长应变逐渐增大，这种模型反映的是等速蠕变，如图 2-23 (a) 所示。对于简单曲线，可以根据瞬时应变 ε_0、应力 σ_0 及蠕变曲线上任一点应变求 k 和 η：
$$k = \frac{\sigma_0}{\varepsilon_0}$$
$$\eta = \sigma_0 t (\varepsilon - \varepsilon_0)$$

③ 松弛方程。

保持 ε 不变，则有 $\varepsilon' = 0$，本构方程变为：
$$\frac{\sigma'}{k} + \frac{\sigma}{\eta} = 0$$

解此方程得：
$$-\frac{kt}{\eta} = \ln\sigma + c$$

式中　c——积分常数。

利用初始条件求 c。当 $t=0$ 时，$\sigma = \sigma_0$（σ_0 为瞬时应力），得 $C = -\ln\sigma_0$，因此有：

$$-\frac{kt}{\eta}=\ln\left(\frac{\sigma}{\sigma_0}\right) \tag{2-36}$$

即：

$$\sigma=\sigma_0 e^{-kt/\eta} \tag{2-37}$$

由式（2-37）可知，当 t 增加时，σ 将逐渐减小。也就是当应变恒定时，应力随时间的增长而逐渐减小，这种力学现象称为松弛，如图 2-23（b）所示。在 t' 时刻卸载，弹簧应变瞬时恢复，黏性元件的变形 $\varepsilon=\sigma_0 t'/\eta$ 将永久保留。因此，无弹性后效，如图 2-23（a）所示。

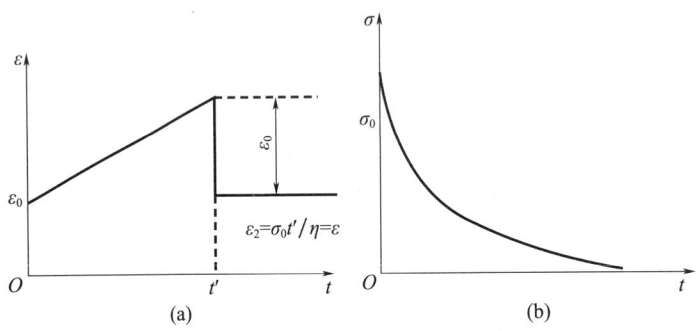

图 2-23 马克斯威尔体的蠕变曲线和松弛曲线

从模型的物理概念来理解松弛现象，当 $t=0$ 时，黏性元件来不及变形，只有弹性元件产生变形。但是，随着时间的增长，黏性元件在弹簧的作用下逐渐变形，随着阻尼器的伸长，弹簧逐渐收缩，即弹簧中的应力逐渐减小，这就是松弛。根据上述分析可知，马克斯威尔体具有瞬时变形、等速蠕变和松弛的性质，无弹性后效。

2. 开尔文（Kelvin）体

开尔文体是一种黏弹性体，它由胡克体与牛顿体，即一个弹簧与一个阻尼器并联而成。其力学模型如图 2-24 所示。用符号表示为：K＝H｜N。

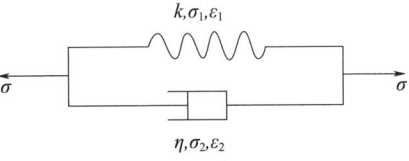

图 2-24 开尔文体力学模型

① 本构方程。

由于两元件并联，故 $\sigma=\sigma_1+\sigma_2$，$\varepsilon=\varepsilon_1=\varepsilon_2$，而：

$$\sigma_1=k\varepsilon,\quad \sigma_2=\eta\varepsilon'_2=\eta\varepsilon'$$

由上式可得开尔文体的本构方程：

$$\sigma=k\varepsilon+\eta\varepsilon' \tag{2-38}$$

如果在 $t=0$ 时，施加一个不变的应力 σ_0，则本构方程变为：

$$\sigma_0=k\varepsilon+\eta\varepsilon'$$

即：

$$\varepsilon'+\frac{k\varepsilon}{\eta}=\frac{\sigma_0}{\eta}$$

解此微分方程，得：

$$\varepsilon=\frac{\sigma_0}{k}+A e^{-kt/\eta} \tag{1}$$

式中 A——积分常数，可由初始条件求出。

当 $t=0$ 时，$\varepsilon=0$，因为施加瞬时应力 σ_0 后，由于阻尼器的惰性，阻止弹簧产生瞬时变形，整个模型在 $t=0$ 时不产生变形，应变为零。由此可求得：

$$A=-\frac{\sigma_0}{k} \tag{2}$$

将式（2）代入式（1）得：

$$\varepsilon=\frac{\sigma_0}{k}-\frac{\sigma_0 e^{-kt/\eta}}{k}=\frac{(1-e^{-kt/\eta})\sigma_0}{k} \tag{3}$$

即蠕变方程为：

$$\varepsilon=\frac{(1-e^{-kt/\eta})\sigma_0}{k} \tag{2-39}$$

用式（2-39）作图，得指数曲线形式的蠕变曲线。从公式和曲线可知，当 $t=+\infty$，$\varepsilon=\sigma_0/k$，趋向于常数，相当于只有弹簧的应变，如图 2-25 所示，因此这种模型的蠕变属于稳定蠕变。

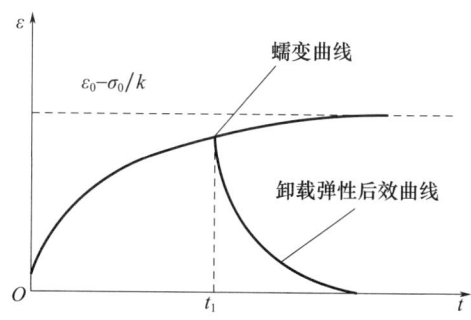

图 2-25 开尔文体蠕变曲线和弹性后效曲线

② 卸载方程。

在 $t=t_1$ 时卸载，将 $\sigma=0$ 代入本构方程，有：

$$k\varepsilon+\eta\varepsilon'=0$$

其通解为 $\ln\varepsilon=kt/\eta+c$，其中 c 为积分常数，即：

$$\varepsilon=A_1 e^{-kt/\eta}, \quad A_1=e^c$$

因此，可以得到卸载方程：

$$\varepsilon=\varepsilon_1 e^{k(t_1-t)/\eta} \tag{2-40}$$

由式（2-40）可知，当 $t=t_1$ 时，应力虽已减为零，此瞬时应变 $\varepsilon=\varepsilon_1$。但随时间 t 的增长，应变逐渐减小。当 t 趋向于无穷大时，应变 $\varepsilon=0$，这表明阻尼器在弹簧收缩时，也随之逐渐恢复变形。当 t 趋向于无穷大时，弹性元件与黏性元件完全恢复变形。这种现象就是前面讲的弹性后效，如图 2-25 所示。

③ 松弛方程。

如令模型应变保持恒定，即 $\varepsilon=\varepsilon_1=\varepsilon_2=$ 常数，此时本构方程为：

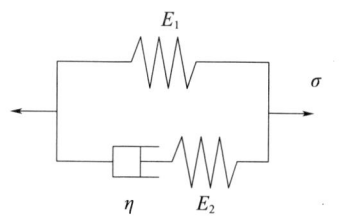

图 2-26 鲍埃丁-汤姆逊体力学模型

$$\sigma = k\varepsilon \qquad (2\text{-}41)$$

式（2-41）表明，当应变保持恒定时，应力 σ 也保持恒定，并不随时间增长而减小，即模型无应力松弛性能。

3. 鲍埃丁-汤姆逊（Poynting-Thomson）体

这种模型由一个马克斯威尔体和一个弹性元件并联而成，其力学模型如图 2-27、图 2-28 所示。

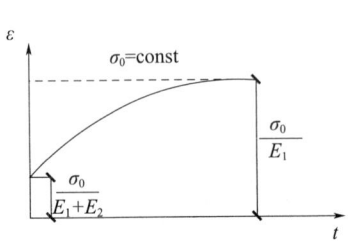
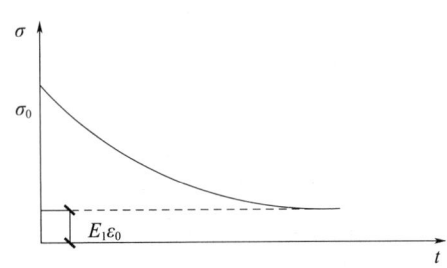

图 2-27 鲍埃丁-汤姆逊体蠕变曲线　　图 2-28 鲍埃丁-汤姆逊体松弛曲线

$$\varepsilon = \varepsilon_1 = \varepsilon_2 \qquad ①$$

$$\sigma = \sigma_1 + \sigma_2 \qquad ②$$

$$\varepsilon_1 = \frac{\sigma_1}{E_1} \qquad ③$$

$$\varepsilon'_2 = \frac{\sigma'_2}{E_2} + \frac{\sigma_2}{\eta} \qquad \frac{d\varepsilon_2}{dx} = \frac{1}{E_2}\frac{d\sigma_2}{dx} + \frac{\sigma_2}{\eta} \qquad ④$$

由式①、式②得： $\qquad\sigma_1 = E_1\varepsilon \qquad ⑤$

由式①、式④得： $\qquad\varepsilon' = \dfrac{\sigma'_2}{E_2} + \dfrac{\sigma_2}{\eta} \qquad ⑥$

由式②得： $\qquad\sigma_2 = \sigma - \sigma_1 \qquad ⑦$

把式⑦代入式⑥得： $\qquad\varepsilon' = \dfrac{\sigma' - \sigma'_1}{E_2} + \dfrac{\sigma - \sigma_1}{\eta} \qquad ⑧$

把式⑤代入式⑧得： $\qquad\varepsilon' = \dfrac{\sigma' - E_1\varepsilon'}{E_2} + \dfrac{\sigma - E_1\varepsilon}{\eta} \qquad ⑨$

由式⑨得： $\qquad\left(1+\dfrac{E_1}{E_2}\right)\varepsilon' + \dfrac{E_1}{\eta}\varepsilon = \dfrac{\sigma'}{E_2} + \dfrac{\sigma}{\eta} \qquad$（本构关系）

A. 蠕变曲线。当 $\sigma = \sigma_0 = \text{const}$ 时，有：

$$\left(\frac{E_1+E_2}{E_2}\right)\varepsilon' + \frac{E_1}{\eta}\varepsilon = \frac{\sigma_0}{\eta}$$

$$\eta\left(\frac{E_1+E_2}{E_2}\right)\varepsilon' + E_1\varepsilon = \sigma_0$$

通解： $\qquad\varepsilon = \dfrac{\sigma_0}{E_1} + c e^{-\frac{E_1 E_2}{\eta(E_1+E_2)}t}$

当 $t=0$ 时， $\varepsilon_0 = \dfrac{\sigma_0}{E_1+E_2}$ 因此有：

$$c = \varepsilon_0 - \frac{\sigma_0}{E_1} = \frac{\sigma_0}{E_1+E_2} - \frac{\sigma_0}{E_1}$$

$$\varepsilon = \left(\frac{\sigma_0}{E_1+E_2} - \frac{\sigma_0}{E_1}\right) e^{\left(-\frac{E_1 E_2}{\eta(E_1+E_2)}t\right)} + \frac{\sigma_0}{E_1}$$

当 $t \to \infty$ 时，$\varepsilon = \frac{\sigma_0}{E_1}$。

B. 松弛曲线。当 $\varepsilon = \varepsilon_0 = \text{const}$ 时，由本构方程得松弛方程：

$$\sigma' + \frac{E_2 \sigma}{\eta} = \frac{E_1 E_2}{\eta} \varepsilon_0$$

通解：
$$\sigma = E_1 \varepsilon_0 + c \exp\left(-\frac{E_2}{\eta}t\right)$$

当 $t = 0$ 时，$\sigma = \sigma_0$，有：

$$c = \sigma_0 - E_1 \varepsilon_0$$

因此，丁体松弛方程为

$$\sigma = E_1 \varepsilon_0 + (\sigma_0 - E_1 \varepsilon_0) \exp\left(-\frac{E_2}{\eta}t\right) \begin{cases} \sigma_0 & t=0 \\ E_1 \varepsilon_0 & t \to \infty \end{cases}$$

4. 广义开尔文体（modified Kelvin）

广义开尔文体是在开尔文体上串联一个弹性体，其力学模型如图 2-29 所示。

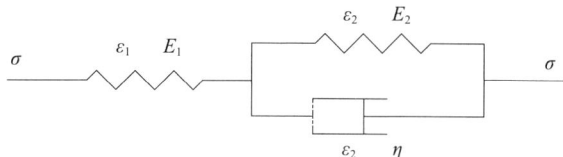

图 2-29 广义 Kelvin 模型

由于是串联，应力和应变存在如下的关系：

$$\begin{cases} \sigma = \sigma_1 = \sigma_2 \\ \varepsilon = \varepsilon_1 + \varepsilon_2 \end{cases} \text{（下标 1 代表弹性体，下标 2 代表开尔文体）}$$

对于弹性体： $\varepsilon_1 = \frac{\sigma}{E_1}$

对于开尔文体： $\varepsilon_2 = \frac{\sigma}{E_2} - \frac{\eta}{E_2}\dot{\varepsilon}_2 \qquad (\sigma = E\varepsilon_2 + \eta\dot{\varepsilon}_2)$

$$\varepsilon = \frac{\sigma}{E_1} + \frac{\sigma}{E_2} - \frac{\eta}{E_2}\dot{\varepsilon}_2 = \frac{E_1+E_2}{E_1 E_2}\sigma - \frac{\eta}{E_2}(\dot{\varepsilon} - \dot{\varepsilon}_1)$$

$$\varepsilon = \frac{E_1+E_2}{E_1 E_2}\sigma - \frac{\eta}{E_2}\left(\dot{\varepsilon} - \frac{\dot{\sigma}}{E_1}\right)$$

$$\varepsilon + \frac{\eta}{E_2}\dot{\varepsilon} = \frac{E_1+E_2}{E_1 E_2}\sigma + \frac{\eta}{E_1 E_2}\dot{\sigma} \qquad \text{（广义开尔文体本构方程）}$$

① 蠕变分析。

当 $\sigma = \sigma_1 = \sigma_2 = \sigma_0 = \text{const}$ 时，有：

$$\varepsilon_1 = \frac{\sigma_1}{E_1} = \frac{\sigma_0}{E_1}$$

$$\varepsilon_2 = \frac{\sigma_0}{E_2}\left[1 - \exp\left(-\frac{E_2}{\eta}t\right)\right]$$

利用叠加原理得：
$$\varepsilon = \varepsilon_1 + \varepsilon_2 = \frac{\sigma_0}{E_1} + \frac{\sigma_0}{E_2}\left[1 - \exp\left(-\frac{E_2}{\eta}t\right)\right]$$

即广义开尔文体的蠕变等于弹性变形量与开尔文体蠕变量之和（图 2-30）。

当 $t=0$ 时，$\varepsilon = \frac{\sigma_0}{E_1}$。

当 $t \to \infty$ 时，$\varepsilon = \frac{\sigma_0}{E_1} + \frac{\sigma_0}{E_2}$。

广义开尔文体适合描述蠕变按照指数增加而最终趋于稳定的蠕变过程。

② 松弛分析。

松弛应变条件为：$\varepsilon = \varepsilon_0 = \text{const}$

由本构方程得：$\varepsilon_0 = \frac{E_1 + E_2}{E_1 E_2}\sigma + \frac{\eta}{E_1 E_2}\dot{\sigma}$

对于 $\dot{\varepsilon} + p(t)\varepsilon = Q(t)$ 的解（一阶线性微分方程），有：

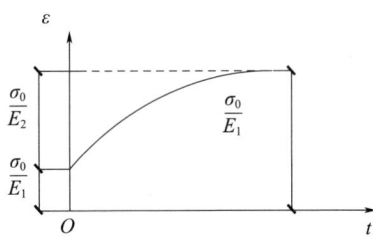

图 2-30　广义 Kelvin 模型蠕变曲线

$$\varepsilon = c e^{-\int p(t)dt} + e^{-\int p(t)dt}\int Q(t)e^{\int p(t)dt}dt$$

$$\dot{\sigma} + \frac{E_1 + E_2}{\eta}\sigma = \frac{E_1 E_2}{\eta}\varepsilon_0$$

$$P(t) = \frac{E_1 + E_2}{\eta}\sigma \qquad Q(t) = \frac{E_1 E_2}{\eta}\varepsilon_0$$

$$e^{\int p(t)dt} = e^{\frac{E_1 + E_2}{\eta}t}$$

$$\int Q(t)e^{\int P(t)dt}dt = \int \frac{E_1 E_2}{\eta}\varepsilon_0 e^{\frac{E_1+E_2}{\eta}t}dt = \frac{E_1 E_2}{\eta}\varepsilon_0 \times \frac{\eta}{E_1+E_2} \times e^{\frac{E_1+E_2}{\eta}t} = \frac{E_1 E_2}{E_1+E_2}\varepsilon_0 e^{\frac{E_1+E_2}{\eta}t}$$

所以有：$\sigma = \frac{E_1 E_2}{E_1 + E_2}\varepsilon_0 + c \times e^{-\frac{E_1+E_2}{\eta}t}$

利用初始条件：当 $t = 0$ 时，$\sigma = \sigma_0$。

所以有：$\frac{E_1 E_2}{E_1 + E_2}\varepsilon_0 + c = \sigma_0$

$$c = \sigma_0 - \frac{E_1 E_2}{E_1 + E_2}\varepsilon_0 = E_1\varepsilon_0 - \frac{E_1 E_2}{E_1 + E_2}\varepsilon_0$$

$$= \frac{E_1^2 + E_1 E_2 - E_1 E_2}{E_1 + E_2}\varepsilon_0 = \frac{E_1^2}{E_1 + E_2}\varepsilon_0$$

所以有：$\sigma = \frac{E_1 E_2}{E_1 + E_2}\varepsilon_0 + \frac{E_1^2}{E_1 + E_2}e^{-\frac{E_1+E_2}{\eta}t} \times \varepsilon_0$

当 $t \to \infty$ 时，$\sigma = \frac{E_1 E_2}{E_1 + E_2}\varepsilon_0$。

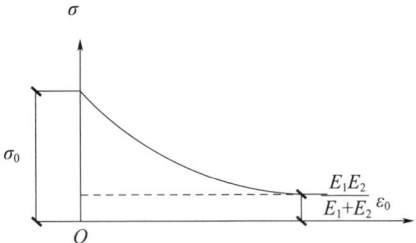

图 2-31　广义 Kelvin 模型松弛曲线

广义 Kelvin 模型松弛曲线如图 2-31 所示。

5. 伯格斯（Burgers）模型（复合黏弹性模型）

其由 Maxwell 模型和 Kelvin 模型串联而成（图 2-32）。

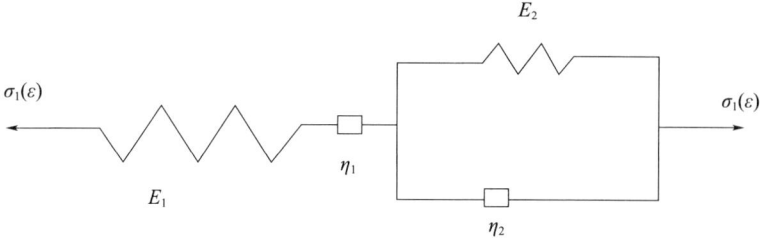

图 2-32 伯格斯模型

ε_1、σ_1 为 Maxwell 模型的应力和应变；

ε_2、σ_2 为 Kelvin 模型的应力和应变。

$$\sigma = \sigma_1 = \sigma_2$$
$$\varepsilon = \varepsilon_1 + \varepsilon_2$$

Maxwell 模型的本构方程为：$\dot{\varepsilon} = \dfrac{\dot{\sigma}}{E} + \dfrac{\sigma}{\eta}$

Kelvin 模型的本构方程为：$\sigma_2 = E_2 \varepsilon_2 + \eta_2 \dot{\varepsilon}_2$

$$\dot{\varepsilon}_1 = \dfrac{\dot{\sigma}}{E_1} + \dfrac{\sigma}{\eta_1}$$

$$\sigma = E_2 (\varepsilon - \varepsilon_1) + \eta_2 (\dot{\varepsilon} - \dot{\varepsilon}_1)$$

$$\dot{\sigma} = E_2 (\dot{\varepsilon} - \dot{\varepsilon}_1) + \eta_2 (\ddot{\varepsilon} - \ddot{\varepsilon}_1)$$

$$\dot{\sigma} = E_2 \left[\dot{\varepsilon} - \left(\dfrac{\dot{\sigma}}{E_1} + \dfrac{\sigma}{\eta_1} \right) \right] + \eta_2 \left[\ddot{\varepsilon} - \left(\dfrac{\ddot{\sigma}}{E_1} + \dfrac{\dot{\sigma}}{\eta_1} \right) \right]$$

$$\dot{\sigma} + E_2 \left(\dfrac{\dot{\sigma}}{E_1} + \dfrac{\sigma}{\eta_1} \right) + \eta_2 \left(\dfrac{\ddot{\sigma}}{E_1} + \dfrac{\dot{\sigma}}{\eta_1} \right) = E_2 \dot{\varepsilon} + \eta_2 \ddot{\varepsilon}$$

两边同乘 $\dfrac{\eta_1}{E_2}$，得：

$$\sigma + \left(\dfrac{\eta_1}{E_1} + \dfrac{\eta_1}{E_2} + \dfrac{\eta_2}{E_2} \right) \dot{\sigma} + \dfrac{\eta_1 \eta_2}{E_1 E_2} \ddot{\sigma} = \eta_1 \dot{\varepsilon} + \dfrac{\eta_1 \eta_2}{E_2} \ddot{\varepsilon}$$

此为伯格斯模型的本构方程。

① 蠕变特性。

Maxwell 蠕变方程为：$\varepsilon_1 = \dfrac{\sigma_0}{E_1} + \dfrac{\sigma_0 t}{\eta_1}$

Kelvin 蠕变方程为：$\varepsilon_2 = \dfrac{\sigma_0}{E_2} \left(1 - e^{-\dfrac{E_2}{\eta_2} t} \right)$

则 Burgers 模型的蠕变方程为：$\varepsilon = \dfrac{\sigma_0}{E_1} + \dfrac{\sigma_0 t}{\eta_1} + \dfrac{\sigma_0}{E_2} \left(1 - e^{-\dfrac{E_2}{\eta_2} t} \right)$

当 $t = 0$ 时，$\varepsilon = \dfrac{\sigma_0}{E_1}$；

当 $t \to \infty$，$\varepsilon \to \infty$，$\varepsilon = \dfrac{\sigma_0}{E_1} + \dfrac{\sigma_0}{E_2} + \dfrac{\sigma_0}{\eta_1} t$。

伯格斯模型蠕变曲线如图 2-33 所示。

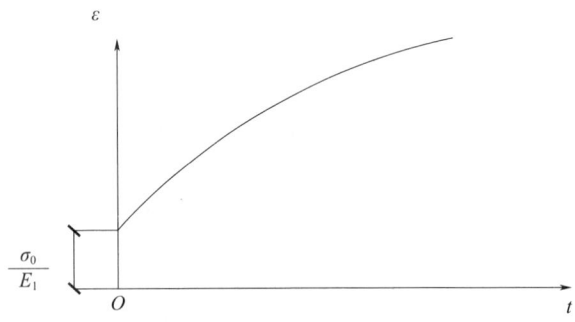

图 2-33 伯格斯模型蠕变曲线

这个模型反映出岩石在恒定应力作用下具有双蠕变特性。其由应变随时间线性增长和应变随时间按指数变化的次蠕变构成。

该模型描述岩石的蠕变具有瞬时弹性应变、衰减蠕变以及稳定蠕变阶段。

② 松弛特性。

松弛应变条件为：$\varepsilon = \varepsilon_0 = \text{const}$

则：$\dot{\varepsilon} = \ddot{\varepsilon} = 0$

本构方程变为：$\sigma + \left(\dfrac{\eta_1}{E_1} + \dfrac{\eta_1}{E_2} + \dfrac{\eta_2}{E_2}\right)\dot{\sigma} + \dfrac{\eta_1 \eta_2}{E_1 E_2}\ddot{\sigma} = 0$

解此微分方程：

$$\sigma = \dfrac{\varepsilon_0}{\sqrt{P_1^2 - 4P_2}}\left[(-q_1 + q_2 \partial)\exp(-\partial t) + (q_1 - q_2 \beta)\exp(-\beta t)\right]$$

式中：$P_1 = \dfrac{\eta_1}{E_1} + \dfrac{\eta_1 + \eta_2}{E_2}$，$P_2 = \dfrac{\eta_1 \eta_2}{E_1 E_2}$

$$q_1 = \eta_1,\quad q_2 = \dfrac{\eta_1 \eta_2}{E_2}$$

$$\partial = \dfrac{1}{2P_2}\left(P_1 + \sqrt{P_1^2 - 4P_2}\right),\quad \beta = \dfrac{1}{2P_2}\left(P_1 - \sqrt{P_1^2 - 4P_2}\right)$$

当 $t = 0$ 时，$\sigma = \sigma_0$；

当 $t \to \infty$，$\sigma = 0$。

伯格斯模型松弛曲线为一负指数衰减模型（图 2-34）。

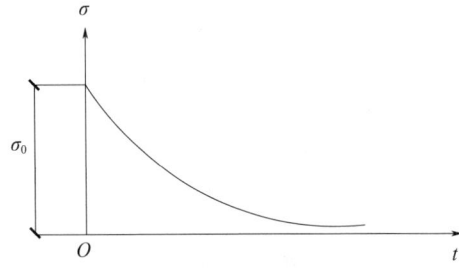

图 2-34 伯格斯模型松弛曲线

2.4 岩石的各向异性

前文所述内容都是将岩石作为连续、均质和各向同性介质来看待的。事实上，许多岩石具有不连续性、不均质性和各向异性。岩石的全部或部分物理、力学性质随方向不同而表现出差异的现象称为岩石的各向异性。由于岩石的各向异性，在不同方向加载时，岩石可表现出不同的变形特性，其应力-应变曲线、弹性模量和泊松比也不相同。这里介绍岩石的各向异性对变形特征的影响。

假定岩石是线弹性的材料。在具有线弹性变形性质的物体中，其任意点沿任何两个不同方向的弹性性质互不相同，具有这种性质的物体称为极端各向异性体。在这种介质中，六个应力分量中的每个应力都是六个应变分量的函数，反之亦然。由弹性力学可知，岩石在三向应力状态下，其应力-应变关系如下式所示。

$$\sigma_x = c_{11}\varepsilon_x + c_{12}\varepsilon_y + c_{13}\varepsilon_z + c_{14}\gamma_{xy} + c_{15}\gamma_{yz} + c_{16}\gamma_{zx}$$
$$\sigma_y = c_{21}\varepsilon_x + c_{22}\varepsilon_y + c_{23}\varepsilon_z + c_{24}\gamma_{xy} + c_{25}\gamma_{yz} + c_{26}\gamma_{zx}$$
$$\sigma_z = c_{31}\varepsilon_x + c_{32}\varepsilon_y + c_{33}\varepsilon_z + c_{34}\gamma_{xy} + c_{35}\gamma_{yz} + c_{36}\gamma_{zx}$$
$$\tau_{xy} = c_{41}\varepsilon_x + c_{42}\varepsilon_y + c_{43}\varepsilon_z + c_{44}\gamma_{xy} + c_{45}\gamma_{yz} + c_{46}\gamma_{zx}$$
$$\tau_{yz} = c_{51}\varepsilon_x + c_{52}\varepsilon_y + c_{53}\varepsilon_z + c_{54}\gamma_{xy} + c_{55}\gamma_{yz} + c_{56}\gamma_{zx}$$
$$\tau_{zx} = c_{61}\varepsilon_x + c_{62}\varepsilon_y + c_{63}\varepsilon_z + c_{64}\gamma_{xy} + c_{65}\gamma_{yz} + c_{66}\gamma_{zx}$$

如用矩阵式可写成：

$$\{\sigma\} = [D]\{\varepsilon\} \tag{2-42}$$

式中 $\{\sigma\}$ ——应力矩阵，$\{\sigma\} = [\sigma_x, \sigma_y, \sigma_z, \tau_{xy}, \tau_{yz}, \tau_{zx}]^T$；

$\{\varepsilon\}$ ——应变矩阵，$\{\varepsilon\} = [\varepsilon_x, \varepsilon_y, \varepsilon_z, \gamma_{xy}, \gamma_{yz}, \gamma_{zx}]^T$。

其中，$[D]$ 为弹性矩阵，它由式（2-42）中的系数组成，是含有 36 个弹性常数的 6×6 阶矩阵。矩阵中的各个元素都是参数，它们的数值由材料的弹性性质决定。现分析研究矩阵中 36 个弹性常数在各种情况下岩石（如各向异性体、各向同性体等）的大小和相互关系。

$$[D] = \begin{bmatrix} c_{11} & c_{12} & c_{13} & c_{14} & c_{15} & c_{16} \\ c_{21} & c_{22} & c_{23} & c_{24} & c_{25} & c_{26} \\ c_{31} & c_{32} & c_{33} & c_{34} & c_{35} & c_{36} \\ c_{41} & c_{42} & c_{43} & c_{44} & c_{45} & c_{46} \\ c_{51} & c_{52} & c_{53} & c_{54} & c_{55} & c_{56} \\ c_{61} & c_{62} & c_{63} & c_{64} & c_{65} & c_{66} \end{bmatrix}$$

2.4.1 极端各向异性体的应力-应变关系

极端各向异性体在实际工程材料中虽很少见到，但是这 36 个弹性常数之间也有一定的内在联系。极端各向异性体的特点是：任何一个应力分量都会引起六个应变分量，也就是说正应力不仅能引起线（正）应变，也能引起剪应变；剪应力不仅能引起剪应变，也能引起线（正）应变。其本构关系用矩阵的形式可写为：

$$\{\varepsilon\} = [A]\{\sigma\} \tag{2-43}$$

其中，$[A]=[D]^T$。

式（2-43）是用应力表示应变，式（2-42）是用应变表示应力。为了方便说明问题，把六个应力分量编号为：

$$\begin{array}{cccccc}\sigma_x & \sigma_y & \sigma_z & \tau_{xy} & \tau_{yz} & \tau_{zx}\\ 1 & 2 & 3 & 4 & 5 & 6\end{array}$$

产生的位置编号为：

$$\begin{array}{cccccc}x\text{轴} & y\text{轴} & z\text{轴} & x-y\text{面} & y-z\text{面} & z-x\text{面}\\ 1 & 2 & 3 & 4 & 5 & 6\end{array}$$

$[A]$矩阵中a_{ij}则表示第j个应力分量等于一个单位时在i方向所引起的应变分量。如a_{12}表示σ_y等于一个单位时在x轴方向上所引起的应变分量；a_{56}表示剪应力τ_{zx}等于一个单位时在$y-z$面内所引起的应变分量。

由弹性力学理论知识可以证明，36个弹性常数之间存在以下关系，即$c_{ij}=c_{ji}$，$a_{ij}=a_{ji}$，$[A]$矩阵和$[D]$矩阵均为对称矩阵，36个弹性常数中只有21个是独立的。

2.4.2 正交各向异性体的应力-应变关系

假设在弹性体构造中存在着这样一个平面，在任意两个与此面对称的方向上，材料的弹性相同，或者说弹性常数相同，那么这个平面就是弹性对称面。图2-35所示平面即为弹性对称面，在其两边的对应点的弹性相同，垂直于对称面的方向称为弹性主向。

如果在弹性体中存在着三个互相正交的弹性对称面，在各个面两边的对称方向上，其弹性相同，但在这三个弹性主向上弹性并不相同，则这种物体称为正交各向异性体。

现以三个正交的弹性对称面为坐标面，x、y、z轴分别假设在三个弹性主向上。由于对称的关系，作用在正交各向异性体上的正应力分量只能引起线应变，不会引起剪应变。于是$[A]$中$a_{14}=a_{15}=a_{16}=0$，$a_{24}=a_{25}=a_{26}=0$，$a_{34}=a_{35}=a_{36}=0$。同样，作用在正交各向异性体上的剪应力，不会引起线应变的变化，即相应于

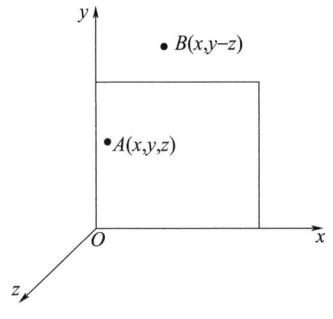

图2-35 弹性对称面

ε_x、ε_y、ε_z的弹性常数为零，并且剪应力只能引起与其相应的剪应变分量的改变，不会影响其他方向上的剪应变，即τ_{xy}只能引起γ_{xy}的变化，不会引起γ_{yz}及γ_{zx}的变化，而τ_{yz}也只能引起γ_{yz}的变化，τ_{zx}只能引起γ_{zx}的变化。因此，在$[A]$中$a_{41}=a_{42}=a_{43}=a_{45}=a_{46}=0$，$a_{51}=a_{52}=a_{53}=a_{54}=a_{56}=0$，$a_{61}=a_{62}=a_{63}=a_{64}=a_{65}=0$。于是，正交各向异性体的应力-应变关系为：

$$\begin{Bmatrix}\varepsilon_x\\ \varepsilon_y\\ \varepsilon_z\\ \gamma_{xy}\\ \gamma_{yz}\\ \gamma_{zx}\end{Bmatrix}=\begin{bmatrix}a_{11} & a_{12} & a_{13} & 0 & 0 & 0\\ a_{21} & a_{22} & a_{23} & 0 & 0 & 0\\ a_{31} & a_{32} & a_{33} & 0 & 0 & 0\\ 0 & 0 & 0 & a_{44} & 0 & 0\\ 0 & 0 & 0 & 0 & a_{55} & 0\\ 0 & 0 & 0 & 0 & 0 & a_{66}\end{bmatrix}\begin{Bmatrix}\sigma_x\\ \sigma_y\\ \sigma_z\\ \tau_{xy}\\ \tau_{yz}\\ \tau_{zx}\end{Bmatrix} \quad (2-44)$$

因此，正交各向异性体只有 9 个独立的弹性常数，即 a_{11}，a_{12}，a_{13}，a_{22}，a_{23}，a_{33}，a_{44}，a_{55}，a_{66}。式（2-44）中，$a_{21}=a_{12}$，$a_{31}=a_{13}$，$a_{23}=a_{32}$。

2.4.3 横观各向同性体的应力-应变关系

横观各向同性体是各向异性体的特殊情况。在岩石某一平面内，各方向弹性性质相同，这个面就称为各向同性面，而垂直于此面方向的力学性质是不同的，具有这种性质的物体称为横观各向同性体。如图 2-36 所示，$x-z$ 平面为各向同性面。横观各向同性体的特点是在平行于各向同性面的平面内（横向）都具有相同的弹性。成层的岩石就属于这一类。

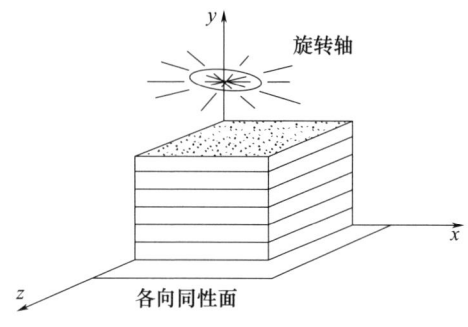

图 2-36 横观各向同性体结构

根据横观各向同性体的特点，z 方向和 x 方向的弹性性质是相同的。因此，可知以下情况。

① 单位 σ_x 所引起的 ε_x 等于单位 σ_z 所引起的 ε_z。而单位 σ_z 在 z 轴所引起的线应变为 a_{33}，单位 σ_x 在 x 轴方向所引起的线应变为 a_{11}，所以 $a_{33}=a_{11}$。

② 单位 σ_z 所引起的 ε_y 应等于单位 σ_x 所引起的 ε_y，即 $a_{23}=a_{21}$。

③ 单位 τ_{xy} 所引起的 γ_{xy} 应等于单位 τ_{yz} 所引起的 γ_{yz}，即 $a_{44}=a_{55}$。

因此，对于横观各向同性体，在 $[A]$ 矩阵中只剩下 a_{11}、a_{12}、a_{13}、a_{22}、a_{44}、a_{66} 六个常数项，并且由弹性力学公式有：

$a_{11}=\dfrac{1}{E_1}$（单位 σ_x 在 x 轴上产生的变形，以压缩为正）

$a_{12}=-\dfrac{\mu_2}{E_2}$（单位 σ_y 在 y 轴上产生的变形，以伸长为负）

$a_{13}=-\dfrac{\mu_1}{E_1}$（单位 σ_z 在 z 轴上产生的变形，以伸长为负）

$a_{22}=\dfrac{1}{E_2}$（单位 σ_y 在 y 轴上产生的变形，以压缩为正）

$a_{44}=\dfrac{1}{G_2}$（单位 τ_{xy} 在 $x-y$ 面上的剪应变）

$a_{66}=\dfrac{1}{G_1}$（单位 τ_{zx} 在 $z-x$ 面上的剪应变）

式中 E_1，μ_1——各向同性面（横向）内岩石的弹性模量和泊松比；

E_2，μ_2——垂直于各向同性面（纵向）方向的弹性模量和泊松比。

因为在横观各向同性体横向内 $G_1 = E_1/[2(1+\mu_1)]$，所以横观各向同性体只有五个独立的常数，即 E_1、E_2、μ_1、μ_2 和 G_2。

2.4.4 各向同性体

若物体内的任一点沿任何方向的弹性都相同，则这样的物体称为各向同性体，如钢材、水泥等。各向同性体的弹性参数中只有两个是独立的，即弹性模量 E 和泊松比 μ。

2.5 岩石的强度准则及其工程应用

2.5.1 基本概念

岩石的力学性质与区分为：①变形性质，通过本构关系反映；②强度性质，通过强度准则反映。

岩石强度是指岩石抵抗破坏的能力。岩石强度理论是指岩石在某应力或应变条件下产生破坏的判据。也可以表述为：岩石内某一点开始产生破坏时，应力或应变必须满足条件。岩石材料破坏的形式有断裂破坏、流动破坏（出现显著的塑性变形或流动现象）。

断裂破坏发生于应力达到强度极限，流动破坏发生于应力达到屈服极限（图 2-37）。

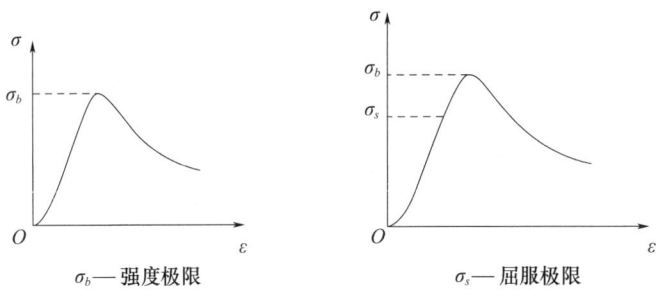

图 2-37 岩石强度极限与屈服极限

2.5.2 基本理论

强度理论也叫破坏条件（屈服条件），是应力分量或应变分量表示的函数。在应力分量空间（6维）中，$f(\sigma_{ij})=0$ 表示某一超曲系。

$f(\sigma_{ij})=0$，复杂应力状态下是一个超曲面。

单轴受压情况是一个点。

$f(\sigma_{ij})<0$——弹性状态；

$f(\sigma_{ij}) \geqslant 0$——塑性破坏状态。

平面状态下是一条曲线，如 $\tau = \sigma_n \tan\phi + c$。

岩石屈服面如图 2-38 所示。莫尔-库伦强度准则如图 2-39 所示。

对于各向同性材料，f 是 σ_{ij} 的各向同性函数，f 在坐标变换过程中保持不变。则可以选择应力主轴作为坐标轴，即在主应力空间中研究 $f(\sigma_{ij})$，则强度准则 $f(\sigma_{ij})=0$ 可变为 $f(\sigma_i)=0$。

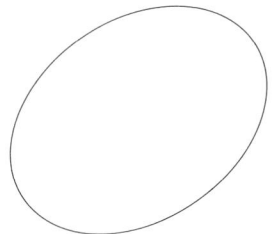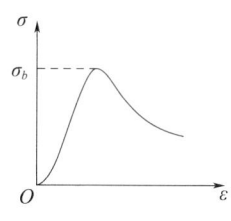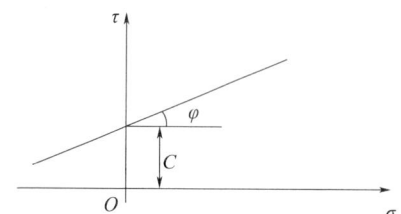

图 2-38　岩石屈服面　　　　　　图 2-39　莫尔-库伦强度准则

① 应力不变量。

应力第一不变量：$I_1=\sigma_1+\sigma_2+\sigma_3=\sigma_x\sigma_y\sigma_z$

应力第二不变量：$I_2=\sigma_1\sigma_2+\sigma_2\sigma_3+\sigma_1\sigma_3=\begin{pmatrix}\sigma_{11}&\sigma_{12}\\\sigma_{21}&\sigma_{22}\end{pmatrix}+\begin{pmatrix}\sigma_{22}&\sigma_{23}\\\sigma_{32}&\sigma_{33}\end{pmatrix}+\begin{pmatrix}\sigma_{33}&\sigma_{31}\\\sigma_{13}&\sigma_{11}\end{pmatrix}$

应力第三不变量：$I_3=\sigma_1\sigma_2\sigma_3=\det(\sigma)$

$$S_{ij}=\sigma_{ij}-\sigma_m\delta_{ij}$$

$$\sigma=\begin{pmatrix}\sigma_{11}&\sigma_{12}&\sigma_{13}\\\sigma_{21}&\sigma_{22}&\sigma_{23}\\\sigma_{31}&\sigma_{32}&\sigma_{33}\end{pmatrix}$$

② 偏应力张量的不变量。

$$J_1=0=S_{11}+S_{22}+S_{33}=0$$

$$J_2=-\begin{pmatrix}S_{11}&S_{12}\\S_{21}&S_{22}\end{pmatrix}-\begin{pmatrix}S_{22}&S_{23}\\S_{32}&S_{33}\end{pmatrix}-\begin{pmatrix}S_{33}&S_{31}\\S_{13}&S_{11}\end{pmatrix}$$

$$=-(S_{11}S_{22}+S_{22}S_{33}+S_{33}S_{11})+S_{12}^2+S_{23}^2+S_{31}^2$$

$$S=\begin{pmatrix}S_{11}&S_{12}&S_{13}\\S_{21}&S_{22}&S_{23}\\S_{31}&S_{32}&S_{33}\end{pmatrix}$$

因为　　　　　　　　　　$S_{11}+S_{22}+S_{33}=0$

所以　　　　　　　　　$S_{11}S_{22}=-S_{11}(S_{11}+S_{33})$

$$S_{22}S_{33}=-S_{22}(S_{22}+S_{11})$$

$$S_{33}S_{11}=-S_{33}(S_{33}+S_{22})$$

$$S_{11}S_{22}+S_{22}S_{33}+S_{33}S_{11}=-(S_{11}^2+S_{22}^2+S_{33}^2)-(S_{11}S_{22}+S_{22}S_{33}+S_{33}S_{11})$$

即：　　　$-(S_{11}S_{22}+S_{22}S_{33}+S_{33}S_{11})=\dfrac{1}{2}(S_{11}^2+S_{22}^2+S_{33}^2)$

则：　　　　　$J_2=\dfrac{1}{2}(S_{11}^2+S_{22}^2+S_{33}^2)+S_{12}^2+S_{23}^2+S_{31}^2$

用偏应力张量分量来表示 J_2，$J_2=\dfrac{1}{2}S_{ij}S_{ij}$。

$$S_{11}^2+S_{22}^2+S_{33}^2=\left[\sigma_{11}-\dfrac{1}{3}(\sigma_{11}+\sigma_{22}+\sigma_{33})\right]^2+\left[\dfrac{2}{3}\sigma_{22}-\dfrac{1}{3}(\sigma_{11}+\sigma_{33})\right]^2+\left[\dfrac{2}{3}\sigma_{33}-\dfrac{1}{3}(\sigma_{11}+\sigma_{22})\right]^2$$

$$=\dfrac{4}{9}(\sigma_{11}^2+\sigma_{22}^2+\sigma_{33}^2)+\dfrac{1}{9}[(\sigma_{22}+\sigma_{33})^2+(\sigma_{33}+\sigma_{11})^2+(\sigma_{11}+\sigma_{22})^2]-$$

$$\frac{4}{9}[\sigma_{11}(\sigma_{22}+\sigma_{33})+\sigma_{22}(\sigma_{33}+\sigma_{11})+\sigma_{33}(\sigma_{11}+\sigma_{22})]$$

$$=\frac{6}{9}(\sigma_{11}^2+\sigma_{22}^2+\sigma_{33}^2)+\frac{2}{9}[\sigma_{11}\sigma_{22}+\sigma_{22}\sigma_{33}+\sigma_{33}\sigma_{11}]-\frac{8}{9}[\sigma_{11}\sigma_{22}+\sigma_{22}\sigma_{33}+\sigma_{33}\sigma_{11}]$$

$$=\frac{2}{3}(\sigma_{11}^2+\sigma_{22}^2+\sigma_{33}^2)-\frac{2}{3}(\sigma_{11}\sigma_{22}+\sigma_{22}\sigma_{33}+\sigma_{33}\sigma_{11})$$

$$=\frac{1}{3}[(\sigma_{11}-\sigma_{22})^2+(\sigma_{22}-\sigma_{33})^2+(\sigma_{33}-\sigma_{11})^2]$$

所以 $J_2=\dfrac{1}{6}[(\sigma_{11}-\sigma_{22})^2+(\sigma_{22}-\sigma_{33})^2+(\sigma_{33}-\sigma_{11})^2]+\sigma_{12}^2+\sigma_{23}^2+\sigma_{31}^2$

用主应力表示为：$J_2=\dfrac{1}{6}[(\sigma_1-\sigma_2)^2+(\sigma_2-\sigma_3)^2+(\sigma_3-\sigma_1)^2]$

偏应力张量第三不变量：$J_3=\det(S)$

③ 等效应力 (equivalent effective stress)。

$$\bar{\sigma}=\sqrt{3J_2}\quad(当单轴受力时，\sigma=\sigma_1，\sigma_2=\sigma_3=0)$$

$$J_2=\frac{1}{6}[(\sigma_1-\sigma_2)^2+(\sigma_2-\sigma_3)^2+(\sigma_3-\sigma_1)^2]=\frac{1}{3}\sigma_1^2$$

所以 $\bar{\sigma}=\sigma_1$

④ 等效剪应力。

$$T=\sqrt{J_2}$$

纯剪切，$\sigma_{12}=\sigma_{21}=\tau$，其余 $\sigma_{ij}=0$。

$$\sigma=\begin{pmatrix}0&\tau&0\\\tau&0&0\\0&0&0\end{pmatrix},\quad S_i=\sigma_i-\sigma_m,\quad S=\begin{pmatrix}0&\tau&0\\\tau&0&0\\0&0&0\end{pmatrix}$$

$$J_2=\frac{1}{2}S_{ij}S_{ij}=\frac{1}{2}(\sigma_{12}^2+\sigma_{21}^2)=\tau^2$$

所以 $T=\tau$

⑤ 正八面体应力。

在主应力空间，建立 $n=\left\{\pm\dfrac{1}{\sqrt{3}},\pm\dfrac{1}{\sqrt{3}},\pm\dfrac{1}{\sqrt{3}}\right\}$ 面元，共 8 个面元，8 个面元上的应力称为八面体应力（图 2-40），面元上的应力矢量全应力 $t_n=n\times\sigma=n_i e_i\times\sigma_{jk}e_j e_k=n_i\sigma_{jk}\delta_{ij}e_k=n_j\delta_{jk}e_k=n_i\delta_{ij}e_j$。

$$\sigma=\begin{pmatrix}\sigma_1&0&0\\0&\sigma_2&0\\0&0&\sigma_3\end{pmatrix}\quad\sigma_{ij}=\sigma_i\delta_{ij}\text{（主应力表示）}$$

即任意一点法向量为 n 面元上的应力矢量：

$$t_n=n_i\sigma_{ij}e_j=n_i\sigma_i\delta_{ij}e_j=n_i\sigma_i e_i=n_1\sigma_1 e_1+n_2\sigma_2 e_2+n_3\sigma_3 e_3$$

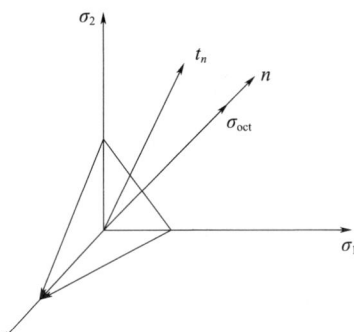

图 2-40 八面体应力

八面体上法向应力：

$$\sigma_{\text{oct}}=t_n\times n=(n_i\sigma_i e_i)\times(n_j e_j)=n_i n_j\sigma_i\delta_{ij}=n_i^2\sigma_i$$

$$= n_1{}^2\sigma_1 + n_2{}^2\sigma_2 + n_3{}^2\sigma_3 = \frac{1}{3}(\sigma_1+\sigma_2+\sigma_3) = \sigma_m$$

八面体上剪应力：
$$\tau_{\text{oct}}^2 = |t_n|^2 - \sigma_n^2$$
$$= \frac{1}{3}(\sigma_1^2+\sigma_1^2+\sigma_3^2) - \frac{1}{9}(\sigma_1+\sigma_2+\sigma_3)^2$$
$$= \frac{1}{9}\left[(\sigma_1-\sigma_2)^2+(\sigma_2-\sigma_3)^2+(\sigma_3-\sigma_1)^2\right]$$
$$J_2 = \frac{1}{6}\left[(\sigma_1-\sigma_2)^2+(\sigma_2-\sigma_3)^2+(\sigma_3-\sigma_1)^2\right]$$

则作用在八面体面元上的切应力 $\tau_{\text{oct}}=\sqrt{\dfrac{2}{3}J_2}$。

⑥ Ⅱ 平面性质。

实验指出：对于大多数材料，尤其是金属材料，当压力不是很高时，平面应力或静水压力不产生塑性变形，只产生可恢复的弹性变形。

$$\sigma=\sigma_m=\frac{\varepsilon_{ii}}{k}=\frac{\Delta}{k} \qquad \Delta=\Delta^e+\Delta^p \qquad \Delta^p=0$$

物理上表示塑性体积不可压，或静水压力对塑性变形不产生影响。

在主应力空间： $\qquad f(\sigma_{ij})=0 \qquad \sigma_i=\sigma_m+S_i$
$$f(\sigma_m+S_i)=0$$

塑性屈服与静水压力无关，则可写为：
$$f(S_i)=0 \quad \text{or} \quad f'(J_1,J_2,J_3)=0$$
$$J_1=S_1+S_2+S_3=0$$

则 $f'(J_2,J_3)=0$。

设在主应力空间，σ_1°、σ_2°、σ_3° 在屈服面上，$f(\sigma_i^\circ)=0$，静水压力不影响塑性屈服。

则 $\begin{cases}\sigma_1=\sigma_m+\sigma_2^\circ\\\sigma_2=\sigma_m+\sigma_2^\circ\\\sigma_3=\sigma_m+\sigma_2^\circ\end{cases}$ 也在屈服面上。

在应力空间，此式表示过 M' 点、法向 n 为 $\pm\left\{\dfrac{1}{\sqrt{3}},\dfrac{1}{\sqrt{3}},\dfrac{1}{\sqrt{3}}\right\}$ 的直线方程。该直线上的每个点都在屈服面上。O 点为：$\sigma_1^\circ=\sigma_2^\circ=\sigma_3^\circ=0$。

则 $\sigma_1^\circ=\sigma_2^\circ=\sigma_3^\circ=\sigma_m$，表示过原点、法向 $n=\pm\left\{\dfrac{1}{\sqrt{3}},\dfrac{1}{\sqrt{3}},\dfrac{1}{\sqrt{3}}\right\}$ 的直线方程。

如果 $M'(\sigma_i^\circ)$ 在屈服面上，则过 M' 点作平行于静水压力线上的所有点也在屈服面上。
$$\sigma_1=\sigma_2=\sigma_3=\sigma_m \quad (\text{静水压力线})$$

屈服面一定是母线平行于静水压力线 $\sigma_1=\sigma_2=\sigma_3=\sigma_m$ 的柱面。

$\sigma_1+\sigma_2+\sigma_3=0$ 此式在主应力空间表示过原点、法向 $n=\pm\left\{\dfrac{1}{\sqrt{3}},\dfrac{1}{\sqrt{3}},\dfrac{1}{\sqrt{3}}\right\}$ 的平面方程，称为 Ⅱ 平面与屈服柱面的交线，在 Ⅱ 平面上研究屈服柱面与 Ⅱ 平面的交线。

把空间主轴坐标轴 σ_i 投影到 Ⅱ 平面上 $\sigma_i{}'$，则有：

$$\cos\alpha = n_1 = \frac{1}{\sqrt{3}}$$

过 n 和 σ_1 作 Π 平面的垂面，此垂面上的投影分量如图 2-41 所示。

$$\sin\alpha = \sqrt{1-\cos^2\alpha} = \sqrt{\frac{2}{3}}$$

简单拉伸应力状态 $\sigma = \sigma_1$，$\sigma_2 = \sigma_3 = 0$。

在 Π 平面上，$\{\sigma_1', 0, 0\}$ 中：

$$\sigma_1' = \sigma_1 \times \sin\alpha = \sqrt{\frac{2}{3}}\sigma_1$$

在主应力空间中简单拉伸 $\{\sigma_i\} = \{\sigma_1, 0, 0\}$，在 Π 平面上表示简单拉伸 $\{\sigma_i'\} = \left\{\sqrt{\frac{2}{3}}\sigma_1', 0, 0\right\}$。

主应力空间 $\{\sigma_1, \sigma_2, \sigma_3\}$，在 Π 平面上表示为 $\{\sigma_1', \sigma_2', \sigma_3'\} = \left\{\sqrt{\frac{2}{3}}\sigma_1, \sqrt{\frac{2}{3}}\sigma_2, \sqrt{\frac{2}{3}}\sigma_3\right\}$。

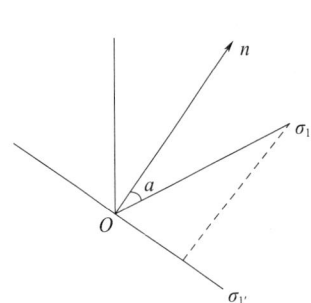

图 2-41 过 σ_1 作 Π 平面的投影

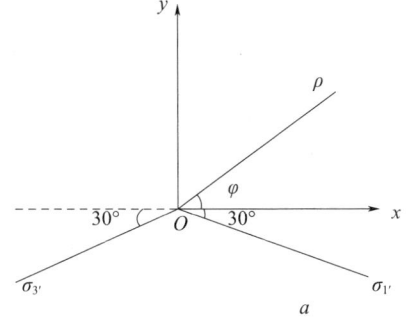

图 2-42 主应力空间

在 Π 平面上建立直角坐标系 xOy。

$$x = \sigma_1'\cos30° - \sigma_3'\cos30°$$
$$= \frac{\sqrt{3}}{2}(\sigma_1' - \sigma_3') = \frac{\sqrt{3}}{2} \times \sqrt{\frac{2}{3}}(\sigma_1 - \sigma_3)$$
$$= \frac{\sqrt{2}}{2}(\sigma_1 - \sigma_3) = \frac{\sqrt{2}}{2}(S_1 - S_2)$$
$$y = \sigma_2' - \sigma_1'\cos60° - \sigma_3'\cos60°$$
$$= \frac{1}{\sqrt{6}}(2\sigma_2 - \sigma_1 - \sigma_3) = \frac{1}{\sqrt{6}}(2S_2 - S_1 - S_3)$$

建立极坐标系 (ρ, φ)。

$$\rho^2 = x^2 + y^2 = \left\{\frac{1}{2}(\sigma_1 - \sigma_3)^2 + \frac{1}{6}[(\sigma_2 - \sigma_1) + (\sigma_2 - \sigma_3)]^2\right\}$$
$$= \frac{1}{3}[(\sigma_1 - \sigma_3)^2 + (\sigma_2 - \sigma_3)^2 + (\sigma_3 - \sigma_1)^2]$$

即：
$$\rho^2 = 2J_2$$

$$\tan\varphi = \frac{y}{x} = \frac{1}{\sqrt{3}} \times \frac{2\sigma_2 - \sigma_1 - \sigma_3}{\sigma_1 - \sigma_3} = \frac{1}{\sqrt{3}} \mu_\sigma$$

则：
$$\mu_\sigma = \frac{2\sigma_2 - \sigma_1 - \sigma_3}{\sigma_1 - \sigma_3}$$

$\mu_\sigma = \dfrac{2\sigma_2 - \sigma_1 - \sigma_3}{\sigma_1 - \sigma_3}$ 称为拉梅参数（Lame parameter）。

则：
$$\tan\varphi = \frac{1}{\sqrt{3}} \mu_\sigma$$
$$\rho^2 = 2J_2$$

当 $\sigma_1 \geqslant \sigma_2 \geqslant \sigma_3$ 时，有：

① $\mu_\sigma = \dfrac{2\sigma_2 - \sigma_1 - \sigma_3}{\sigma_1 - \sigma_3} = \dfrac{\sigma_1 - \sigma_3}{\sigma_1 - \sigma_3} + 2\dfrac{\sigma_2 - \sigma_1}{\sigma_1 - \sigma_3} \leqslant 1$。

② $\mu_\sigma = \dfrac{2\sigma_2 - \sigma_1 - \sigma_3}{\sigma_1 - \sigma_3} = \dfrac{\sigma_1 - \sigma_3}{\sigma_1 - \sigma_3} + 2\dfrac{\sigma_2 - \sigma_3}{\sigma_1 - \sigma_3} \geqslant -1$。

则：
$$-\frac{\sqrt{3}}{3} \leqslant \tan\varphi \leqslant \frac{\sqrt{3}}{3}$$
$$-30° \leqslant \varphi \leqslant 30°$$

2.5.3 Mises 强度准则（第四强度理论）

$$\bar{\sigma} = \sqrt{3J_2} \leqslant \sigma_s$$

$$\sqrt{\frac{1}{2}\left[(\sigma_1-\sigma_2)^2 + (\sigma_2-\sigma_3)^2 + (\sigma_3-\sigma_1)^2\right]} \leqslant \sigma_s$$

$$\sqrt{(\sigma_1^2 + \sigma_1^2 + \sigma_3^2) - (\sigma_1\sigma_2 + \sigma_2\sigma_3 + \sigma_3\sigma_1)} \leqslant \sigma_s$$

因为
$$\rho^2 = 2J_2$$

所以
$$\rho \leqslant \sqrt{\frac{2}{3}} \sigma_s$$

$$\rho - \sqrt{\frac{2}{3}} \sigma_s < 0 \quad \text{（弹性状态）}$$

$$\rho - \sqrt{\frac{2}{3}} \geqslant 0 \quad \text{（塑性状态）}$$

Mises 强度准则在 π 平面上是一个圆，在主应力空间上是一个圆柱面，轴线为 n。在主应力空间中与 π 平行的每个面上的圆相同（图 2-43）。

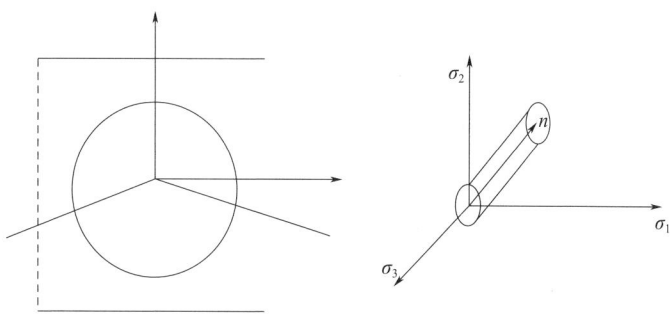

图 2-43 Mises 准则

2.5.4 Tressca 准则（第三强度理论）

最大剪应力强度理论：

$$\tau_{max} = \frac{\sigma_1 - \sigma_2}{2} \leqslant \tau_f$$

$$\max\left\{\frac{|\sigma_1-\sigma_2|}{2}, \frac{|\sigma_2-\sigma_3|}{2}, \frac{|\sigma_3-\sigma_1|}{2}\right\} = \tau_f$$

$$\{(\sigma_1-\sigma_2)^2 - 4\tau_f^2\}\{(\sigma_2-\sigma_3)^2 - 4\tau_f^2\}\{(\sigma_3-\sigma_1)^2 - 4\tau_f^2\} = 0$$

当 $\sigma_1 \leqslant \sigma_2 \leqslant \sigma_3$ 时，有：$-30° \leqslant \varphi \leqslant 30°$

$$\tau_{max} = \frac{\sigma_1 - \sigma_3}{2} = \tau_f$$

$$x = \frac{\sqrt{2}}{2}(\sigma_1 - \sigma_3) = \sqrt{2}\tau_f$$

满足此条件，材料进入塑性变形。

当 $\sigma_2 \geqslant \sigma_3 \geqslant \sigma_1$ 时，取 x'：

$$x' = \frac{\sqrt{2}}{2}(\sigma_1 - \sigma_3) = \sqrt{2}\tau_f$$

其在 Ⅱ 平面上表现为正六边形，在主应力空间表现为母线垂直 Ⅱ 平面的正六面柱体（图 2-44）。

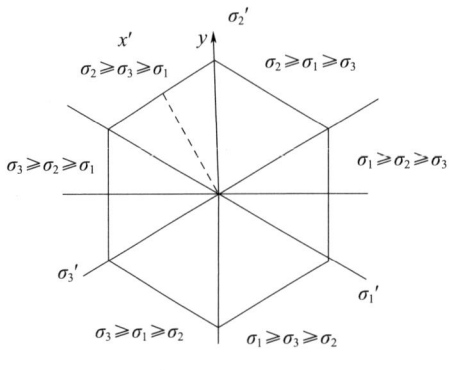

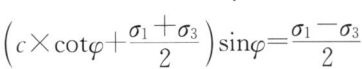

图 2-44 Tressca 准则

2.5.5 Mohr-Coulomb 准则

$$\tau_f = c + c \times \cot\varphi$$

在 $\triangle AO_1B$（图 2-45）中，有：$AO = c \times \cot\varphi$

$$OO_1 = \frac{\sigma_1 + \sigma_3}{2}$$

$$O_1B = \frac{\sigma_1 - \sigma_3}{2}$$

$$(AO + OO_1)\sin\varphi = BO_1$$

$$\left(c \times \cot\varphi + \frac{\sigma_1 + \sigma_3}{2}\right)\sin\varphi = \frac{\sigma_1 - \sigma_3}{2}$$

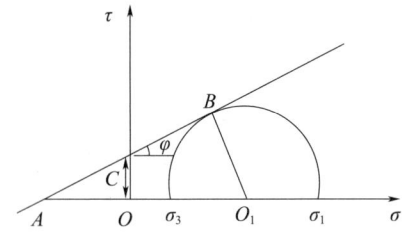

图 2-45 Mohr-Coulomb 准则（M-C 准则）

$$\sigma_1 = \frac{1+\sin\varphi}{1-\sin\varphi}\sigma_3 + \frac{2c\times\cos\varphi}{1-\sin\varphi} \Rightarrow \sigma_1 = k\sigma_3 + R_c$$

在 Π 平面上，有：$x = \frac{\sqrt{2}}{2}(\sigma_1 - \sigma_3)$

$y = \frac{1}{\sqrt{6}}(2\sigma_2 - \sigma_1 - \sigma_3)$

$\frac{\sigma_1 - \sigma_3}{2} = c \times \cos\varphi + \frac{\sigma_1 + \sigma_3}{2}\sin\varphi$

$\sigma_1 + \sigma_2 + \sigma_3 = 0$，$\sigma_1 + \sigma_3 = -\sigma_2$

所以 $y = -\frac{3}{\sqrt{6}}(\sigma_1 + \sigma_3)$

$\frac{\sqrt{2}}{2}x = c \times \cos\varphi - \frac{1}{\sqrt{6}}y\sin\varphi$

$$\begin{cases} \dfrac{\sigma_1 - \sigma_3}{2} = \dfrac{\sqrt{2}}{2}x \\ \dfrac{\sigma_1 + \sigma_3}{2} = -\dfrac{1}{\sqrt{6}}y \end{cases}$$

Π 平面上，有：$\sigma_m = 0$

$\sigma_1 = S_1 + \sigma_m$

$\sigma_3 = S_3 + \sigma_m$

$\dfrac{S_1 - S_3}{2} = c \times \cos\varphi + \dfrac{S_1 + S_2}{2}\sin\varphi + \sigma_m \sin\varphi$

M-C 准则在主应力空间是一个不规则六棱锥面（图 2-46、图 2-47）。

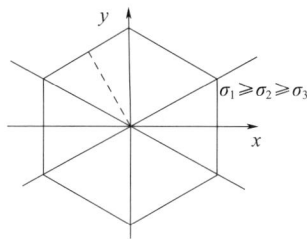
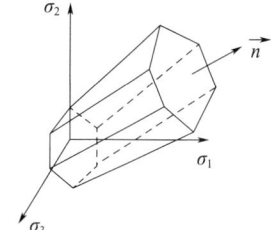

图 2-46　Mohr-Coulomb 准则在 Π 平面的图形

图 2-47　Mohr-Coulomb 准则在主应力空间的图形

2.5.6　D-P 准则

$$\tau_{oct} = \tau_0 + A\sigma_{oct}$$

式中：$\tau_{oct} = \dfrac{1}{3}\sqrt{(\sigma_1 - \sigma_2)^2 + (\sigma_2 - \sigma_3)^2 (\sigma_3 - \sigma_1)^2} = \sqrt{\dfrac{2}{3}J_2}$

$\sigma_{oct} = \dfrac{1}{3}(\sigma_1 + \sigma_2 + \sigma_3) = \dfrac{1}{3}I_1$

$$\sqrt{\frac{2}{3}J_2} = \tau_0 + A \times \frac{1}{3}I_1$$

$$\sqrt{J_2} - \frac{1}{\sqrt{6}}AI_1 - \sqrt{\frac{3}{2}}\tau_0 = 0$$

D-P 准则（图 2-48）另一形式：$\sqrt{J_2} - \alpha I_1 - k = 0$（压为+，拉为−）

所以有：$\alpha = \dfrac{A}{\sqrt{6}}$，$k = \sqrt{\dfrac{3}{2}}\tau_0$

当 $\sigma_2 = \sigma_3$，D-P 准则退化为 M-C 准则。

$$\tau_{oct} = \frac{\sqrt{2}}{3}(\sigma_1 - \sigma_3)$$

$$\sigma_{oct} = \frac{1}{3}(\sigma_1 + 2\sigma_3)$$

$$\sqrt{2}(\sigma_1 - \sigma_3) = 3\tau_0 + A(\sigma_1 + 2\sigma_3)$$

$$(\sqrt{2} - A)\sigma_1 = 3\tau_0 + (\sqrt{2} + 2A)\sigma_3$$

$$\sigma_1 = \frac{\sqrt{2} + A}{\sqrt{2} - A}\sigma_3 + \frac{3\tau_0}{\sqrt{2} - A}$$

$$\begin{cases} \dfrac{\sqrt{2} + 2A}{\sqrt{2} - A} = \dfrac{1 + \sin\varphi}{1 - \sin\varphi} \qquad A = \dfrac{2\sqrt{2}\sin\varphi}{3 - \sin\varphi} \\[2mm] \dfrac{3\tau_0}{\sqrt{2} - A} = \dfrac{2c \times \cos\varphi}{1 - \sin\varphi} \qquad \tau_0 = \dfrac{2\sqrt{2}\,c\cos\varphi}{3 - \sin\varphi} \\[2mm] \alpha = \dfrac{A}{\sqrt{6}} = \dfrac{2\sin\varphi}{\sqrt{3}\,(3 - \sin\varphi)} \end{cases}$$

$$k = \sqrt{\frac{3}{2}}\tau_0 = \frac{6c \times \cos\varphi}{\sqrt{3}\,(3 - \sin\varphi)}$$

$$\rho = \sqrt{2J_2}$$

$$\sqrt{J_2} = \alpha I_1 + k$$

$$\rho = \sqrt{2}\alpha I_1 + \sqrt{2}k$$

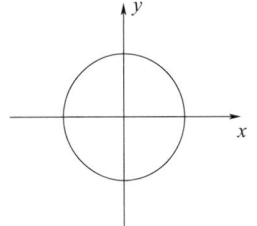
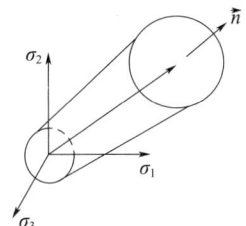

图 2-48 D-P 准则

在 Π 面上，$I_1 = 0$，$\rho = \sqrt{2}k$。

在主应力空间为锥面，M-C 准则与 D-P 准则之间有 6 种关系。

① DP_1 外角点外接圆。

$$\alpha = \frac{2\sin\varphi}{\sqrt{3}(3-\sin\varphi)}$$

$$k = \frac{6c \times \cos\varphi}{\sqrt{3}(3-\sin\varphi)}$$

② DP_2 内角点外接圆。

$$\alpha = \frac{2\sin\varphi}{\sqrt{3}(3+\sin\varphi)}$$

$$k = \frac{6c \times \cos\varphi}{\sqrt{3}(3+\sin\varphi)}$$

③ DP_3 折中圆。

$$\alpha = \frac{2\sqrt{3}\sin\varphi}{3^2 - \sin^2\varphi}$$

$$k = \frac{6\sqrt{3}c \times \cos\varphi}{3^2 - \sin^2\varphi}$$

④ DP_4 等面积圆。

$$\alpha = \frac{2\sqrt{3}\sin\varphi}{\sqrt{2\sqrt{3}\pi(3^2 - \sin^2\varphi)}}$$

$$k = \frac{6\sqrt{3}c \times \cos\varphi}{\sqrt{2\sqrt{3}\pi(3^2 - \sin^2\varphi)}}$$

⑤ DP_5 内切圆（关联）。

$$\alpha = \frac{\sin\varphi}{\sqrt{3}(3+\sin^2\varphi)}$$

$$k = \frac{3c \times \cos\varphi}{\sqrt{3}(3+\sin^2\varphi)}$$

⑥ DP_6 内切圆（非关联）。

$$\alpha = \frac{\sin\varphi}{3}$$

$$k = c \times \cos\varphi$$

$$\frac{k}{\alpha} = \frac{3c}{\tan\varphi}$$

2.6 岩石力学性质的主要影响因素

影响岩石力学性质的因素很多，如矿物成分、岩石结构、水、温度、风化程度、加荷速率、围压的大小、各向异性等。

2.6.1 岩石的成分与构造

矿物硬度越大，岩石的弹性越明显，强度越高。如岩浆岩随橄榄石等矿物含量的增多，弹性越发明显，强度增大；沉积岩中砂岩的弹性及强度随石英含量的增加而增大；石灰岩的弹性和强度随硅质物含量的增加而增大；变质岩中，含硬度低的矿物（如云母、滑石、蒙脱石、伊利石、高岭石等）越多，强度越小。

含有不稳定矿物的岩石，其力学性质随时间的变化也不稳定，如化学性质不稳定的矿物（如黄铁矿、霞石）以及易溶于水的盐类石膏、滑石等岩石性质具有易变性。含黏土矿物的岩石，如蒙脱石、伊利石等，遇水时发生膨胀和软化，强度降幅很大。

岩石的结构是指岩石中晶粒或岩石颗粒的大小、形状以及结合方式。岩浆岩一般呈粒状结构、斑状结构、玻璃质结构；沉积岩一般呈粒状结构、片架结构、斑基结构；变质岩一般呈板理结构、片理结构、片麻理结构。岩石的结构对岩石力学性质的影响主要表现在结构的差异上。例如，粒状结构中，等粒结构比非等粒结构强度高；在等粒结构中，细粒结构比粗粒结构强度高。

岩石的构造是指岩石中不同矿物集合体之间或矿物集合体与其他组成部分之间的排列方式及充填方式。一般岩浆岩的颗粒排列无一定的方向，形成块状构造；沉积岩一般呈层理构造、页片状构造；变质岩一般呈板状构造、片理构造、片麻理构造。层理、片理、板状和流面构造等统称为层状构造。宏观上，块状构造的岩石多具有各向同性特征，而层状构造的岩石具有各向异性特征。

2.6.2 试件的尺寸与形状效应

就强度来说，许多材料都有尺寸效应，通常试样越小，强度越大。达·芬奇可能是第一个认识到这一点的人，他发现相同直径的长丝线没有短丝线那样牢固。格里菲斯于1921年发现细玻璃丝比粗玻璃丝的强度要大得多。类似地，随着温度的提高，材料会表现出延展效应。

图 2-49 所示为试样长度与直径比不变的情况下，全应力-应变曲线与试样尺寸的关系。由图 2-49 可知，试件的尺寸增大，其抗压强度和脆性都降低。试样含有微裂缝（这是岩石微裂缝分布中的一个统计样品），试样越大，微裂缝的数量越多，因此试样的缺陷越多。Pierce（1926）说过："枝节并不是毫无意义的，链条的强度是由其最弱的一环所决定，这是一条公理。"

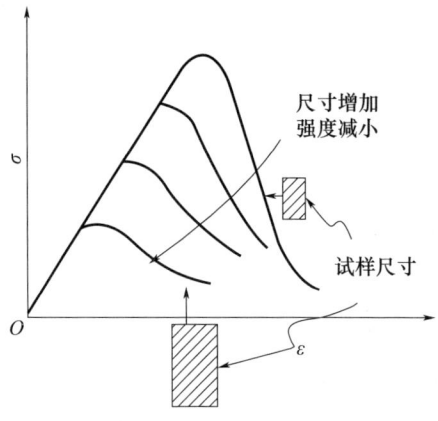

图 2-49 单轴全应力-应变曲线的尺寸效应

弹性模量并不随着试样尺寸的改变而明显地变化，因为总的应力和总的应变之间的关系是微结构在许多方面的一个平均响应。然而，抗压强度作为试样可以承受的峰值对试样中微缺陷分布的极端情况更为敏感。大试样有很不同的缺陷分布，通常有更多的极端缺陷。这种统计效果将影响峰后曲线的形态。

很多人试图用极值统计学，特别是用韦博尔理论来表征强度随试样尺寸的变化。但是这个理论把裂缝起裂等同于裂缝发展，而在压缩试验中情况并非如此。因此，如果将极值统计学用于抗压强度的分析，那么需要某种形式的平行破裂模型，而不是最弱环节的韦博尔路径。

当把实验室所确定的强度值外推到现场尺度，就需要建立强度和试样尺寸的关系。

前文讨论了尺寸的影响，即形状保持不变，大小发生改变。下面讨论形状的影响，即尺寸（体积）不变，形状发生改变。图 2-50 所示为单轴压缩试验中形状变化的影响。

曲线的趋势表明，弹性模量基本上不受试样形状的影响，而强度和延展性都随着宽高比（定义为直径对长度的比值）的增加而增大。这个趋势的原因和纯尺寸效应是不同的，在单轴压缩试验中，加载时底板是用钢做的，最好其直径与试样直径相同，因为钢和岩石的弹性特性是不同的，钢会抑制岩石的膨胀。因此，在岩石试样的两端形成了一个复杂的三轴压缩区。

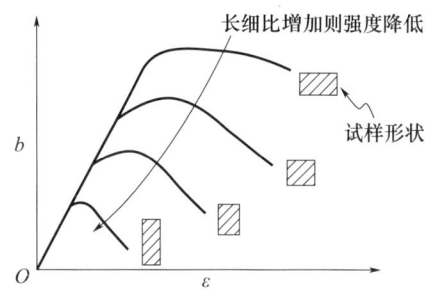

图 2-50　单轴压缩的形状效应

这种端部效应对细长试样的影响很小，但可以主导矮胖试样的应力场（图 2-50）。同样的端部效应在尺寸效应试验中也存在，但其影响对不同尺寸的试样是相同的，因为在试验中其宽高比保持不变。

在三轴试验中侧限压力对全应力-应变曲线有极大的影响，正是由于这种侧限效应引起了图 2-50 所示的形状效应。这个问题在实验室中很容易解决，只要选择合适的长细比（大于或等于 2.5）即可。但是，现场的地下支撑桩通常是矮胖而不是细长的。因此，当把室内结果外推到野外时，形状效应和尺寸效应正好相反：现场的矮胖桩比实验室的细长试样强度大，尽管现场会有不同的加载条件来抵消这种影响。

为了预测现场岩石的强度，并且避免形状效应的影响，可以改进实验室试验方法或者用经验公式来考虑形状效应。

(1) 改进实验室试验方法主要包括：用可减少端部限制效应的加载板，采用毛刷板，它可通过许多小区域对试样端部进行加载，因而减小受三轴压缩的岩石体积；采用扁平千斤顶加载，可防止在试样和加载板之间传递剪应力。其他实验室技术包括：试样采用可减少形状效应的几何形状，比如采用空心圆柱体来消除影响。

(2) 用经验公式来考虑形状效应是主要的工程途径，可采用数值关系来考虑形状效应。事实上，这些公式可以考虑形状和尺寸的组合影响，故通过这种公式并不能直接清楚地区分尺寸和形状的影响。

2.6.3　加载方式与围压的影响

在讨论形状效应时，可知加载条件是怎样影响单轴压缩试验的岩石特性的。下面考虑岩石试验中的许多可能性,并且阐述一些常用的术语。图 2-51 所示为六种主要的试验加载条件。需要注意常规三轴压缩试验和真三轴压缩试验的差别。多年来,常规三轴压缩试验通过压力容器对试件施加围压,使 $\sigma_2=\sigma_3$。这不是真正意义上的三轴压缩试验,因为真正意义上的三轴压缩试验三个方向上的主应力可以独立地施加。但施加三个不同的主应力在实践上是非常困难的,因此,这种试验在岩石力学中不常用。

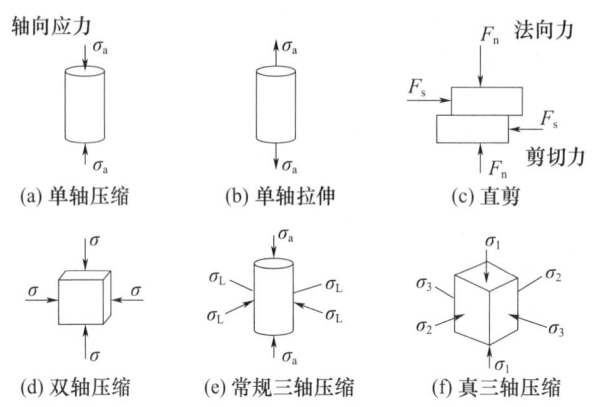

图 2-51 实验室中的一般加载条件

下面考虑单轴拉伸试验和直接拉伸试验,以及在间接拉伸试验中通过压荷载而产生的拉应力。

如图 2-51 所示,单轴拉伸试验在工程实践中并不常用。这有两个原因:第一,这种试验很难做;第二,现场岩石并不是在直接拉伸的情况下破坏的。通过伺服控制的试验方法,可以用轴向位移作为闭路循环的反馈信号来获得完整的拉伸应力-应变曲线。该位移是最敏感的破坏表征,因为单个主裂纹是沿横向发展的。然而,这种曲线只有学术意义,因为本质上单个裂纹破坏的模式会导致超脆性行为。即使为了获取岩石的拉伸强度,如果没有直接施加或间接引发的弯矩,是很难达到纯拉伸状态的。在压缩试验中,某种程度的不规则性是允许的。但是在拉伸试验中,这种不规则性会导致过早破坏。

因此,拉伸强度通常用间接试验来测定,拉伸应力是由压荷载来产生的(岩石的抗拉强度比抗压强度要低得多,所以间接拉伸试验是可行的;基于同样的道理,间接压缩试验是不可行的)。

图 2-52 所示为两种间接拉伸试验,其中,对完整岩块的点荷载试验应用得最为广泛。在每一种情况的试验中,用弹性理论来计算最大的拉伸应力,它是压力和试样尺寸的函数。抗拉强度是试样发生破坏时所算得的最大拉应力,这种计算是基于理想材料的假设,并不考虑不同的临界应力体积的影响。从前面的讨论中可以知道,抗拉强度随着不同的试验方法而变化,因此不是本质的材料特性。

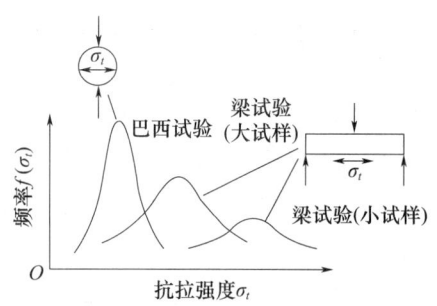

图 2-52 随试样体积和试验类型变化的抗拉强度

抗拉强度的变化有三种主要类型：①随重复试验而变化；②随不同体积而变化；③随不同试验而变化。第一种变化的产生是因为每一个岩石试样含有不同的统计上的微结构缺陷。每组试样中各个试样出现的最严重缺陷是不同的，尽管试样是从同一块岩石上获取的。如果做 50 个抗拉强度试验，就可以得到 50 个各不相同的强度值，但可以计算其平均值和标准差。第二种变化产生的原因是试样越大越有可能带有严重的缺陷。如果对 50 个大试样进行与上述同样的抗拉强度试验，将会得到一个试验结果的分布，但其平均值和标准差会比较低，如图 2-52 所示。第三种变化产生的原因是在每次试验中，临界应力体积是不同的。因此，如果将不同的试验所得的抗拉强度进行比较，会发现试验结果出现的频率之间存在差异，这种差异也如图 2-52 所示。

图 2-52 中的曲线可以通过统计理论关联起来，如根据韦博尔理论，破坏概率是通过考虑拉伸强度的变化来获得的。这就可以得出特定概率的基本函数，并在图 2-52 中表征概率密度曲线。在临界应力体积上，积分概率密度函数的变化可以作为试样体积的一个函数，因此，密度曲线随体积的改变是可以预测的。实际上，对任何试验条件都可以建立概率密度函数，因此试验之间的变化是可以预测的。

从这个方法中得到如下公式：

$$\frac{\sigma_{t1}}{\sigma_{t2}} = \left(\frac{V_2}{V_1}\right)^m \tag{2-45}$$

式中 σ_{t1}，σ_{t2}——不同体积的两组样品的平均抗拉强度；

V_1，V_2——相对应的试样体积；

m——韦博尔理论中的三个材料参数之一。

式（2-45）表明了平均抗拉强度和试样体积的一个直接关系。

韦博尔理论仅仅是一个统计理论，并不包含任何断裂或者破坏的机制。并且，上面的公式在双对数空间上是一条独特的直线。根据这一点，有公开发表的文章对这个理论进行了"验证"，但是这些结果并没有专指韦博尔理论。事实上，任何对这种压缩试验公式的有效性的证实都是不可能成立的。因为在压缩试验中，在破坏起始和破坏发展之间存在区别。

这种警示是为了避免盲目将任何指数定律（材料常数可以用曲线拟合来确定）用于所有的岩石试验，尤其是用于破坏准则（将在本章的后面讨论）。

改变全压缩应力-应变曲线形状的另一个因素是在试验中施加的围压的影响，而这种影响可能相当明显。其一般趋势如图 2-53 所示。

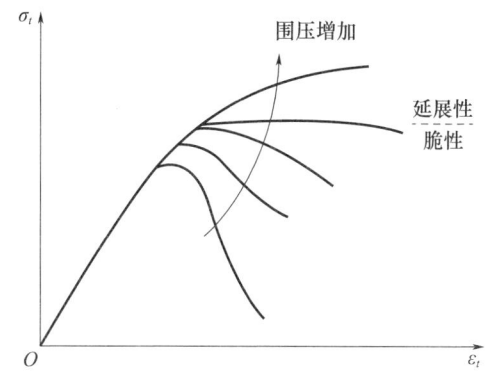

图 2-53 三轴试验中的围压效应和脆性-延展性过渡

最大脆性的行为是在零围压的情况下发生的。图 2-53 中的曲线表明，随着围压的增加，脆性减少（或延展性增加）。在这个趋势的某一个阶段，峰后曲线基本是一条水平线。这表明，在常应力水平下应变不断地增长；或者可以解释成在应变控制的试验中，强度不随应变的增长而增长。在这条线以下材料发生应变软化，在这条线以上材料发生应变硬化。这条水平线称为脆性-延展性过渡线。

由于这条过渡线所对应的围压随着岩石的种类不同而不同，并且在一些情况下很低。而在一些工程环境中，这种过渡线可能不具重要性。尽管只有地质学家对这条线感兴趣，因为他们要考虑高压力和高温度条件下埋深很深的岩石，但随着深度的增加，对于深埋工程，这种过渡线就会变得重要。需要注意的是，这种过渡线也代表了随着应变的增加，稳定性（延展性）和不稳定（脆性）之间的一个界限。

与这条过渡线相应的围压的变化列于表 2-5 [依据古德曼（Goodman），1989 年] 中。

表 2-5 各种岩石试件达到脆性－延展性过渡线时相应的围压

岩石类型	围压（MPa）	岩石类型	围压（MPa）
岩盐	0	砂岩	>100
白垩岩	<10	花岗岩	>100
石灰岩	20～100		

需要强调的是，表 2-5 中的数值仅是代表性值，表示一般的趋势。

在施工过程中，开挖面周边的岩石不再是三轴压缩状态，因为岩壁上的正应力和剪应力降为零，因此岩石趋向于呈现更加脆性的特性。在盐岩洞穴中，可见的脆性破坏会在岩壁上发生，而延展性特性发生在不可见的岩石深处。类似于白垩岩，对于埋深 40m 的情况，上覆压力大概有 1MPa，其脆性-延展性过渡线的压力为 110MPa。在深埋软岩工程中，预期软岩的延展性特性还取决于围岩的其他影响因子。

最后，最重要的是要理解为什么应力-应变曲线会有这样的一种形状。正如上述所提到的那样，在压缩试验中岩石的开裂方向与最小主应力方向垂直，且与最大主应力方向平行。因此，即使施加一小的围压，对抑制裂纹的发展也有明显的作用。确实，随着围压的增加，裂纹形成的机制逐渐演变成剪切型。

2.6.4 含水率的影响

含水率会影响全应力-应变曲线，因为它对某些岩石的变形、抗压强度和峰后特性有影响。基于这个原因，测定含水率是确定岩石抗压强度的一个有机组成部分。对含水率和饱和度的影响的一个全方位的探讨超出了本书的范围。但应注意，如下因素可能在岩石工程中特别重要。

① 有些岩石尤其是高黏土粒含量的岩石在裸露时会发生干裂。在野外，岩石可能处于一个稳定的和高含水率的状态；在开挖裸露后，其性质会随着岩石的干燥而变化，甚至会在很小的应力下变成碎末。

② 类似地，相同种类的岩石可能因开挖而饱和，并且同时受到开挖的力作用，这会导致岩石潮解崩裂。潮解耐久试验可以测试岩石在这些条件下的敏感性。在这种情况下，岩石同样也会在很小的应力下变成碎末，但应该意识到潮解崩裂不是溶解行为。

③ 另一个与含水率有关的影响是岩石随着含水率变化而膨胀的趋势，这个可能导致附加应力的产生。在某种情况下，这样产生的应力可以和现场应力场的应力大小相同，会导致破坏的发生。

④ 如果岩石中的孔隙是连通的，而且孔隙流体承受有压力，则可从法向应力中减去孔隙压力或其中一部分。这就是广泛用于土力学中著名的有效应力概念。如果水压力足够大，有效应力降低就会使破坏发生。在岩石中，有效应力概念适用于砂岩这种材料，但是对花岗岩是不适用的，尤其是在短的工程时间尺度而不是地质时间尺度上。

这些是主要的影响因素，还有许多其他的影响因素。当水（或其他液体）在岩石中流动时，会导致岩石特性发生各种各样的变化。比如，地下水的化学特性很重要，如酸性。像白垩岩和石灰岩这种材料，完整岩块的溶解会导致整个岩体消失而产生洞穴。冻融循环也可以损坏完整岩块，通常与潮解崩裂类似。

2.6.5 温度的影响

目前，有关温度对完整岩块的全应力-应变曲线和其他特性的影响的数据非常有限。这些有限的数据确实与人们的直觉相一致，即温度增加会导致弹性模量和抗压强度降低以及峰后区延展性增长。图 2-54 中全应力-应变曲线表明了这一趋势。非常高的温度也可以导致微结构的损伤。在温度谱的另一端，人们越来越关心低温对岩石的影响，其中涉及液化天然气的储存工程。

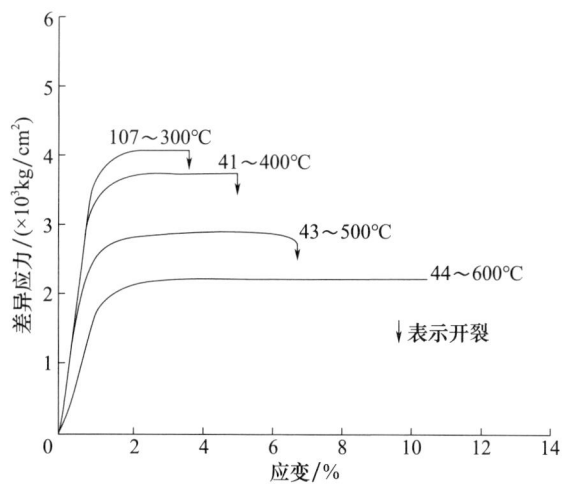

图 2-54　全应力-应变曲线的温度效应

【案例分析】

如图 2-55 所示，在岩体中开挖一圆形巷道，巷道半径为 R_0，围岩可以视为均质的各向同性体，巷道远处的边界应力为各向等压应力，因此，圆形巷道的应力分析就变成轴对称平面应变圆孔问题；若圆形巷道围岩的变形特性符合伯格斯模型，则可采用黏弹性分析方法，求圆形巷道围岩的径向位移及其速率。

平衡方程：

$$\frac{d\sigma_r}{dr}+\frac{\sigma_r-\sigma_\theta}{r}=0$$

几何方程：

$$\varepsilon_r=\frac{du}{dr},\quad \varepsilon_\theta=\frac{u}{r}$$

伯格斯模型的本构方程：

$$\sigma+\left(\frac{\eta_1}{E_1}+\frac{\eta_1}{E_2}+\frac{\eta_2}{E_2}\right)\dot{\sigma}+\frac{\eta_1\eta_2}{E_1E_2}\ddot{\sigma}=\eta_1\dot{\varepsilon}+\frac{\eta_1\eta_2}{E_2}\ddot{\varepsilon}$$

对于无支护巷道的边界条件：

$$r=R_0,\ \sigma_r=0,\ r\to\infty,\ \sigma_r=p_0=\gamma h$$

设岩石介质的泊松比 $\mu=0.5$，则侧压系数：

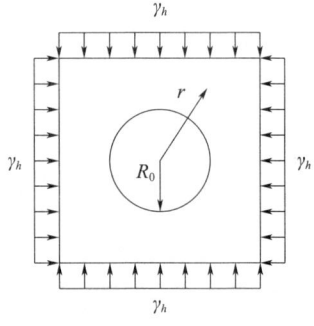

图 2-55 圆形巷道受力示意图

$$\lambda=\frac{\mu}{1-\mu}=1$$

$$\sigma_\theta=P_0\left(1+\frac{R_0^2}{r^2}\right)$$

$$\sigma_r=P_0\left(1-\frac{R_0^2}{r^2}\right)$$

$$u_r=\frac{3P_0}{2E}\times\frac{R_0^2}{r}$$

根据拉普拉斯对应性原理可知，围岩的径向位移变为：

$$\overline{u}_r(s)=\frac{P_0}{2s\overline{E}(s)}\times\frac{R_0^2}{r} \tag{2-46}$$

由岩石的本构关系可知：

$$P(D)=1+\left(\frac{\eta_1}{E_1}+\frac{\eta_1}{E_2}+\frac{\eta_2}{E_2}\right)D+\frac{\eta_1\eta_2}{E_1E_2}D^2$$

$$Q(D)=\eta_1 D+\frac{\eta_1\eta_2}{E_2}D^2 \tag{2-47}$$

对式（2-47）进行拉普拉斯变换可得：

$$P(s)=1+\left(\frac{\eta_1}{E_1}+\frac{\eta_1}{E_2}+\frac{\eta_2}{E_2}\right)s+\frac{\eta_1\eta_2}{E_1E_2}s^2$$

$$Q(s)=\eta_1 s+\frac{\eta_1\eta_2}{E_2}s^2$$

将 $\overline{E(s)}=\dfrac{Q(s)}{P(s)}$ 代入式（2-46），得：

$$\overline{u}_r(s)=\frac{P(s)}{2sQ(s)}\times\frac{3P_0R_0^2}{r}=\frac{3P_0R_0^2}{2r}\times\frac{P(s)}{sQ(s)}$$

$$\frac{P(s)}{SQ(s)}=\frac{1+\left(\dfrac{\eta_1}{E_1}+\dfrac{\eta_1}{E_2}+\dfrac{\eta_2}{E_2}\right)s+\dfrac{\eta_1\eta_2}{E_1E_2}s^2}{s\left(\eta_1 s+\dfrac{\eta_1\eta_2}{E_2}s^2\right)}$$

$$=\frac{\dfrac{E_2}{\eta_1\eta_2}+\left(\dfrac{E_2}{E_1\eta_2}+\dfrac{1}{\eta_2}+\dfrac{1}{\eta_1}\right)s+\dfrac{1}{E_1}s^2}{s^2\left(\dfrac{E_2}{\eta_2}+s\right)}$$

$$\frac{A}{s}+\frac{B}{s^2}+\frac{C}{s+\frac{E_2}{\eta_2}}=\frac{As\left(s+\frac{E_2}{\eta_2}\right)+B\left(s+\frac{E_2}{\eta_2}\right)+Cs^2}{s^2\left(s+\frac{E_2}{\eta_2}\right)}$$

$$=\frac{(A+C)s^2+\left(A\frac{E_2}{\eta_2}+B\right)s+B\frac{E_2}{\eta_2}}{s^2\left(s+\frac{E_2}{\eta_2}\right)}$$

因为：

$$\begin{cases} A+C=\dfrac{1}{E_1} \\ A\dfrac{E_2}{\eta_2}+B=\dfrac{E_2}{E_1\eta_2}+\dfrac{1}{\eta_2}+\dfrac{1}{\eta_1} \\ B\dfrac{E_2}{\eta_2}=\dfrac{E_2}{\eta_1\eta_2} \end{cases}$$

所以：

$$B=\frac{1}{\eta_1}$$

$$A=\frac{\eta_2}{E_2}\left(\frac{E_2}{E_1\eta_2}+\frac{1}{\eta_2}+\frac{1}{\eta_1}-\frac{1}{\eta_1}\right)=\frac{1}{E_1}+\frac{1}{E_2}$$

$$C=-\frac{1}{E_2}$$

故：

$$\frac{P(s)}{SQ(s)}=\frac{\frac{1}{E_1}+\frac{1}{E_2}}{s}+\frac{\frac{1}{\eta_1}}{s^2}-\frac{\frac{1}{E_2}}{s+\frac{E_2}{\eta_2}}$$

$$\overline{u_r(s)}=\frac{3P_0R_0^2}{2r}\left[\frac{\frac{1}{E_1}+\frac{1}{E_2}}{s}+\frac{\frac{1}{\eta_1}}{s^2}-\frac{\frac{1}{E_2}}{s+\frac{E_2}{\eta_2}}\right]$$

进行拉普拉斯逆变换，则巷道围岩的径向位移为：

$$u_r=\frac{3P_0R_0}{2r}\left[\frac{t}{\eta_1}+\left(\frac{1}{E_1}+\frac{1}{E_2}\right)-\frac{1}{E_2}\mathrm{e}^{-\frac{E_2}{\eta_2}t}\right] \tag{2-48}$$

对式（2-48）进行求导，可得巷道围岩的径向位移速率：

$$\dot{u}_r=\frac{P_0R_0}{2r}\left[\frac{1}{\eta_1}+\frac{1}{\eta_2}\mathrm{e}^{-\frac{E_2}{\eta_2}t}\right] \tag{2-49}$$

【知识归纳】

本章介绍了岩石的重力密度、相对密度、孔隙度、吸水性和渗透性的概念，岩石的峰值强度、残余强度、应变软化和塑性变形以及流变特性，岩石的主要破坏形式，岩石的各向异性及各向同性特征，岩石的物理化学成分、尺寸与形状、围压、含水率和温度等对岩石物理力学特征的影响，岩石的基本强度理论等。

【独立思考】

2-1 表示岩石物理性质的主要指标及其表示方法是什么?

2-2 表示岩石力学性质的主要指标及其表示方法是什么?

2-3 岩石破坏有哪几种形式?对各种破坏的原因作出解释。

2-4 什么是应力-应变全过程曲线?为什么普通材料试验机得不到应力-应变全过程曲线?

2-5 什么是库伦强度准则?

2-6 影响岩石力学性质的主要因素有哪些?

2-7 简述岩石三种基本元件的力学模型。

3 岩体力学性质及岩体分类

【内容提要】

本章主要内容包括：岩体结构面的概念、成因、分级等，岩体结构面的变形特性与力学效应，岩体的几种结构，岩体的强度、破坏机理及变形性质，几种工程岩体的分类方法。本章的教学难点是岩体结构面的物理力学性质、岩体的力学性质以及岩体 BQ 分类法。

【能力要求】

通过本章的学习，学生应对结构面的概念有清晰的认识，熟悉各类结构面的物理力学性质，掌握结构面的存在对岩体力学性质的影响；了解岩体的结构分类，熟悉几种岩体强度的确定方法；了解岩体的破坏机理；熟悉岩体的变形特性以及影响岩体变形特性的因素；了解几种常见的岩体分类方法，并掌握岩体 BQ 分类法。

3.1 岩体结构面的基本类型及特征

3.1.1 结构面的概念

一个天然岩体，成岩之初通常是连续的。由于构造运动的影响，岩体中形成各种地质界面。从宏观上来说，它是由节理或裂隙切割成一块一块的、相互排列与咬合的岩块组成的。岩体被各种结构面切割，产生不同类型的岩体结构单元并在岩体内排列组合。节理是岩体中存在的一些明显的地质遗迹，如假整合、不整合、褶皱、断层、节理、劈理等的统称。节理的存在，造成了介质不连续，因而这些界面又称不连续面或结构面。它造成了岩体的不连续性和各向异性，同时还反映了区域地质构造和自然应力场的特征。

岩体中结构面的存在，使得岩体与岩石的力学特性之间有很大的差异。从岩体的力学属性来看，可认为完整的岩体属连续介质力学范畴，而碎屑岩体或糜棱岩体则属土力学范畴；介于上述两者之间的裂隙体或破裂体统称节理岩体，因它受节理切割的影响，可认为有地质力学的属性，即由地质的特点决定其力学性质，其力学属性被认为部分属于非连续介质力学的范畴。

结构面发育程度、分布等不同，即岩体结构不同，则岩体的力学性质也不同。而且大量试验表明，结构类型相同或近似相同的岩体，其力学性质基本一致。当岩体强度很高时，结构面的力学性质控制了岩体的力学性质；反之，则结构体的力学性质控制了岩体的力学性质。因此，岩体的强度与组成此岩体的岩块和节理的力学性能有很大不同，图 3-1 所示为节理岩体的强度区别。从图 3-1 中可见，节理岩体的强度低于岩石的强度。所以，研究节理岩体的力学性质，要从非节理岩石、节理及节理化岩体这三方面的力学性能来进行。可见，如果工程设计仅以室内岩样试验指标来代表野外天然岩体的力学性能，将会造成很大的误差。

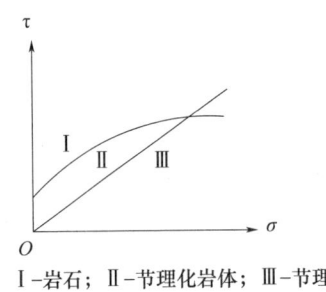

Ⅰ-岩石；Ⅱ-节理化岩体；Ⅲ-节理

图 3-1　节理岩体的强度特征和岩石强度特征的区别

3.1.2　结构面的成因和类型

结构面按照地质成因不同，可划分为原生结构面、构造结构面、次生结构面三大类。

1. 原生结构面

原生结构面是指在成岩过程中所形成的结构面。岩石按成因可划分为岩浆岩、沉积岩、变质岩三大类，于是原生结构面也相应地分为岩浆结构面、沉积结构面和变质结构面三类。

（1）岩浆结构面，是指岩浆侵入及冷凝过程中所形成的原生结构面。比如岩浆岩体与围岩的接触面、多次侵入的岩浆岩之间的接触面，这些接触面因岩浆侵入时的温度条件及围岩的热容量性质不同而产生了不同的结构面。如融合胶结得致密的接触面，又无后期破碎状况，就不是软弱面；反之，岩浆岩与围岩之间呈现裂隙状态的接触，或侵入岩附近沿接触带的围岩受到挤压而破碎呈现破碎接触，构成软弱面。岩浆在侵入及冷凝过程中，在侵入体的边部，特别是岩墙、岩床边缘部分，常出现发育得极为明显而典型的流纹、流层，它们一般集中发育。岩浆结构面一般不造成大规模的岩体破坏，但有时与构造断裂配合会形成岩体滑移。

（2）沉积结构面，是指沉积和成岩过程中所形成的结构面，包括层面、层理、软弱夹层及沉积间断面等。沉积结构面与沉积岩的成层性有关，空间延展性强，常贯穿整个岩体。岩体中通常会夹有性质相对较差的夹层，如页岩、泥岩及泥灰岩等，在后期构造运动及地下水的作用下，易成为泥化夹层。这些夹层对工程岩体的稳定性影响较大。国内外较大的坝基滑动及滑坡很多都是由此类结构面造成的，如法国的马尔帕塞坝的破坏、意大利的瓦扬坝的巨大滑坡等。

（3）变质结构面，是指在区域变质作用中形成的结构面，如片理、片岩夹层等。变质结构面的产状与岩层基本一致，延展性较差，但一般分布密集。变质岩中的软弱夹层主要是片状矿物（如黑云母、绿泥石、滑石等）的富集带，其抗剪强度低，遇水后性质就更差。变质较浅的沉积变质岩（如千枚岩等）路堑边坡常见塌方。片岩夹层有时对地下硐室等工程的稳定也有影响。

2. 构造结构面

构造结构面是指岩体受地壳运动（构造应力）作用所形成的结构面，如断层、节理、劈理以及由于层间错动而引起的破碎层等。其中，断层的规模最大，节理的分布最广。

（1）断层。它是指地表岩体中顺破裂面发生明显位移的一种破裂构造。就规模而言，断层相差比较悬殊，有的深切岩石圈达几十公里，有的仅限于地壳表层或地表数十米。断层属于面状构造，但大的断层一般不是一个简单的面，而是由一系列破裂面或次级断层组成的带，带内还常夹杂或伴生有搓碎的岩块、岩片及各种断层岩。断层规模越大，断裂带也就越宽、越复杂。对于工程而言，断层是延展性较好的结构面，结构面中的充填物多呈破碎状。断层因应力条件不同而具有不同的特征。根据应力场的特性，断层可分为张性、压性及剪性（扭性）断层，也就是正断层、逆断层及平移断层。

① 张性断层由张（拉）应力或与张性断层平行的压应力形成。张裂面上参差不齐、宽窄不一、粗糙不平且很少有擦痕，张裂面中常充填有附近岩层的岩石碎块。有时沿张裂面常有岩脉或矿脉充填，或有岩浆侵入。平行的张裂面往往形成张裂带，每个张裂面往往延长不远即消失。

② 压性断层主要指压性逆断层、逆掩断层。破裂的压性结构面一般均呈舒缓波状，沿走向和倾向方向都有这种特征，沿走向尤为明显。断层面上经常有与走向大致垂直的逆冲擦痕。断层面上片状矿物如云母、叶蜡石等呈鳞片状排列，长柱状矿物或针状矿物如角闪石、绿帘石等呈定向排列，它们的劈面大都与主要挤压面平行。若一系列压性断层大致平行集中出现，则构成一个挤压断层带。

③ 剪性（扭性）断层主要指平移断层，一部分为正断层。剪裂面产状稳定，断面平整光滑，有时甚至呈镜面状出现。断面上常有平移擦痕，有的具羽痕。组成断层带的构造岩以角砾岩为主，而它往往因碾磨甚细而呈糜棱状。断层带的宽度变化较前两种为小。剪裂面常成对出现，为共轭的 X 形断层。平移断层往往咬合力小，摩擦系数小，含水性和导水性一般；正断层则含水性和导水性较好，摩擦系数多较平移断层为高。

（2）节理。它通常可分为张节理、剪节理及层面节理三类。

① 张节理是指岩体在张应力作用下形成的一系列裂隙的组合。其特点是裂隙宽度大，裂隙面延伸短，尖灭较快，曲折，表面粗糙，分布不均，在砾岩中裂隙面多绕砾石而过。

② 剪节理是指岩体在剪应力作用下形成的一系列裂隙的组合。它通常以相互交叉的两组裂隙同时出现，因而又称 X 节理或共轭节理，有时只有一组裂隙发育比较好。剪节理的特点是：裂隙闭合，裂隙面延伸远且方位稳定，一般较平直，有时有平滑的弯曲，无明显曲折；面光滑，常具有磨光面、擦痕、阶步、羽裂等痕迹；在砾岩中裂隙面常切穿砾石而过。

③ 层面节理是指层状岩体在构造应力作用下，沿岩层层面（原生沉积软弱面）破裂而形成的一系列裂隙的组合。岩层在褶曲发育的过程中，两翼岩层的上覆层与下覆层发生层间滑动，形成剪性层面节理；在层间发生层间脱节，形成张性层面节理。

（3）劈理。在地应力作用下，岩石沿着一定方向产生密集的、大致平行的破裂面，有的是明显可见的，有的则是隐蔽的，岩石的这种平行密集的破裂现象称为劈理。一般把组成劈理的破裂面叫劈面；相邻劈面所夹的岩石薄片称为劈石；相邻劈面的垂直距离称为劈面距离，一般为几毫米至几厘米。劈理的密集性与岩性和厚度等因素有关。较厚岩层中的劈理相对于薄层的岩层稀疏些。同时，劈理在通过不同岩性的岩层时要发生折射，构成 S 形或反 S 形的反射劈理。

3. 次生结构面

次生结构面是指岩体在外界（如风化、卸荷、应力变化、地下水、人工爆破等）作用下形成的结构面。它们的发育多呈无序、不平整且不连续的状态。

风化裂隙是由风化作用在地壳表面形成的裂隙。风化作用通常发生于层理、劈理、片麻构造及岩石中晶体之间的结合面上，使这些软弱面扩大，产生新的裂缝。这些裂缝的发育随着深度增加而减弱，有时浅部裂隙发育完全，岩石破碎甚至成为松土，但深部岩石仍完整保持原岩的矿物组成和结构，这种情况下，仅能在表层形成 10～50m 的岩石风化软弱带。

卸荷裂隙是岩体的表面某一部分被剥蚀掉，引起重力和构造应力的释放或调整，使得岩体向自由空间膨胀而产生了平行于地表面的张裂隙。若在深切的河谷，还有重力作用的剪应力分量而产生的剪张裂隙，这些裂隙基本平行于岸坡表面。另外，在漫长的岁月中，伴随着年复一年的地下水的季节性变动，与地下水水面近乎平行的卸荷裂隙同样可以产生。卸荷裂隙的产状主要与临空面有关，多为曲折的、不连续的状态。裂隙充填物包括气、水、泥质碎屑，其宽窄不一，变化多端，结构面多数较粗糙。

3.1.3 结构面的分级

结构面的发育程度、规模大小、组合形式等，是决定结构体的形状、方位和大小，控制岩体稳定性的重要因素，且结构面的规模是最重要的控制因素。结构面发育程度和规模可以划分为如下五级。

1. Ⅰ级结构面

Ⅰ级结构面是最大一级的结构面，泛指对区域构造起控制作用的深大断裂带，比如地壳或区域内巨型的构造断裂面，不仅在走向上能延展数十公里，且破碎带的宽度也在数米。如此规模的结构面沿纵深方向至少可以切穿一个构造层，它的存在直接影响工程区域的稳定性，在工程实践中必须考虑其影响。

2. Ⅱ级结构面

Ⅱ级结构面一般指延展性强而宽度有限的地质界面，如不整合面、假整合面、原生软弱夹层，以及延展数百米至数千米的断层、层间错动带、接触破碎带、风化夹层等，它们的宽度一般是几厘米至数米。Ⅱ级结构面主要在一个构造层中分布，可能切穿几个地质时代的地层。若其与其他结构面组合，会形成较大规模的块体破坏。

3. Ⅲ级结构面

Ⅲ级结构面一般为局部性的断裂构造，主要指的是小断层，延展十米或数十米，宽度半米左右，除此以外，还包括宽度数厘米的、走向和纵深延伸断续的原生软弱夹层、层间错动等。这种断层，由于其延展有限，往往仅在一个地质年代的地层中分布，有时仅仅在某一种岩性中分布。它与Ⅱ级结构面组合,会形成较大的块体滑动;如果它自身组合,则仅能形成局部的或小规模的破坏。

4. Ⅳ级结构面

Ⅳ级结构面一般延展性较差,无明显的宽度,主要指的是节理面,仅在小范围内分布,但在岩体中很普遍。这种结构面往往受上述各级结构面的控制,其分布是比较有规律的。这种结构面的分布,除受上述各级结构面控制外,还严格地受岩性控制。它们仅在某一种岩性内呈有规律的、等密度的分布;有时岩性相同,但由于岩层厚度不同,其密度会有显著的变化。在沉积岩中,一般岩层越薄,节理面越密集,其存在会将岩体切割成岩块,破坏了岩体的稳定性,并且与其他结构面组合可形成不同类型的岩体破坏方式,大大降低了岩体工程的稳定性。这种结构面不能直接反映在地质图上,人们只能通过统计了解其分布规律。

5. Ⅴ级结构面

Ⅴ级结构面一般延展性极差,无宽度之说,分布随机,是为数甚多的细小结构面,主要包括微小的节理、劈理、隐微裂隙,不发育的片理、线理、微层理等。它们的发育受上述诸级结构面的限制。这些结构面的存在,降低了由五级结构面所包围的岩块的强度。

各级结构面的分级依据、地质类型、力学属性及对岩体稳定性的作用详见表3-1。

表3-1 各级结构面的分级依据、地质类型、力学属性及对岩体稳定性的作用

级序	分级依据	地质类型	力学属性	对岩体稳定性的作用
Ⅰ	延展数十公里,深度可切穿一个构造层,破碎带宽度数米以上,属实测结构面	主要指区域性深大断裂或大断裂	属软弱结构面,构成独立力学介质单元	影响区域稳定性、山地稳定性。如果通过工程区,是岩体变形或破坏的控制条件,形成岩体力学作用边界
Ⅱ	延展数百米至数公里,破碎带宽度几厘米至数米,属实测结构面	主要包括不整合面、假整合面、原生软弱夹层、层间错动带、断裂侵入接触带、风化夹层等	属软弱结构面,形成块裂边界	控制山体稳定性,与Ⅰ级结构面可形成大规模的块体破坏,即控制岩体变形和破坏方式
Ⅲ	延展十米或数十米,无破碎带,面内不含泥,有的有泥膜,仅在一个地质时代的地层中分布,有时仅在某一岩性中分布,属实测结构面	各种类型的断层、原生软弱夹层、层间错动带等	大多数属于坚硬结构面,少数属于软弱结构面	控制岩体的稳定性,与Ⅰ级、Ⅱ级结构面组合可形成不同规模的块体破坏,是划分Ⅱ类岩体结构的重要依据
Ⅳ	延展数米,未错动,不夹泥,有的呈弱结合状态,属统计结构面	节理、劈理、片理、层理、卸荷裂隙、风化裂隙等	坚硬结构面	划分Ⅱ类岩体结构面的基本依据,是岩体力学性质、结构效应的基础,破坏岩体的完整性,与其他结构面结合形成不同类型的边坡破坏方式

续表

级序	分级依据	地质类型	力学属性	对岩体稳定性的作用
V	连续性极差，刚性接触的细小或隐微裂隙面，属统计结构面	微小节理、隐微裂隙和线理等	硬性结构面	分布随机，降低岩块强度，是岩体力学性质效应的基础。若十分密集，加之风化作用，可形成松散介质

综上所述，五个等级的结构面，从工程地质测绘观点来看，可分为实测结构面和统计结构面两大类。实测结构面是指经过野外地质测绘工作，按其结构面的产状及具体位置，可直接表示在不同比例尺的工程地质图上；统计结构面只能在野外有明显岩层露点的地点进行统计，经过室内作结构面密度统计图，认识其统计规律，它们不能直接反映在工程地质图上，但可转化为结构面的组合模型，反映在岩体结构图上。

按照结构面内有无充填物，结构面可以分为软弱结构面和坚硬结构面。结构面内夹有软弱物质的，属于软弱结构面；结构面内无充填物的，则属于坚硬结构面。

3.1.4 结构面的状态

岩体中的结构面，变化非常复杂。结构面的存在，造成岩体在构造上的不连续性和不均质性，以及性质上的不连续性和各向异性。实践表明：结构面的产状、形态、延展尺度和密集程度，以及结构面的充填物等，是影响岩体强度和稳定性的重要因素。

1. 结构面的产状

结构面的产状指结构面的走向、倾向和倾角，对岩体是否沿某一结构面滑动起着控制作用。

2. 结构面的形态

结构面的形态决定着结构体沿结构面滑动时抗滑力的大小，当结构面的起伏度大、粗糙度高时，其抗滑力大。

3. 结构面的延展尺度

在工程岩体范围内，延展尺度大的结构面控制了岩体强度。按结构面延展的绝对尺度，结构面可分为细小结构面（其延展尺度小于1m）、中等结构面（其延展尺度为1~10m）和巨大结构面（其延展尺度大于10m）三种。但是，这种分类方法不能确切地表明结构面对不同的岩体工程结构的影响。因此，应对照工程的类型和大小具体分析其影响程度。

按结构面的贯通情况，结构面可分为非贯通性结构面、半贯通性结构面和贯通性结构面三种类型，如图3-2所示。

① 非贯通性结构面。该结构面较短，不能贯通岩体或岩块，但它的存在使岩体或岩块的强度降低，变形增大，如图3-2（a）所示。

② 半贯通性结构面。该结构面虽然有一定的长度，但尚不能贯通整个岩体或岩块，如图3-2（b）所示。当其相对延展尺度不大时，其作用与非贯通性结构面类似；反之，

与贯通性结构面类似。

③ 贯通性结构面。该结构面连续长度贯通整个岩体，它是构成岩体、岩块的边界，它对岩体的强度有较大的影响，破坏常受这种结构面控制，如图 3-2（c）所示。

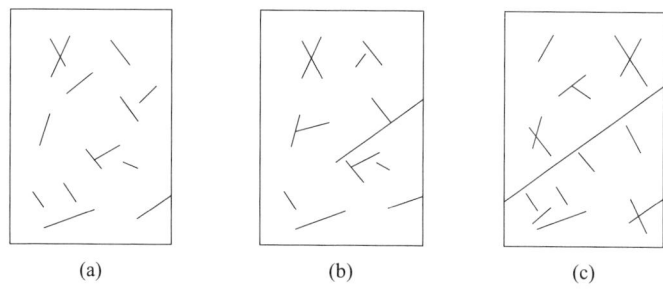

（a）非贯通性结构面；（b）半贯通性结构面；（c）贯通性结构面

图 3-2 岩体内结构面贯通类型

4. 结构面的密集程度

岩体中发育的各组结构面的密集程度，表示岩体中结构面的发育程度。一般以岩体裂隙度和切割度作为衡量的指标。

① 裂隙度 K。它是指沿测线方向单位长度上所穿过的结构面数量。设测线长度为 L，沿 L 长度内出现的节理数量为 n，则裂隙度 K 按下式计算：

$$K = \frac{n}{L} \tag{3-1}$$

根据 K 值的大小也可以求得沿测线方向结构面的平均间距 d：

$$d = \frac{1}{K} = \frac{L}{n} \tag{3-2}$$

当测线垂直于结构面时，则 d 即为结构面垂直间距。当结构面垂直间距 $d >$ 1800mm 时，则视岩体具有整体结构性质；当 $d = 300 \sim 1800$mm 时，则岩体可视为块状结构；当 $d < 300$mm 时，则岩体可视为碎裂状结构；当 $d < 65$mm 时，则岩体可视为极破裂结构。

若岩体中有几组不同方向的结构面，如图 3-3 所示的两组结构面 J_a 和 J_b，则沿测线 X-X 方向上结构面的平均间距如下。

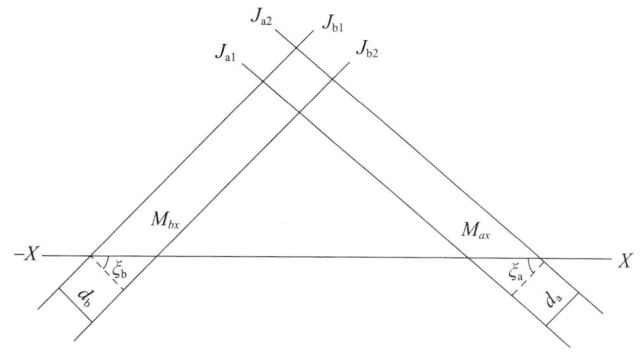

图 3-3 两组节理的裂隙计算图

$$M_{ax}=\frac{d_a}{\cos\xi_a}$$

$$M_{bx}=\frac{d_b}{\cos\xi_b}$$

$$M_{nx}=\frac{d_n}{\cos\xi_n}$$

则：

$$K_a=\frac{1}{M_{ax}}$$

$$K_b=\frac{1}{M_{bx}}$$

$$K_n=\frac{1}{M_{nx}}$$

该测线上的裂隙度 K 为各组结构面裂隙度之和，即：

$$K=K_a+K_b+\cdots+K_n \tag{3-3}$$

式中 K_a，K_b，$\cdots$，K_n——各组结构面的裂隙度。

按裂隙度 K 的大小，节理（结构面）可分为疏节理（$K=0\sim1\mathrm{m}^{-1}$）、密节理（$K=1\sim10\mathrm{m}^{-1}$）、非常密集节理（$K=10\sim100\mathrm{m}^{-1}$）及压碎或糜棱节理（$K=100\sim1000\mathrm{m}^{-1}$）。

K 值越大，表明结构面越密集。不同测线方向的 K 值相差越大，则岩体力学性质的各向异性越明显。

② 切割度 X_e。它是指岩体被结构面割裂分离的程度，有些结构面可将岩体完全切割，而有些结构面由于其延展尺度不大，只能切割岩体的一部分。当岩体中仅有一个结构面时，可沿着结构面在岩体中取一个贯通整体的假想平直断面，则结构面面积 a 与该断面面积 A 的比称为该岩体的切割度 X_e，即：

$$X_e=\frac{a}{A} \tag{3-4}$$

可见，当 $0<X_e<1$ 时，说明岩体在该断面上部分被切割；当 $X_e=1$ 时，说明岩体在该断面上整个被切割；当 $X_e=0$ 时，则该岩体为完整的连续体。

如果沿岩体某断面上同时存在着面积分别为 a_1，a_2，$\cdots$，a_n 的 n 个结构面，则岩体沿该断面的切割度为：

$$X_e=\frac{a_1+a_2+\cdots+a_n}{A} \tag{3-5}$$

按切割度 X_e 的大小，岩体可分为表 3-2 所列的几类。

表 3-2　按切割度 X_e 对岩体进行的分类

名称	切割度 X_e	名称	切割度 X_e
完整岩体	0.1～0.2	强节理化岩体	0.6～0.8
弱节理化岩体	0.2～0.4	完全节理化岩体	0.8～1.0
中间节理化岩体	0.4～0.6	—	—

可以看出，上述的切割度只能说明岩体沿某一平面被切割的程度。有时，为了研究岩体内部某组结构面切割的程度，可用指标 X_v 表达，即：

$$X_v = X_e K \tag{3-6}$$

式中　X_v——岩体内由一组结构面所产生的实际切割度，m^2/m^3；

　　　K——该组结构面的裂隙度。

以上说明结构面的密集程度决定着结构体的尺寸和形状，能表征岩体的完整程度。结构面组数及其组合特征，反映了岩体中各个方向结构面的存在情况及它们对岩体的切割程度。结构面组数越多，结构体的块度就越小，因而岩体的完整性越差，其强度也越低。不同方向的结构面分布越均匀，则岩体的各向异性越不明显；反之，则各向异性越明显。

5. 结构面的充填物

对于软弱结构面，其充填物和含水率不同导致力学性质差别很大。如泥质矿物，在低湿度压密状态下的断层泥黏聚力 c 值可达 $0.05\sim0.1\mathrm{MPa}$，摩擦角 φ 可达 $17°\sim20°$；浸水后，c 值一般低至 $0.005\sim0.02\mathrm{MPa}$。$\varphi$ 值随矿物成分不同变化很大，如蚀变矿物在含水情况下可低至 $3°\sim5°$，黏土矿物可低至 $8°\sim10°$；当含水率达 80% 时，以蒙脱石为主的洞穴黏土的 φ 值低到接近于零。对于硬质结构面，硅质胶结的强度最高，铁质胶结的强度次之（但不稳定），钙质胶结的强度较差，泥质胶结的强度最差。

3.1.5　结构面的几何特征

结构面的几何特征能反映节理的外貌，由下列要素组成。

1. 走向

走向是指节理面与水平面相交的交线方向。一般用方位角表示，例如 N30°E。

2. 倾斜

倾斜包括节理面的倾斜角度和倾斜方向。倾斜角度，系指水平面与节理面间所夹的最大角度，它是垂直节理走向的倾角；倾斜方向，系指与走向垂直的方向，是节理面上倾斜线最陡的方位，由节理面的走向加上或减去 90°而得。

3. 连续性

连续性包括节理倾斜连续性和走向连续性。它是根据现场节理面沿着节理走向和倾斜方向而测得的尺寸。连续性可作为切割度的计算依据。

4. 粗糙度

粗糙度是指节理表面的粗糙程度。平滑表面与粗糙表面相比，有较小的摩擦角。

5. 起伏度

节理表面经常呈波状起伏，它可增加岩体滑移时爬坡或顺坡的能力，因而建立了起伏度的概念。起伏度包括起伏波的幅度和长度两个要素。起伏波的幅度是指相邻两波峰连线与其下波槽的最大距离 a；起伏波的长度是指两相邻波峰的距离 l。幅度越大而波长越小，表示节理表面起伏越急峻。

3.2 结构面的变形特性

结构面的变形可分为节理的法向变形和剪切变形两类。

3.2.1 节理的法向变形

1. 节理的弹性变形

由于节理面的成因不同，节理的两侧壁面既有光滑平整的，也有粗糙的。当节理两壁为光滑平整的平面时，节理受力后壁间可以完全闭合形成面接触。但节理面往往都不是光滑平整的平面，因此，其两壁面的接触不是完全的面接触，实际上是点接触或局部的面接触。所以，当其受到压缩作用时，如果节理是张开的，则节理受力后闭合，然后通过各个接触面传递荷载，并在各接触面上产生压缩的弹性变形。

各接触面的压缩变形量可按荷载分布在半无限体一部分边界上所引起的位移来计算。设岩体的弹性模量为 E，节理中两壁的接触面积为 nh^2（其中 n 为接触面的个数，h^2 为每个接触面的面积），d^2 为节理面的面积，σd^2 为节理面上的总荷载。则每个接触面所承受的荷载 P 为：

$$P = \frac{\sigma d^2}{n}$$

根据弹性理论中的布辛涅斯克解可得荷载表面（接触面）的平均位移 δ：

$$\delta = \frac{mP(1-\mu^2)}{E\sqrt{h^2}} = \frac{m\sigma d^2 (1-\mu^2)}{nhE} \tag{3-7}$$

一般认为，节理闭合时，其弹性变形量 $\delta_0 = 2\delta$，所以：

$$\delta_0 = \frac{2m\sigma d^2 (1-\mu^2)}{nhE} \tag{3-8}$$

式中 μ——岩体的泊松比。

m——与接触面形状有关的系数。当荷载面为圆形时，$m=0.96$；当荷载面为正方形时，$m=0.95$；当荷载面为矩形时，m 随长宽比不同而变，比值越大，m 值越小。

利用式（3-8）计算节理的弹性变形量时，应满足接触面上的应力 P/h^2 不大于岩体的弹性极限的要求。当接触面上的应力超过弹性极限时，则有塑性变形产生，因此，可用岩体的变形模量代替弹性模量近似地求出节理的压缩变形值（弹性变形量和塑性变形量之和）。

2. 节理的闭合变形

上述节理的弹性变形是理论变形。实际上，节理两壁的情况是随荷载不同而变化的。当节理面是粗糙壁面时，节理面上的初期荷载仅由若干接触点来支承，形成点接触，其接触面面积近于零。增加法向荷载时，接触处可因变形、压碎、楔入而扩大接触面，并随变形的发展而逐步增加新的接触点。这样，在增加荷载的情况下，利用数学、力学方法找出节理面的法向变形规律是可能的。下面介绍古德曼法。

古德曼对节理面规定了两个物理条件，认为节理面的法向变形受这两个条件的约

束,即:

① 节理面是张开的,张开的节理面没有抗拉强度。

② 节理间的压缩量是有限的。如果节理的厚度(张开尺寸)为 l,当节理承受荷载时,节理可能压缩的极限值即节理最大可能的闭合量 V_{mc} 必小于节理的厚度 l,如图3-4(a)所示。

由于张开度不同,很难从力学上给节理规定一个绝对"零"的状态,但从压缩量上看,其最终趋近于 V_{mc}。因此,可将某一中间状态规定为起始点,例如取任一法向应力 ξ 为起始点,使应力从 ξ 增到 σ,于是应力增加率为 $\dfrac{\sigma-\xi}{\xi}$,相应的变形量为 ΔV。从终点 V_{mc} 来看,这一级加载的相对剩余变形为 $\dfrac{V_{mc}-\Delta V}{\Delta V}$。应力增加率越大,则相对剩余变形越小,即:

$$\frac{\sigma-\xi}{\xi} \propto \frac{1}{\dfrac{V_{mc}-\Delta V}{\Delta V}}$$

于是,应力与变形曲线符合以下状态方程:

$$\frac{\sigma-\xi}{\xi}=A\left(\frac{\Delta V}{V_{mc}-\Delta V}\right)^t \quad (\Delta V<V_{mc}) \tag{3-9}$$

式中 ΔV——与 σ 值相对应的法向变形量;

ξ——原位压力,是由所测得的法向变形量 ΔV 的初始条件而定,即当 $\Delta V \rightarrow 0$ 时的 σ 值或曲线在 σ 轴的截距,如图3-4(b)所示;

A,t——常数,由试验确定。

当 $A=t=1$ 时,式(3-9)可写成:

$$\Delta V=V_{mc}-\xi V_{mc}\frac{1}{\sigma} \quad (\sigma>\xi) \tag{3-10}$$

显然,式(3-10)为一双曲线方程,但 ΔV 与 $1/\sigma$ 呈线性关系,如图3-4(c)所示。可以看出,节理的闭合量 ΔV 随 σ 的增加而增大,并以 V_{mc} 为极限。

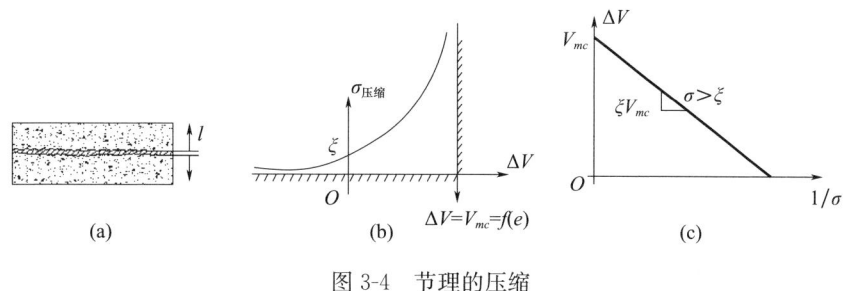

图3-4 节理的压缩

在现场做压缩试验时,如果 ΔV-$\dfrac{1}{\sigma}$ 曲线符合式(3-10),则可算出原位压力 ξ。但当 A 与 t 不等于1时,ΔV 与 σ 的关系曲线即为各种指数曲线类型,于是可由试验方法确定其曲线方程。试验方法如下。

图3-5(a)中的曲线 A 是由非节理岩石试件(长9.04cm,直径4.44cm)在第三次荷载循环的条件下得到的法向应力-轴向位移曲线(因为第一次荷载循环会出现较大的

滞后和非弹性效应,而试件在第二次和第三次荷载循环下有可能得出相同的弹性压缩曲线)。然后沿横向用锯片将试件切开,使切缝呈一条平行于试件底面、粗糙且呈波状起伏的裂缝,以模拟岩石中的节理。随后将切缝上、下两块试件重合装上,组成"配称切缝试件",在此试件上再加载,得出图3-5(a)中的曲线B。这样,有切缝和无切缝的试件压缩曲线之间的差值即可反映出该切缝的压缩值。在配称切缝试件加载结束时,要保持试件和切缝不致出现破坏现象,然后将切缝上部试件旋转某一角度,以便形成一条不吻合的裂缝,使试件两壁呈点接触状态,并得出平均裂缝开口厚度l,称此试件为"非配称切缝试件"。再施加压缩荷载,得出图3-5(a)中的曲线C。在曲线C上的P点,岩石开始沿纵向破裂。同样,可用曲线的差值来求切缝的压缩量。对于非配称切缝试件的压缩性能,可用C-A的差值[图3-5(b)]来表示其压缩值的大小。

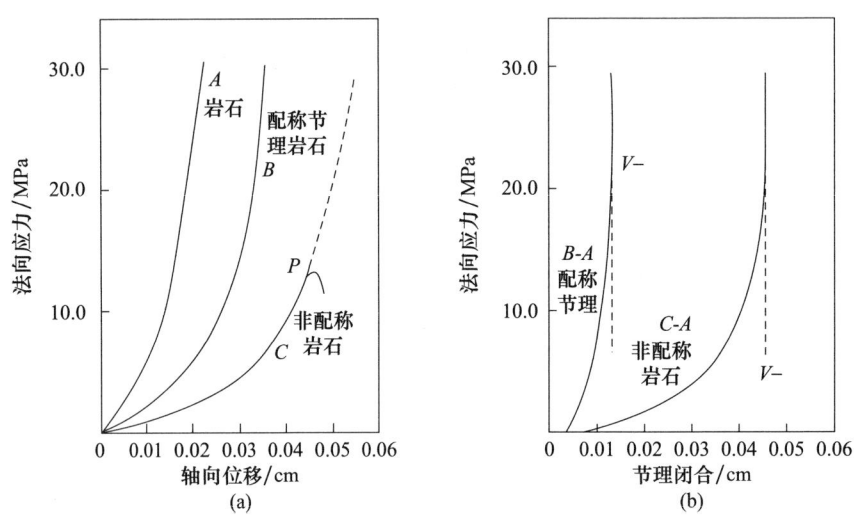

图3-5 一条张开裂缝的压缩变形曲线

根据古德曼法的上述试验成果(令$l=0.127$cm),运用曲线B-A的差值[图3-5(b)],求出配称切缝试件的变形性能方程:

$$V_{mc}=0.0119\text{cm}$$
$$\Delta V=0.0037+0.0018\ln10\sigma$$

运用曲线C-A的差值,求出非配称切缝试件的变形性能方程:

$$V_{mc}=0.0387\text{cm}$$
$$\Delta V=0.0030+0.0079\ln10\sigma$$

3.2.2 节理的剪切变形

节理的剪切变形,是指在平行于节理面的剪应力作用下产生的相对剪切变形。工程实践中的剪切都是在一定的法向应力作用下进行的。剪切变形的特征,一般是用试验时所施加的剪应力τ与相应的剪切位移u的关系来描述。而τ-u曲线的特征取决于节理面的基本特征,如节理面壁的起伏与粗糙度、充填物的性质与厚度等。根据节理面的状态和充填物的厚薄不同,剪切变形曲线大致可分为以下两类。

① 节理面粗糙、无充填物(或充填厚度很小),在一定的法向应力条件下,其剪切

变形与剪应力间的关系如图 3-6 中 A 曲线所示。开始时，剪应力增加较快，但剪切变形增加较慢，变形呈弹性，剪切刚度可视为常数；随着剪应力的增大，在达到峰值剪切强度之前，剪切位移明显增大，剪切刚度逐渐减小（这一过渡阶段范围很小）；剪应力达到峰值强度之后，抗剪能力迅速下降，变形量却大幅增加，直到最后出现残余抗剪应力。节理面在残余抗剪应力的作用下不断发生滑移变形。

对于不同岩性中的节理面或同一种岩性中具有不同表面特征的节理面，曲线的差别仅在于初始剪切刚度 K_{sj}、峰值剪切刚度 $K_{s,max}$、峰值和残余剪切强度以及剪切位移大小不同。如风化节理面的峰值位移比弱黏结和较平整节理面的峰值位移大，而风化节理面的 $K_{s,max}$ 值比同样粗糙度系数下新鲜节理面的 $K'_{s,max}$ 值低 2～4 倍。在法向应力相同的情况下，节理面越粗糙，只有经过的剪切变形越大才能达到峰值强度，且峰值强度越高。

② 如果节理中含有较厚的充填物，尤其是含有黏土类物质时，那么剪应力与剪切变形的关系曲线如图 3-6 中 B 曲线所示，其特点是峰值剪切强度 τ_p 不明显，且峰值剪切强度 τ_p 与残余剪切强度 τ_r 相差很小，曲线的斜率是连续变化的，具有流变性。

实践证明：充填物的湿度对曲线 B 影响很大，当充填物干燥时，曲线 B 会向曲线 A 过渡，即曲线 B 被曲线 A 代替。

在法向应力一定的情况下，节理的剪切变形可理想化为图 3-7 所示的模型。

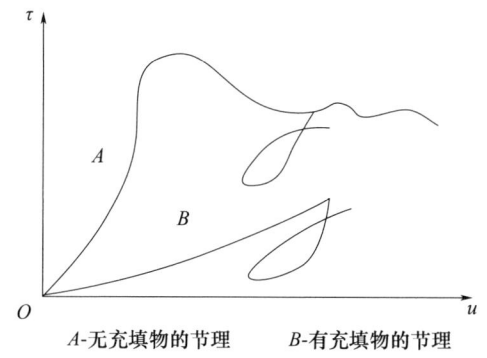

图 3-6 固定正压力时的剪应力及位移

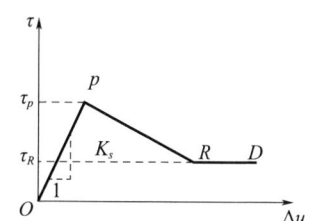

图 3-7 节理的剪切变形理想化模型

剪切变形可简化为：

① 起始弹性段，即 OP 段，此段曲线的斜率称为节理的单位剪切刚度 K_s；峰值点 P 对应的剪应力称为节理的抗剪强度。

② 应力降低段，即 PR 段。R 处所对应的剪应力 τ_R 称为残余抗剪强度。

③ 残余变形段（或称塑性段），即 RD 段。在残余抗剪强度 τ_R 的作用下，节理不断发生滑移变形。

节理面的所有剪切参数都明显地受法向应力 σ_n 变化的影响。大量直剪试验表明：峰值剪切位移与剪切刚度随 σ_n 的变化而变化的情况，可利用具有恒刚度模型 [图 3-8（a）] 或恒峰值位移模型 [图 3-8（b）] 来简化。Jaeger 用粗面岩人工锯开并抛光而做成节理试件进行的直剪试验说明，一次加载时可用恒刚度模型来拟合，而对于磨损过的表面重新进行加载时，则用恒峰值位移模型拟合。

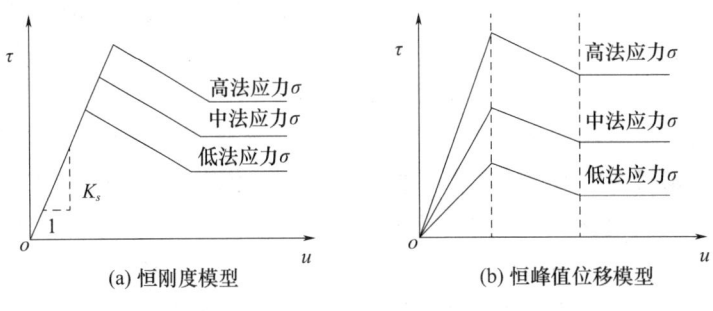

图 3-8 恒刚度、恒峰值位移模型

3.3 结构面的力学效应

岩体是由岩块和结构面组成的地质体,岩体强度取决于结构面的强度和岩石(结构体)的强度。如果岩体中结构面不发育,呈整体或完整结构时,岩体强度与岩块强度接近,可视为均质体,但一般工程中这类情况较为少见。如果岩体沿着某一特定结构面滑动破坏时,其强度取决于结构面强度。一般情况下,岩体强度既不同于岩块强度也不同于结构面强度,岩体抗剪强度包络线介于结构面强度包络线和岩石强度包络线之间,很大程度上取决于结构面的性质与结构面的空间组合。

结构面也有各式各样的,大的有断层,小的有细微裂缝。对于断层,明显影响工程稳定性的结构面应单独加以考虑;对于细微裂缝,则通常在研究岩块强度时加以考虑。因此,影响岩体强度的结构面是中等规模的裂缝,这些结构面有的单独出现,有的多个一起出现,有的成组出现。在这里,成组出现的有规律的裂隙称为节理,相应的岩体称为节理岩体。

3.3.1 单节理面的力学效应

当岩体中含有一个节理面,且受到外力作用时,节理面上将出现正应力 σ 及剪应力 τ。σ 和 τ 值的大小随主应力及最大主应力平面与节理面交角不同而不同,如图 3-9 所示。如图 3-10 所示,若岩体受主应力 σ_1 及 σ_3 的作用,节理面与最大主应力平面的交角为 β,则应力圆周上 P 点的坐标,即节理面的应力状态为:

$$\left. \begin{array}{l} \sigma = \dfrac{1}{2}(\sigma_1+\sigma_3) + \dfrac{1}{2}(\sigma_1-\sigma_3)\cos2\beta \\ \tau = \dfrac{1}{2}(\sigma_1-\sigma_3)\sin2\beta \end{array} \right\} \quad (3\text{-}11)$$

如果节理面强度符合库伦强度准则,则其强度曲线也正好是 RQP,那么节理面的强度方程为:

$$\tau_c = C_j + \sigma\tan\phi_j \quad (3\text{-}12)$$

式中 C_j——节理面的内聚力;
ϕ_j——节理面的内摩擦角。

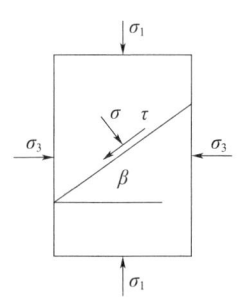 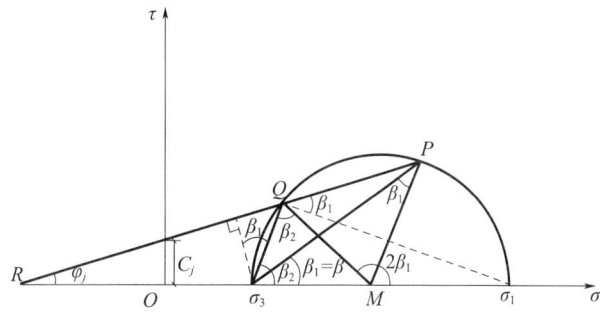

图 3-9 单节理面的力学效应　　图 3-10 节理面极限莫尔圆直径与 β 角之间的变化曲线

显然，应力圆周上的 P 点正好位于节理面的强度曲线上，节理面也正好处于极限应力平衡状态，此时，岩体将开始沿节理面产生滑移。当 β 角减小时，表征节理面应力状态的 P 点将降至节理面强度曲线 RQP 之下，此时节理面上出现的剪应力 τ 将小于节理面的抗剪强度，因此，岩体将不沿节理面产生滑移。当 β 角增大时，P 点即位于强度曲线 RQP 之上，此时节理面上出现的剪应力 τ 将大于节理面的抗剪强度，因而可使岩体沿节理面产生滑动，并可推知在此之前岩体已开始沿节理面产生滑移。但当 β 角增大至 $\beta > \beta_2$ 时，P 点又位于强度曲线 RQP 之下，因而不会引起岩体沿节理面产生滑移的现象。

由此可以看出，当节理岩体作用有主应力 σ_1 和 σ_3 时，只有在 $\beta_1 \leqslant \beta \leqslant \beta_2$ 的条件下，单节理岩体才会沿节理面发生移动破坏。当 $\beta < \beta_1$ 或 $\beta > \beta_2$ 时，岩体不会沿节理面破坏，即使岩体发生破坏，也只能是在与节理面相交的其他断面上发生破坏，而与节理面无关。

如果将式（3-11）代入式（3-12），可得到在极限平衡条件下主应力与节理面强度之间的关系表达式：

$$\frac{\sigma_1 - \sigma_3}{2} [\sin 2\beta - \tan\varphi_j \times \cos 2\beta] = C_j + \frac{\sigma_1 + \sigma_3}{2} \tan\varphi_j$$

若将 $\tan\varphi_j = f$ 代入上式，可得：

$(\sigma_1 - \sigma_3) \sin 2\beta - f (\sigma_1 - \sigma_3) \cos 2\beta = 2C_j + (\sigma_1 + \sigma_3) f$

$(\sigma_1 - \sigma_3) \sin 2\beta - f (\sigma_1 - \sigma_3) 2\cos^2\beta = 2C_j + (\sigma_1 + \sigma_3) f - (\sigma_1 - \sigma_3) f$

即：

$$\sigma_1 - \sigma_3 = \frac{2C_j + 2f\sigma_3}{(1 - f\cot\beta) \sin 2\beta} \tag{3-13}$$

可以看出，式（3-13）是式（3-11）及式（3-12）的综合表达式。其物理含义是：当作用在节理岩体上的主应力值满足本方程时，则该主应力值也能同时满足式（3-11）和式（3-12），也即其莫尔应力圆与节理面强度曲线的交点所表征的应力状态是节理面上的极限应力平衡状态。

由式（3-13）可以看出，即使节理面的力学特征（C_j、φ_j）和 β 角保持不变，也有无数的主应力组合能满足方程式（3-13），即有无数个莫尔应力圆能与该节理面的强度曲线相交（或相切），且满足其交点（或切点）与应力圆心的连线和 σ 轴的交角等于 2β。

从式（3-13）可以看出：

当 $\beta=\frac{1}{2}\pi$ 时，$\sigma_1-\sigma_3 \to \infty$。

当 $\beta=\arctan f=\varphi_j$ 时，$\sigma_1-\sigma_3 \to \infty$。

故 β 角在满足 $\varphi_j<\beta<\frac{\pi}{2}$ 的条件下式（3-13）才有意义，即 β 角必须大于 φ_j 且小于 90°时节理岩体才有可能沿节理面破坏。

此外，莫尔应力圆直径 $\sigma_1-\sigma_3$ 在满足 $\varphi_j<\beta<\frac{\pi}{2}$ 条件下，可求出最小值，即与节理面强度曲线相切的莫尔应力圆直径。由于：

$$\sigma_1-\sigma_3=\frac{2(C_j+f\sigma_3)}{(1-f\cot\beta)\sin2\beta}=\frac{2(C_j+f\sigma_3)}{\sin2\beta-2f\cos^2\beta}$$

将上式对 β 求导，并令其一阶导数为零，即可得最小莫尔应力圆直径：

$$\frac{\mathrm{d}(\sigma_1-\sigma_3)}{\mathrm{d}\beta}=\frac{-2(C_j+f\sigma_3)(2\cos2\beta+4f\cos\beta\sin\beta)}{(\sin2\beta-2f\cos^2\beta)^2}=0$$

则有：

$$2\cos2\beta=-4f\cos\beta\sin\beta=-2f\sin2\beta$$

即：

$$-\frac{1}{f}=\frac{\sin2\beta}{\cos2\beta}=\tan2\beta$$

可得：

$$\beta=45°+\frac{\varphi_j}{2} \tag{3-14}$$

式（3-14）即是莫尔应力圆与节理面强度曲线相切的条件。将式（3-14）代入式（3-13），即可求出最小莫尔应力圆的直径：

$$\begin{aligned}(\sigma_1-\sigma_3)_{\min}&=\frac{2(C_j+f\sigma_3)}{\left[1-f\cot\frac{1}{2}(90°+\varphi_j)\right]\sin(90°+\varphi_j)}\\&=\frac{2(C_j+f\sigma_3)}{\left[1-f\frac{1+\cos(90°+\varphi_j)}{\sin(90°+\varphi_j)}\right]\cos\varphi_j}\\&=\frac{2(C_j+f\sigma_3)}{\cos\varphi_j-f+f\sin\varphi_j}\\&=\frac{2(C_j+f\sigma_3)}{\sqrt{1+f^2}-f}\end{aligned} \tag{3-15}$$

单节理面的力学效应还可以依据图 3-10 直接进行分析。显然，当应力圆与节理面的强度曲线相切时，必有 $2\beta=90°+\varphi_j$，或 $\beta=45°+\frac{\varphi_j}{2}$，但当 $\beta=\varphi_j$ 或 $\beta=\frac{\pi}{2}$ 时，则应力圆上代表节理面应力状态的点必然在节理面的强度曲线之下，因此，它们所表征的应力状态不是节理面上的临界应力状态，因而也不致引起岩体沿节理面产生滑移。从图 3-10 中可以看出，仅当 $\beta_1 \leqslant \beta \leqslant \beta_2$ 时，才可能使岩体沿节理面产生滑移。β_1 及 β_2 的值可按以下方法求得：

$$\angle RPM = 2\beta_1 - \varphi_j$$

$$\frac{RM}{\sin\angle RPM} = \frac{PM}{\sin\varphi_j}$$

所以：

$$\frac{C_j \times \cot\varphi_j + \sigma_m}{\sin(2\beta_1 - \varphi_j)} = \frac{\tau_m}{\sin\varphi_j}$$

$$\tau_m \sin(2\beta_1 - \varphi_j) = (C_j \times \cot\varphi_j + \sigma_m) \sin\varphi_j$$

即：

$$2\beta_1 = \sin^{-1}\left[(C_j \times \cot\varphi_j + \sigma_m)\frac{\sin\varphi_j}{\tau_m}\right] + \varphi_j$$

式中 σ_m，τ_m——主剪切面上的正应力和剪应力，其值分别为：

$$\sigma_m = \frac{1}{2}(\sigma_1 + \sigma_3)$$

$$\tau_m = \frac{1}{2}(\sigma_1 - \sigma_3)$$

从图 3-10 中还可以求出：

$$\beta_1 + \beta_2 = \frac{\pi}{2} + \varphi_j$$

$$2\beta_2 = \pi + 2\varphi_j - 2\beta_1$$

$$2\beta_2 = \pi + \varphi_j - \sin^{-1}\left[(C_j \times \cot\varphi_j + \sigma_m)\frac{\sin\varphi_j}{\tau_m}\right] \tag{3-16}$$

由以上分析可知，单节理岩体在多向压缩下，仅当 $\beta_1 \leqslant \beta \leqslant \beta_2$ 时，节理面才会对岩体的强度产生影响，使岩体沿节理面发生破坏；否则，岩体强度将不因节理面的存在而减弱。

节理对岩体强度的影响程度，除与节理面本身的力学性质有关外，主要决定于节理面与最大主应力面的夹角 β。在围压 σ_3 为定值的情况下，当 $\beta = 45° + \frac{\varphi_j}{2}$ 时，岩体强度最低，承载力最小，其极限应力圆的直径也最小，如图 3-10 所示。当 β 角增大或减小时，岩体的强度即随之增大，极限应力圆的直径亦随之增大。当 $\beta < \beta_1$ 或 $\beta > \beta_2$ 时，岩体强度即取决于岩石强度，而与节理面的存在无关。

当 σ_3 为定值时，岩体的承载强度 σ_1 与 β 角的关系如图 3-11 所示。水平线 I 与曲线 II 交点即对应 β_1 和 β_2，在 β_1 和 β_2 之间，岩体沿节理面破坏，如图 3-11 所示。

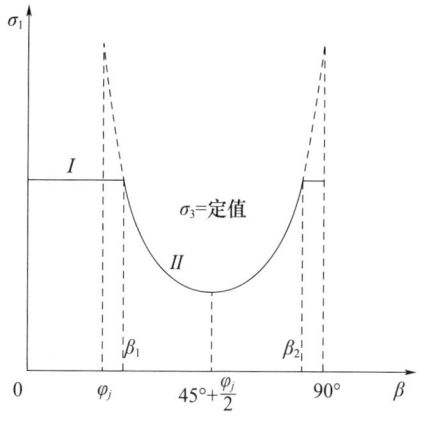

图 3-11 单节理面的力学效应

3.3.2 多节理面的力学效应

当岩体中含有两组相交的节理面时，其力学效应可从单节理面的力学效应引申求解。一般有以下三种情况。

① 两组节理面中仅有一组节理符合 $\beta_1 \leqslant \beta \leqslant \beta_2$ 的条件时，显然，岩体强度取决于该组节理面的强度，岩体破坏必将沿该节理面发生。

② 两组节理面均符合 $\beta_1 \leqslant \beta \leqslant \beta_2$ 的条件时，则岩体强度将由其临界应力圆直径的大小而定，即视 $\sigma_1 - \sigma_3$ 的值而定。显然，岩体破坏将沿临界应力圆直径较小的节理面发生，而岩体强度也将取决于该组节理面的强度。

③ 两组节理面均不符合 $\beta_1 \leqslant \beta \leqslant \beta_2$ 的条件时，岩体强度才取决于岩石本身的强度，而不受节理面存在的影响。

由此可见，当岩体中有两组节理面时，其力学效应主要取决于其本身的性能及其与最大主平面的交角，且仅其中一组具有决定意义。可由图 3-12 进行判别，或按式（3-13）通过计算确定。

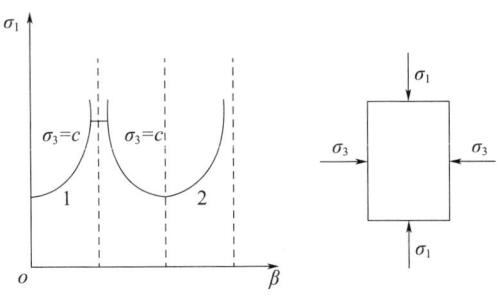

图 3-12 多节理面的力学效应

当所研究的岩体范围内存在更多的相互交割的节理组时，岩体破坏基本上是沿节理面发生的，其破坏面主要决定于主应力的大小及方向，与各向同性岩石的破坏相近似，但其强度较岩石强度有显著降低。

3.3.3 当 $C_j = 0$ 时节理面的力学效应

岩体中的节理往往不具有黏聚力，即 $C_j = 0$，这时节理面的抗剪强度只靠节理面间的摩擦阻力提供。按库伦强度准则，其强度条件为：

$$\tau \leqslant \sigma \tan\varphi_j$$

根据式（3-13），当 $C_j = 0$ 时，可得：

$$\sigma_1 - \sigma_3 = \frac{2\tan\varphi_j \sigma_3}{(1 - \tan\varphi_j \cot\beta)\sin 2\beta} \tag{3-17}$$

或

$$\frac{\sigma_1}{\sigma_3} = \frac{2\tan\varphi_j}{(1 - \tan\varphi_j \cot\beta)\sin 2\beta} + 1 = \frac{2\tan\varphi_j \sin^2\beta + \sin 2\beta}{\sin 2\beta - 2\tan\varphi_j \cos^2\beta} = \frac{\tan\beta}{\tan(\beta - \varphi_j)} \tag{3-18}$$

可用式（3-18）求出岩体维持平衡的最小水平推力。如图 3-13 所示，平硐沿岩层走向开挖，岩层倾角 $\beta = 50°$，由上覆岩层引起的垂直应力 $\sigma_1 = 2\text{MPa}$，节理面的黏聚力 $C_j = 0$，$\varphi_j = 40°$，由式（3-18）即可求出维持平衡的最小水平推力 σ_3：

$$\sigma_3 = \frac{\tan(\beta - \varphi_j)}{\tan\beta}\sigma_1 = \frac{\tan(50° - 40°)}{\tan 50°} \times 2 = 0.3\text{MPa} \tag{3-19}$$

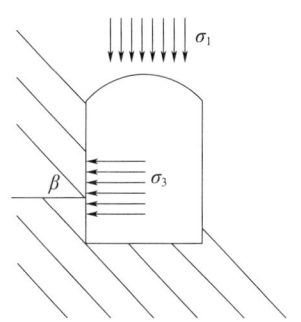

图 3-13 倾斜岩层中平硐的稳定性

3.3.4 结构面粗糙起伏对抗剪强度的影响

前面讨论的剪切破坏的面是平行于剪力方向的，实际上绝大多数的结构面并不是光滑的平面，而是粗糙的平面。结构面的凹凸起伏对结构面强度有较大影响。总体上分为以下两种情况（图 3-14）。

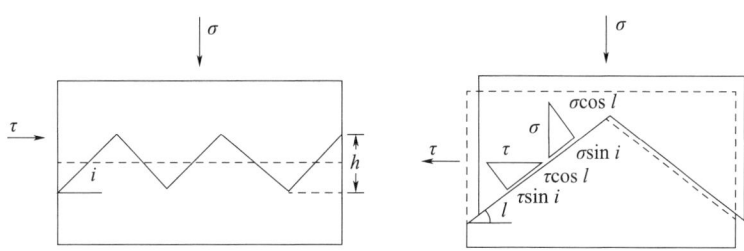

图 3-14 粗糙起伏结构面抗剪强度

(1) 当 σ 较小时，上盘岩块上下运动，产生了爬坡效应，从而使 τ 增大。

如果结构面不是水平的，而是有一个倾角 i，则结构面发生滑动时其上的剪力 τ_n 与法向力 σ_n 之间有如下关系。

$$\tau_n = \sigma_n \tan(\varphi_j) \tag{3-20}$$

在结构面方向分解得：$\sigma_n = \tau\sin i + \sigma\cos i$，$\tau_n = \tau\cos i - \sigma\sin i$，代入上式得：

$$\tau = \tan(\varphi_j + i)\sigma \tag{3-21}$$

(2) 当 σ 较大时，结构面上的凸起将被剪断而运动，也会使 τ 增大。

此时结构面的抗剪强度应写成如下形式：

$$\tau = \sigma\tan\varphi_j + C_j \tag{3-22}$$

式中，φ_j 多在 21°~40°范围内，一般取 30°。

各种岩石结构面基本摩擦角 φ_j 的近似值见表 3-3。

表 3-3 各种岩石结构面基本摩擦角 φ_j 的近似值表

岩类	φ_j	岩类	φ_j
闪岩	32°	花岗岩（粗粒）	31°~35°
玄武岩	31°~38°	石灰岩	33°~40°

续表

岩类	φ_j	岩类	φ_j
砾岩	35°	斑岩	31°
白垩岩	30°	砂岩	25°~35°
白云岩	27°~31°	页岩	27°
片麻岩（片状的）	23°~29°	粉砂岩	27°~31°
花岗岩（细粒）	29°~35°	板岩	25°~30°

图 3-15 所示为结构面有凸起的模型的剪应力与法向应力的关系曲线，近似为双直线。结构面受剪初期，剪切力上升较快；随着剪力和剪切变形的增加，结构面上部分凸起被剪断，此后剪切力上升，梯度变小，直至达到峰值抗剪强度。

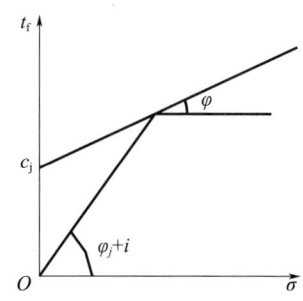

图 3-15 结构面强度包络线

σ 较小时，抗剪强度 $\tau=\sigma\tan(\varphi_j+i)$；

σ 较大时，抗剪强度 $\tau=\sigma\tan\varphi_j+c_j$，其中 c_j 为黏聚力。

试验表明：低法向应力的剪切，结构面会有剪切位移和剪胀；高法向应力的剪切，凸起会被剪断，结构面抗剪强度最终变成残余抗剪强度。在剪切过程中，起伏形成的粗糙度以及岩石强度对结构面抗剪强度形成起重要作用。

3.4 岩体的结构

岩体中包含的基本岩体结构单元有两类：结构面和结构体。其中，结构面分为坚硬结构面和软弱结构面，坚硬结构面较为干净，软弱结构面中通常夹有泥层；结构体分为块状结构体、板状结构体、锥状结构体等。

由于结构面的存在，岩体的变形及强度明显不同于岩石（结构体），岩体力学性质对岩石工程的施工有较大影响，其主要的影响因素有结构体力学性质、结构面力学性质、岩体结构力学效应（实际是结构形式）等。岩体中结构面和结构体的形态和组合特征，称为岩体的结构。

岩石力学性质还取决于结构体的大小与尺度。结构体的块度通常指最小结构体的尺寸，结构体的大小取决于结构面的密度，密度越小，结构体的规模越大。与结构面对应，结构体也划分为五级。在岩体工程稳定性分析中，结构体的块度决定了岩体工程围岩的破坏方式，从而决定了支护和加固方法。在开挖过程中，结构体的块度影响施工及临时支护。

岩体力学性质还与地质环境条件有关，如地应力、地下水、温度等，尤其是地应力因素导致的岩体紧密程度差异最为明显。地壳中的岩体本身是受载体，周围岩体施于它的应力是地应力。围压对岩体力学性质的影响主要有：

① 围压越大，岩体承载能力或者强度越大；

② 低围压下岩体呈脆性，高围压下岩体呈塑性；

③ 围压越大，弹性波传播的衰减越小。

研究岩体力学性质，要从岩性、结构面、岩体结构形式、应力环境和地下水几个方面考虑。将岩体的结构分为如下五类，详见表3-4。

表 3-4 岩体的结构分类

结构类型	岩体地质类型	结构体	结构面发育情况	岩土工程特征	岩土工程问题
整体结构	均质，巨块状岩浆岩、变质岩，巨厚层沉积岩、正变质岩	巨块状	以原生构造节理为主，多为闭合型，裂隙结构面间距大于1.5m，一般不超过2组，无危险结构面组成的落石掉块	整体强度高，岩体稳定，可视为均质弹性各向同性体	不稳定结构体的局部滑动或坍塌，深埋硐室的岩爆
块状结构	厚层状沉积岩，正变质岩、块状岩浆岩、变质岩	块状、柱状	只具有少量贯穿性较好的裂隙，裂隙结构面间距0.7~1.5m，一般为2~3组，有少量分离体	整体强度较高，结构面互相牵制，岩体基本稳定，接近弹性各向同性体	
层状结构	多韵律的薄层及中厚层状沉积岩，副变质岩	层状、板状、透镜体	有层理、片理、节理，常有层间错动面	接近均一的各向异性体，其变形及强度特征受层面及岩层组合控制，可视为弹塑性体，稳定性较差	不稳定结构体可能产生滑塌，特别是岩层的弯张破坏及软弱岩层的塑性变形
碎裂结构	构造影响严重的破碎岩层	碎块状	断层、断层破碎带、片理、层理及层间结构面较发育，裂隙结构面间距为0.25~0.5m，一般在3组以上，由许多分离体形成	完整性破坏较大，整体强度很低，并受断裂等软弱结构面控制，多呈弹塑性介质，稳定性很差	易引起规模较大的岩体失稳，地下水加剧岩体失稳
散体结构	构造影响剧烈的断层破碎带、强风化带、全风化带	碎屑状、颗粒状	断层破碎带交叉，构造及风化裂隙密集，结构面及组合错综复杂，并多充填黏性土，形成许多大小不一的分离岩块	完整性遭到极大破坏，稳定性极差，岩体属性接近松散体介质	

（1）整体结构。

整体结构岩性单一，节理不发育，无软弱结构面或夹泥，层面结合良好，渗流对岩体特性影响不大，结构尺寸大于工程尺寸。完整性系数大于0.75，结构面间距大于1.5m。岩土工程特征为：整体性强度高，岩体稳定，可视为均质、各向同性的连续介质。有些整体结构是碎裂结构通过压力和胶结作用愈合而成的。

(2) 块状结构。

块状结构节理发育，有若干软弱夹层或贯通微张裂隙将岩体切割成柱状、块状或菱形等结构体。在工程范围内，有两组以上节理明显发育，构成影响工程稳定性的危险岩块，其尺寸小于工程几何尺寸。完整性系数为 0.35~0.75，结构面间距为 0.7~1.5m。岩土工程特征为：整体性强度高，结构面相互牵制，岩体基本稳定，接近弹性各向同性体。

(3) 层状结构。

层状结构是由中厚（0.25~0.5m）及薄层（<0.25m）的均一、坚硬、软弱或软硬相间的沉积岩或沉积变质岩形成的岩体。结构面以层理、片理、节理为主，往往有层间错动，结构体呈板状、片状，互相紧密叠合。完整性系数为：层状 0.3~0.6；薄层状小于 0.4。结构面间距为：层状 0.25~0.5m；薄层状小于 0.25m。岩土工程特征为：工程范围内，一组节理明显发育，在层内具有均一的地质特征与力学特性，属各向异性、层内均质的连续介质，其变形和强度特征受层面及岩层组合控制，岩体稳定性较差。

(4) 碎裂结构。

碎裂结构构造发育，各种结构面与断裂交叉发育，且多为泥质充填。岩体破碎，呈块状或片状，局部裹有坚硬的大块或条块状岩石，属不均一的不连续介质，稳定性很差。碎裂结构的分类见表 3-5。

表 3-5 碎裂结构的分类

岩体	完整性系数	结构面间距
镶嵌结构	<0.36	<0.5m
层状碎裂结构	<0.4	<0.5m
破碎结构	<0.3	<0.5m

(5) 散体结构。

散体结构主要为各种剧烈风化或挤压破碎的岩体或土体。结构面相当发育，呈网状，岩体极度破碎，并混有断层泥，呈松散堆积或压密堆积状，其完整性系数小于 0.2。岩土工程特征为：稳定性极差，岩体属性接近松散体介质。

3.5 岩体强度

岩体强度是指岩体抵抗外力破坏的能力，包含抗压、抗拉、抗剪强度。其中，抗拉强度相对抗压、抗剪强度数值很小，在实践和理论中几乎不加以考虑和研究，在实际工程中也尽量避免岩体出现拉应力。

岩体强度在岩体工程中对工程安全、经济效益具有重要意义。比如，在岩体边坡工程中，岩体强度影响着稳定性评价和加固处理方法的设计；在地下硐室的开挖和运行过程中，围岩的稳定性与岩体强度相关；拱坝坝肩、重力坝坝基的稳定性与岩体强度相关。因此，需要对岩体强度进行研究。

岩体强度的确定方法有以下几种。

1. 试验确定法

岩体强度试验包括在现场原位切割较大尺寸试件进行的单轴压缩（抗压强度）、抗剪强度和三轴压缩强度试验。

① 岩体单轴抗压强度的测定。

测量单轴抗压强度时，取边长 0.5~1.5m 且高度不小于边长的方块试件。单轴抗压强度指岩石试件在单轴压力（无围压，只受轴向压力）作用下所能承受的最大压应力。根据试件破坏时千斤顶施加的最大荷载和试件横截面面积（截面积），计算单轴抗压强度：

$$\sigma_c = \frac{P}{A} \tag{3-23}$$

式中　P——试件破坏时的作用力，N；
　　　A——试件横截面面积，m^2。

单轴抗压强度主要影响因素有矿物成分、结晶程度、颗粒大小及胶结情况、风化程度、含水情况和周围环境（温度、湿度等）。比如，含水率越大，强度越低，岩石明显越软；180℃以下时温度对强度的影响不明显，大于180℃时，温度越高，强度越小。

② 岩体抗剪强度的测定。

岩体抗剪强度是指在剪切荷载作用下，达到破坏前所能承受的最大剪应力。

岩体抗剪强度试验一般采用双千斤顶法：一个垂直千斤顶施加正压力，一个横推千斤顶施加横推力。岩体抗剪强度的测定，要求不产生力矩，合力通过剪切面中心，横推千斤顶一般取倾角 $\alpha=15°$。剪断面上的应力由下式计算：

$$\begin{aligned}\sigma &= \frac{N}{A} + \frac{Q}{A}\sin\alpha \\ \tau &= \frac{Q}{A}\cos\alpha\end{aligned} \tag{3-24}$$

式中　σ,τ——试件剪切面上的正应力和剪应力；
　　　A——试件剪切面面积；
　　　N——法向力；
　　　Q——斜向力；
　　　α——横推力与剪切面的夹角，通常为15°。

③ 岩体三轴压缩强度试验。

三轴压缩强度是指在三向压缩荷载作用下，岩石所能承受的最大压应力。

现场岩体三轴压缩强度试验用千斤顶施加轴向荷载，用压力枕施加围压荷载。常规三轴压缩强度试验表明：有围压作用时，岩石的变形性质与单轴压缩试验的不尽相同，围压越大，岩石的屈服应力、抗压强度、达到峰值时的极限应变量、残余强度值越大。随着围压增大，岩石的力学性质也会发生一定的转变：弹脆性→弹塑性→应变硬化。

当存在孔隙水的时候，孔隙水压力使有效应力（围压）减小，令岩石三向压缩强度降低。根据围压情况，可分为等围压三轴试验（$\sigma_2=\sigma_3$）和真三轴试验（$\sigma_1>\sigma_2>\sigma_3$），真三轴试验考虑到了中间应力的影响。

2. 岩体强度估算法

① 准岩体强度法（岩体完整性系数修正法）。

这种方法实质是用某种简单的试验指标来修正岩块强度，作为岩体强度的估算值。

节理、裂隙等结构面是影响岩体强度的主要因素，其分布情况可通过弹性波传播来查明。弹性波穿过岩体时，遇到裂隙便发生绕射或被吸收，传播速度将有所降低。裂隙越多，波速降幅越大。小尺寸试件含裂隙少，弹性波传播速度快。

根据弹性波在岩体和岩石试块中传播速度的比值，可判断岩体中裂隙发育程度，称此比值的平方为岩体完整性系数或龟裂系数，用 K 表示。其计算公式为：

$$K=\left(\frac{V_{ml}}{V_{cl}}\right)^2 \tag{3-25}$$

式中　V_{ml}——岩体中的纵波波速；

　　　V_{cl}——岩块中的纵波波速。

各种岩体的完整性系数见表 3-6。

表 3-6　岩体完整性系数与岩体种类的对应关系

岩体种类	岩体完整性系数 K
完整	>0.75
块状	0.45～0.75
碎裂状	<0.45

岩体完整性系数确定之后，就可以利用下式计算准岩体抗压强度 σ_{mc}、准岩体抗拉强度 σ_{mt}：

$$\sigma_{mc}=K\sigma_c$$
$$\sigma_{mt}=K\sigma_t$$

② 霍克-布朗经验方程法。

霍克和布朗根据岩体性质的理论与实践经验，用试验法导出了岩块和岩体破坏时主应力之间的关系：

$$\sigma_1=\sigma_3+\sqrt{m\sigma_c\sigma_3+s\sigma_c^2} \tag{3-26}$$

式中　m，s——与岩性及结构面情况有关的常数，可查表或根据岩体分类 RMR 值计算。

用霍克-布朗经验方程估算岩体单轴抗压强度：

$$\sigma_{mc}=\sqrt{s}\sigma_c$$
$$\sigma_3=0 \tag{3-27}$$

对于完整岩块来说，$s=1$，则 $\sigma_{mc}=\sigma_c$，即为岩块的抗压强度；对于裂隙岩体来说，必有 $s<1$。

估算岩体抗拉强度：

$$\sigma_{mt}=\frac{\sigma_c}{2}(m-\sqrt{m^2+4s})$$
$$\sigma_1=0 \tag{3-28}$$

剪应力-正应力表达式为：

# 3 岩体力学性质及岩体分类

$$\tau = A\sigma_c \left(\frac{\sigma}{\sigma_c} - T\right)^B \tag{3-29}$$

式中 τ——岩体的剪切强度；

σ——岩体法向应力；

A，B——常数，需查表。

其中，$T = \frac{1}{2}(m - \sqrt{m^2 + 4s})$。

霍克曾指出，m 与莫尔-库伦判据中的内摩擦角 φ 非常类似，而 s 则相当于黏聚力 c 值。如果这样，根据霍克-布朗经验方程提供的常数，m 最大为 25，显然这时估算的岩体强度偏低，特别是在低围压下及较坚硬完整的岩体条件下，估算的三轴强度明显偏低。但对于受构造扰动及结构面较发育的裂隙化岩体，霍克认为用这一方法估算是合理的。

3.6 岩体破坏机理

3.6.1 岩体破坏的概念

岩体在一定的应力条件下丧失其结构联结的现象，称为岩体破坏（丧失承载力和稳定性）。岩体在结构丧失联结作用之后的运动称为岩体工程结构破坏（影响工程使用、报废）。

岩体工程结构破坏可分为以下两个阶段。

① 岩体结构联结的丧失。它包括结构面开裂、错动或滑移，结构体拉伸破坏或剪切破坏。

② 结构体运动。如边坡滑动、倾倒、滚石、采场冒顶等。

因为岩体实际受力条件是多种多样的，加之岩体自身的物质组成、结构特征和力学性质各异，以及复杂环境因素等的不同程度影响，所以任何单一的岩体破坏形式均不会居于主导地位。

岩体破坏形式可以归纳为拉伸破坏、剪切破坏两种。

(1) 拉伸破坏。

拉伸破坏依据破坏的形式分为以下三种情况。

① 垂直于结构面方向的拉伸破坏。

② 沿结构面方向的拉伸破坏。

③ 完整岩体的拉伸破坏。

在实际工程中，拉伸破坏是指由于拉应力（张应力）超过岩体极限抗拉强度而形成的张性破坏。而挠曲破坏则是拉应力破坏的典型形式。挠曲破坏是指由于岩体弯曲而产生拉伸张裂，并且这种张裂逐渐发展扩大，从而导致岩体破坏。这种破坏形式经常发生于矿井及其他地下硐室顶部层状围岩中。

(2) 剪切破坏。

剪切破坏分为以下两种情况。

① 沿结构面的剪切破坏。
② 切穿结构面的剪切破坏。

在实际工程中也能碰到剪切破坏的情况，即由于剪应力达到或超过岩体极限抗剪强度而形成剪切裂面。当破坏后的岩体沿着剪破裂面发生滑动时，剪应力便随之消减（消散）。

在压缩破坏情况下，其破坏过程包括由拉伸裂缝、挠曲和剪切作用引起裂缝的增长，以及它们之间的相互影响等。这种情况是拉伸与剪切破坏共同作用的结果。

3.6.2 岩体破坏判据

在外力作用下，结构面具有明显作用的岩体称为碎裂介质岩体，块裂介质岩体破坏方式是块裂体沿软弱结构面的滑动，软弱结构面控制着块裂介质岩体的破坏机制。

1. 耶格尔判据

耶格尔提出了岩体沿结构面剪切破坏的条件。

节理面极限应力平衡方程为：

$$\sigma_1 - \sigma_3 = \frac{2c_j \cos\varphi_j + 2\sigma_3 \sin\varphi_j}{\sin(2\beta - \varphi_j) - \sin\varphi_j} \tag{3-30}$$

① 当节理面倾角 β 满足 $\beta_1 \leqslant \beta \leqslant \beta_2$，且 $\varphi_j < \beta < \pi/2$ 时，节理才会对岩体产生影响，这时岩体强度取决于节理强度。

② 当 $\beta = 45° + \varphi_j/2$ 时，岩体强度最低，其莫尔圆直径最小。

③ 当 $\beta < \beta_1$ 或 $\beta > \beta_2$ 时，岩体强度与节理无关，取决于岩石强度。

2. 霍克-布朗经验判据

霍克和布朗认为，岩石破坏判据不仅要与试验结果相吻合，而且应尽可能地使数学解析式简单。同时，判据不仅能适用于各向同性均匀材料，还应当适用于碎裂岩石及各向异性非均质材料。基于大量且系统的研究，霍克和布朗提出：

$$\sigma_1 = \sigma_3 + \sigma_c \left(m_b \frac{\sigma_3}{\sigma_c} + s \right)^\alpha \tag{3-31}$$

式中 σ_c——完整岩石单轴抗压强度；
m_b——霍克-布朗常数；
α——取决于岩体特征的常数，对于完整岩石，$\alpha = 0.5$。

霍克-布朗常数 m_b 的取值从 0.001（强烈碎裂岩体）至 25（完整坚硬岩石），s 的取值从 0（节理化岩体）至 1（完整岩石）。

由试验结果统计分析可知，霍克-布朗强度包络线比莫尔-库伦强度包络线更吻合莫尔极限应力圆。

3.7 岩体的变形特性

岩体变形是评价工程岩体稳定性的重要指标，也是岩体工程设计的基本准则之一。岩体中存在大量的结构面，而结构面中往往存在充填物。因此，岩体变形是岩块材料变形与结构变形的总和。一般情况下，结构变形起着控制作用。

3.7.1 岩体变形参数的估算

由于现场原位试验费用昂贵、周期长,一般只在重要的或大型工程中进行,因此,在很多情况下岩体变形参数必须进行估算。目前提出的方法主要有以下两种。

① 在现场地质调查基础上建立适当的岩体地质力学模型,利用室内小试件试验资料进行估算。

② 在岩体质量评价和大量试验资料基础上,通过建立岩体分类指标与变形参数间的经验关系来进行估算。

3.7.2 典型的岩石应力-应变全过程曲线

这里研究岩石单向压缩变形特性。典型的岩石在单向压应力作用下,会存在如下四个较为明显的阶段(图 3-16)。

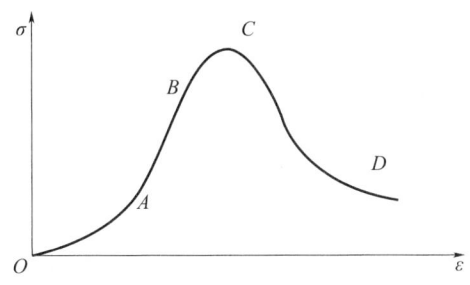

图 3-16 岩石应力-应变全过程曲线

① 裂隙压密阶段(OA):岩样中的裂隙被压密,曲线上凹,属于塑性变形,变形后不可恢复。

② 弹性变形阶段(AB):变形后可恢复,呈直线,即弹性模量为常数。

③ 塑性变形阶段(BC):岩样中裂隙扩张,变形后不能完全恢复,曲线下凹。

④ 破坏后阶段(CD):应变软化阶段,变形增大,应力减少,塑性变形比例很大。在到达 D 点以后,靠碎块间的摩擦力还存在残余强度 σ_D。

在压力作用下,岩石发生的非线性变形可分为以下三个阶段。

① 体积减小阶段:弹性阶段,岩石变形呈线性变化。

② 体积不变阶段:岩石虽有变形,但应变增量接近于零,即岩石体积大小几乎没变化。

③ 扩容阶段:在塑性变形阶段及峰后区,岩石变形主要是由裂隙产生、贯穿、滑移、错动甚至张开造成的。

3.7.3 岩体变形曲线的基本形式

岩体变形曲线的基本形式如图 3-17 所示。

① 直线形:表现为近似于直线关系的变形特征,直到发生突发性破坏,且以弹性变形为主,是玄武岩、石英岩、辉绿岩等坚硬、极坚硬岩类岩块的特征曲线。

② 下凹形:开始为直线,至末端则出现非线性屈服段。较坚硬而少裂隙,节理裂隙发

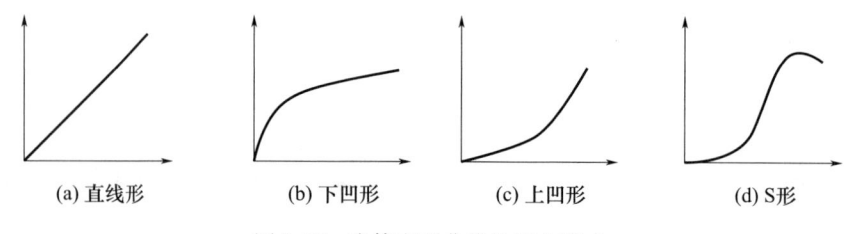

(a) 直线形　　(b) 下凹形　　(c) 上凹形　　(d) S形

图 3-17　岩体变形曲线的基本形式

育且充填泥质，岩性软弱的岩石，如石灰岩、砂砾岩和凝灰岩等岩体变形常呈这种曲线形式。

③ 上凹形：开始为上凹形曲线，随后变为直线，直到破坏，没有明显的屈服段。坚硬而有裂隙发育，多呈张开而无充填物的特征，如花岗岩、砂岩及平行于片理加荷的片岩等岩体变形常呈这种曲线形式。

其他形式可看成上述这三种形式的组合，如 S 形，为中部很陡的 S 形曲线，是某些坚硬变质岩（如大理岩和片麻岩）常见的变形曲线。

3.7.4　岩体剪切变形特征

岩体剪切变形是许多岩体工程，特别是边坡工程中最常见的变形模式。岩体原位抗剪试验曲线如图 3-18 所示。

在屈服点以下，变形曲线与压缩变形相似。屈服点以后，岩体内某个结构面和结构体可能首先被剪坏，随之出现一次应力降，峰值前可能出现多次应力降。当应力增加到一定的程度，没被剪坏部位以瞬间破坏的方式出现，并伴有一次大的应力降，然后可能产生稳定滑移。

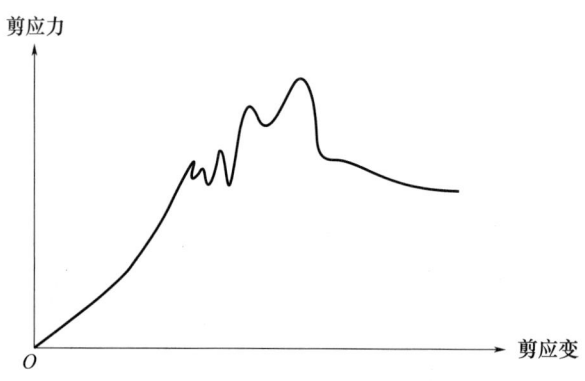

图 3-18　岩体原位抗剪试验曲线

根据 τ-u 曲线的形状，岩体剪切变形曲线可分为如下三类。

① 峰前斜率小，破坏位移大（2～10mm）；峰后位移增大，强度降低或不变，如图 3-19（a）所示。沿软弱结构面剪切时常出现这种情况。

② 峰前斜率较大，峰值强度较高，有较明显应力降，如图 3-19（b）所示。属于沿粗糙结构面，软弱岩体及风化岩体剪切时的情况。

③ 峰前斜率大，有较清晰的线性段和非线性段，破坏位移小（1mm 左右）；峰值强

度大，残余强度（τ_r）较低，如图 3-19（c）所示。通常是坚硬岩体被剪断时的情况。

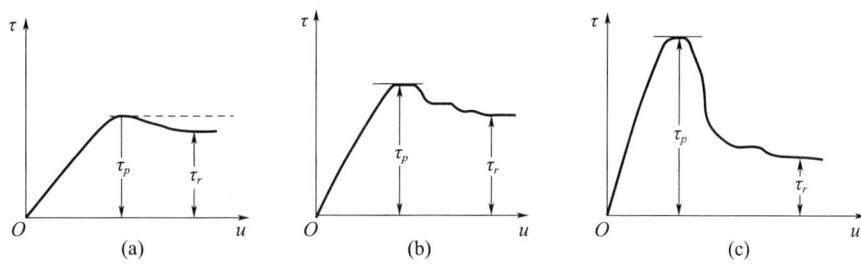

τ_r—残余强度；τ_p—峰值强度

图 3-19　岩体剪切变形曲线类型示意图

3.7.5　岩体变形试验及其变形参数的确定

岩体变形控制量化分析的基础是，正确获得岩体的变形破坏规律及相应的变形参数与强度参数。变形参数包括变形模量和弹性模量。岩体变形参数需要通过岩体变形试验来获得。岩体变形试验按照施加荷载作用方向也可分为以下两类。

① 法向变形试验，包括承压板法、狭缝法、单双轴（三轴）压缩试验、环形试验等；

② 切向变形试验，包括倾斜剪切仪剪切试验，挖试洞等。

岩体现场变形试验方法分为静力法和动力法。

静力法是在选定的岩体表面、槽壁或钻孔壁面施加法向荷载，并测量变形值，然后绘制压力-变形关系曲线，计算岩体的变形参数。常用的静力法有：承压板法（千斤顶荷载试验）、径向荷载试验、钻孔变形法、水压法等。

动力法是用人工方法对岩体发射弹性波，并测定其在岩体中的传播速度。根据弹性波激发方法不同，其可分为声波法、超声波法、地震波法等。

目前，应用最广的静力法是承压板法和钻孔变形法。

（1）承压板法。

承压板法有刚性承压板法和柔性承压板法两种。其中，刚性承压板法适用于各级岩体，通常在平巷中采用。即先在选择好的岩面上清除浮石，平整好岩面，接着依次安装承压板、千斤顶、传力柱和变形量表等，施压使整个系统接触紧密。整个系统应具有足够的刚度和强度，所有部件中心应保持在同一轴线上，轴线应与加压方向一致。试点受力方向宜与工程岩体实际受力方向一致，试验最大压力不宜小于工程设计压力的 1.2 倍，宜等分 5 级施加；加压前应对测表进行初始稳定读数观测，每隔 10min 同时测读各测表一次，连续三次读数不变后开始加压；加压方式宜采用逐级一次循环法，根据需要可采用大循环法或逐级多次循环法。采用何种加荷方式，可根据岩体结构和工程要求而定。完整岩体可采用大循环加荷方式，以确定岩体在不同荷载下的变形特性；多裂隙岩体可采用多循环或单循环加荷方式，以了解各种结构面对岩体变形的影响。

试验记录应包括：工程名称、岩石名称、试点编号、试点位置、试验方法、试点描述、测表布置、测表编号、压力表编号、承压板尺寸、压力变形、试验人员、试验日期等。

每级压力加压或退压后应立即读数，以后每隔10min读数一次，当所有测表相邻两次读数差与同级压力下第一次读数和前一级压力下最后一次读数差之比小于5%时，即可施加或退至下一级压力。卸压稳定标准与加压相同。

刚性承压板法设施如图3-20所示。

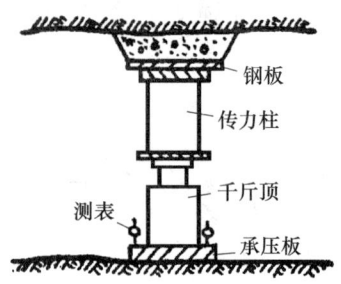

图 3-20 刚性承压板法设施

绘制压力P与变形W之间的关系曲线，分析曲线类型并确定变形值。设垫板总变形（位移）量为W_0，其中弹性变形量为W_e，塑性变形量为W_p，则岩体的变形指标可按布辛涅斯克（Boussinesq）公式计算。

岩体变形模量E_0为岩体在无侧限受压条件下的应力与总应变的比值，即：

$$E_0 = \frac{Pb(1-\mu^2)\omega}{W_0} \tag{3-32a}$$

岩体弹性模量E_e为岩体在无侧限受压条件下的应力与弹性应变的比值，即：

$$E_e = \frac{Pb(1-\mu^2)\omega}{W_e} \tag{3-32b}$$

式中 P——受荷面单位面积上的压力；

b——承压板直径或边长；

ω——与承压板形状和刚度有关的系数，方形板为0.88，圆形板为0.79；

μ——岩体泊松比，需要根据其他方法的结果综合确定。

表面承压板法测得的岩体变形模量偏低，这是由于工程岩体表面附近岩体大多发生了不同程度的松动。为了排除松动的影响，开始采用孔底承压板法测定岩体变形模量。测定结果表明：孔底承压板法测得的原位岩体变形参数比表面承压板法测定值高很多，甚至高达10余倍。

(2) 钻孔变形法。

钻孔变形法是利用钻孔膨胀计等设备，通过水泵对一定长度的钻孔壁施加均匀的径向荷载，同时记下各级压力下的径向变形U，如图3-21所示。

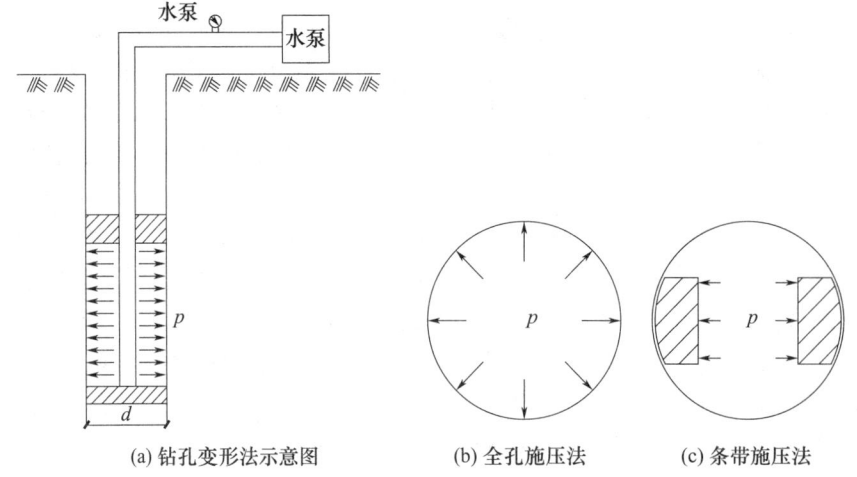

(a) 钻孔变形法示意图　　(b) 全孔施压法　　(c) 条带施压法

图 3-21 钻孔变形法

利用厚壁筒理论（弹性力学）得：

$$E_m = \frac{dp(1+\mu_m)}{U} \tag{3-33}$$

式中　E_m——围岩变形模量，MPa；
　　　d——钻孔孔隙，mm；
　　　p——计算压力，MPa；
　　　μ_m——围岩变形泊松比，无量纲；
　　　U——径向变形，mm。

与承压板法相比，钻孔变形法具有如下优点。
① 对岩体扰动小；
② 可以在地下水位以下相当深的部位进行；
③ 试验方向不受限制；
④ 可以测出几个方向的变形，便于研究岩体的各向异性。
其缺点是：试验岩体体积小，代表性受局限。

3.7.6　影响岩体变形性质的因素

岩体的变形及破坏特征与完整岩石不同。岩体变形是结构体（岩块）材料变形和结构变形的总和，后者包括结构面闭合、充填物压密及结构体转动和滑动等变形。岩体的结构变形往往起控制作用。

岩体变形与强度影响因素概述如下。
（1）受力条件。
（2）岩体本身特性及赋存条件的影响，具体如下：
① 组成岩体的岩石材料性质；
② 岩体中结构面力学性质；
③ 岩体中结构面发育组合情况、岩体结构类型；
④ 赋存环境，特别是水和地应力条件；
⑤ 尺寸效应。
（3）构成岩体变形各向异性的两个基本要素：
① 物质成分和物质结构的方向性；
② 结构面的方向性。

3.8　工程岩体分类

工程岩体是指地下工程、工业与民用建筑、大坝、边坡等各类岩石工程影响范围内的岩体。工程岩体类型多样、形式复杂，需要通过岩体的一些简单且容易实测的指标把各类岩体归类。工程岩体分类主要参考的影响因素有：岩石的强度和变形性质、岩体的完整性、结构面条件、风化程度、地下水等。

根据工程岩体分类可以大致地评价岩体质量。在进行岩石工程设计、施工时，必须考虑工程岩体分类的影响，选择适合的参数或采取技术措施，以满足岩体工程的稳定性要求。

3.8.1 工程岩体分类方法

具有代表性的工程岩体分类方法有以下几种。

1. 普氏分类法

在中华人民共和国成立初期引入的、以"坚固性"这一概念作为岩石工程分类依据的普氏分类法，在我国现行的设计手册中依然被广泛采用，通常用"坚固性系数 f 值"来表示岩石破坏的难易程度。f 也称普氏岩石坚固性系数。f 值用岩石的单向抗压强度 R_C（MPa）除以 10 来表示，即：

$$f=\frac{R_C}{10} \tag{3-34}$$

其分级方法简明，便于使用，但没有反映岩体的特征。比如围岩的稳定性不仅取决于岩石试件的强度，更与岩体强度及岩体结构有关。

2. 岩芯质量指标分类法

岩芯质量指标分类法的分类依据是在钻探时将钻孔中直接获取的岩芯总长度扣除破碎岩芯和软弱夹泥的长度，与钻孔总进尺长度的比值。具体计算岩芯长度时，只计算大于 100mm 的坚硬且完整的岩芯。RQD 指的是单位长度钻孔中 100mm 以上岩芯所占比例，采用以下公式计算：

$$RQD=\frac{100\text{mm 以上岩芯累计长度}}{\text{钻孔总进尺长度}}\times 100\% \tag{3-35}$$

依据计算结果，可按照表 3-7 对工程岩体进行划分。

表 3-7 RQD 的等级与分类

RQD（%）	0～25	25～50	50～75	75～90	90～100
等级	Ⅰ	Ⅱ	Ⅲ	Ⅳ	Ⅴ
分类	很差	差	较好	良好	很好

岩芯质量指标分类法优点是：能够反映岩石结构非连续性，简单易行，可快速评价岩石质量。

其缺点是：RQD 指标没有反映岩体的节理方位、充填物的影响。

3. 巴顿岩体质量分类

挪威地质学家巴顿（Barton）等人于 1974 年提出，将岩体质量指标 Q 作为岩体质量分类的依据。Q 中包含 6 个参数：

$$Q=\frac{RQD}{J_n}\times\frac{J_r}{J_a}\times\frac{J_w}{SRF} \tag{3-36}$$

式中 RQD——岩芯质量指标；

J_n——节理组数；

J_r——节理粗糙系数；

J_a——节理蚀变系数；

J_w——节理水折减系数；

SRF——应力折减系数。

Q 反映了岩体质量的三个方面：$\dfrac{RQD}{J_n}$ 说明岩体的完整性；$\dfrac{J_r}{J_a}$ 表示结构面的形态、充填物特征及次生变化程度；$\dfrac{J_w}{SRF}$ 反映水与其他应力存在时对岩体质量的影响。

根据 Q 值，岩体可分为 9 类，见表 3-8。

表 3-8 根据 Q 值对岩体进行的分类

Q 值	0～0.01	0.01～0.1	0.1～1.0	1.0～4.0	4.0～10	10～40	40～100	100～400	400 以上
岩体分类	异常差	极差	很差	差	一般	好	很好	极好	特别好

巴顿岩体质量分类考虑的地质因素较全面，而且把定性分析与定量评价结合起来了，软硬岩均适用。在处理极软弱的岩层中推荐采用此分类法。

3.8.2 我国的《工程岩体分级标准》GB/T 50218—2014

1. 工程岩体分级的基本方法

根据我国《工程岩体分级标准》GB/T 50218—2014 的规定，岩体基本质量应由岩石坚硬程度和岩体完整程度两个因素确定，采用定性划分和定量指标两种方法确定并计算岩体基本质量指标 BQ，然后根据工程特点，考虑地下水、初始应力场、结构面等因素进行修正，将修正后的 BQ 作为划分岩体级别的依据。因此，该方法也称岩体 BQ 分类法。

（1）确定岩体基本质量。

岩体基本质量好，则稳定性好；反之，则稳定性差。岩石坚硬程度定性划分标准见表 3-9。

表 3-9 岩石坚硬程度定性划分标准

名称		定性鉴定	代表性岩石
硬质石	坚硬岩	锤击声清脆，有回弹，震手，难击碎；浸水后，大多无吸水反应	未风化至微风化的花岗岩、正长岩、闪长岩、辉绿岩、玄武岩、安山岩、片麻岩、石英片岩、硅质板岩、石英岩、硅质胶结的砾岩、石英砂岩、硅质石灰岩等
	较坚硬岩	锤击声较清脆，有轻微回弹，稍震手，较难击碎；浸水后，有轻微吸水反应	弱风化的坚硬岩；未风化至微风化的熔结凝灰岩、大理岩、板岩、白云岩、石灰岩、钙质胶结的砂岩等
软质石	较软岩	锤击声不清脆，无回弹，较易击碎；浸水后，可用指甲刻出印痕	强风化的坚硬岩；弱风化的较坚硬岩；未风化至微风化的凝灰岩、千枚岩、砂质泥岩、泥灰岩、泥质砂岩、粉砂岩、页岩等
	软岩	锤击声哑，无回弹，有凹痕，易击碎；浸水后，可用手掰开	强风化的坚硬岩；弱风化至强风化的较坚硬岩；弱风化的较软岩；未风化的泥岩等
	极软岩	锤击声哑，无回弹，有较深凹痕，手可捏碎；浸水后，可捏成团	全风化的各种岩石；各种半成岩

岩体完整性定性划分标准见表 3-10。

表 3-10 岩石完整性定性划分标准

名称	结构面发育程度		主要结构面的结合程度	主要结构面类型	相应结构类型
	组数	平均间距（m）			
完整	1~2	>1.0	结合好或结合一般	节理、裂隙、层面	整体状或巨厚层状结构
较完整	1~2	>1.0	结合差	节理、裂隙、层面	块状或厚层状结构
	2~3	0.4~1.0	结合好或结合一般		块状结构
较破碎	2~3	0.4~1.0	结合差	节理、裂隙、层面、小断层	次块状或中厚层状结构
	≥3	0.2~0.4	结合好		镶嵌或碎裂结构
			结合一般		中厚层状、薄层状结构
破碎	≥3	0.2~0.4	结合差	各种类型结构面	镶嵌或碎裂结构
		≤0.2	结合一般或结合差		碎裂状结构
极破碎	无序	—	结合很差	—	散体状结构

但岩体基本质量的定性划分仍是不够准确的，包含太多的人为因素，在实际岩石工程中，需要定量地计算 BQ 来表征岩石质量并以此为标准进行分类。

岩体基本质量指标 BQ，应根据分级因素的定量指标 R_C 和 K_v 按下式计算：

$$BQ = 90 + 3R_C + 250K_v \tag{3-37}$$

注：使用上式时，应遵守以下限制条件。

① 当 $R_C > 90K_v + 30$ 时，应将 $R_C = 90K_v + 30$ 和 K_v 代入计算 BQ 值。

② 当 $K_v > 0.04R_C + 0.4$ 时，应将 $K_C = 0.04R_C + 0.4$ 和 R_C 代入计算 BQ 值。

岩石坚硬程度的定量指标，应采用岩石单轴饱和抗压强度 R_C，且 R_C 应采用实测值。当无条件取得实测值时，也可采用实测的岩石点荷载强度指数 $I_{s(50)}$ 的换算值，并按下式进行换算：

$$R_C = 22.82 I_{s(50)}^{0.75} \tag{3-38}$$

采用岩石饱和单轴抗压强度 R_C 划分岩石坚硬程度，见表 3-11。

表 3-11 采用岩石饱和单轴抗压强度 R_C 划分岩石坚硬程度

R_C（MPa）	>60	60~30	30~15	15~5	<5
坚硬程度	坚硬	较坚硬	较软岩	软岩	极软岩

岩体完整程度的定量指标，应采用岩体完整性系数 K_v，且 K_v 应采用实测值。当无条件取得实测值时，也可用岩体体积节理数 J_v，按表 3-12 确定对应的 K_v 值。

表 3-12 采用岩体体积节理数 J_v 确定 K_v 值

J_v（条/m³）	<3	3~10	10~20	20~35	>35
K_v	>0.75	0.75~0.55	0.55~0.35	0.35~0.15	<0.15

采用完整性系数 K_v 划分岩体完整程度，见表 3-13。

3 岩体力学性质及岩体分类

表 3-13 采用完整性系数 K_v 划分岩体完整程度

K_v	>0.75	0.75~0.55	0.55~0.35	0.35~0.15	<0.15
完整程度	完整	较完整	较破碎	破碎	极破碎

（2）工程岩体级别的确定。

按 BQ 值对岩体基本质量进行分级，见表 3-14。

表 3-14 按 BQ 值对岩体基本质量进行分级

基本质量级别	岩体基本质量定性特征	岩体基本质量指标（BQ）
Ⅰ	坚硬岩，岩体完整	>550
Ⅱ	坚硬岩，岩体较完整；较坚硬岩，岩体完整	550~451
Ⅲ	坚硬岩，岩体较破碎；较坚硬岩或软硬岩互层，岩体较完整；较软岩，岩体完整	450~351
Ⅳ	坚硬岩，岩体破碎；较坚硬岩，岩体较破碎至破碎；较软岩或软硬岩互层，且以软岩为主，岩体较完整至较破碎；软岩，岩体完整至较完整	350~251
Ⅴ	较软岩，岩体破碎；软岩，岩体较破碎至破碎；全部极软岩及全部极破碎岩	≤250

（3）基本质量指标 BQ 值的修正。

结合工程具体情况，对 BQ 值进行修正。修正值 $[BQ]$ 按下式计算：

$$[BQ] = BQ - 100(K_1 + K_2 + K_3) \tag{3-39}$$

式中 K_1——地下水影响修正系数，见表 3-15；

K_2——主要软弱结构面产状影响修正系数，见表 3-16；

K_3——初始地应力状态影响修正系数，见表 3-17。

表 3-15 地下水影响修正系数 K_1

地下出水状态	BQ			
	>450	450~351	350~251	≤250
潮湿或点滴状态出水	0	0.1	0.2~0.3	0.4~0.6
淋雨状或涌流状出水，水压小于 0.1MPa 或单位出水量小于或等于 10/（min·m）	0.1	0.2~0.3	0.4~0.6	0.7~0.9
淋雨状或涌流状出水，水压大于 0.1MPa 或单位出水量大于 10/（min·m）	0.2	0.4~0.6	0.7~0.9	1.0

表 3-16 主要软弱结构面产状影响修正系数 K_2

结构面产状及其与洞轴线的组合关系	结构面走向与洞轴线夹角小于 30°，结构面倾角 30°~75°	结构面走向与洞轴线夹角大于 60°，结构面倾角大于 75°	其他组合
K_2	0.4~0.6	0~0.2	0.2~0.4

表 3-17 初始地应力状态影响修正系数 K_3

初始地应力状态	BQ				
	>550	550~451	450~351	350~251	≤250
极高应力区	1.0	1.0	1.0~1.5	1.0~1.5	1.0
高应力区	0.5	0.5	0.5	0.5~1.0	0.5~1.0

2.《工程岩体分级标准》GB/T 50218—2014 的应用

① 岩体物理参数的选用。

工程岩体的级别一旦确定,可按表 3-18 选用岩体的物理参数和结构面的抗剪强度参数。

表 3-18 岩体物理力学参数

基本质量级别	密度(g/m³)	内摩擦角(°)	黏结力(MPa)	变形模量(GPa)	泊松比 μ
Ⅰ	>2.65	>60	>2.1	>33	<0.2
Ⅱ	>2.65	60~50	2.1~1.5	33~20	0.2~0.25
Ⅲ	2.65~2.45	50~39	1.5~0.7	20~6	0.25~0.3
Ⅳ	2.45~2.25	39~27	0.7~0.2	6~1.3	0.3~0.35
Ⅴ	<2.25	<27	<0.2	<1.3	>0.35

② 地下工程岩体自稳能力的确定,见表 3-19。

表 3-19 地下工程岩体自稳能力

基本质量级别	自稳能力
Ⅰ	跨度小于 20m,可长期稳定,偶有掉块,无塌方
Ⅱ	跨度为 10~20m,可基本稳定,局部发生掉块或小塌方; 跨度小于 10m,可长期稳定,偶有掉块
Ⅲ	跨度为 10~20m,可稳定数日至 1 个月,可发生小至中塌方; 跨度为 5~10m,可稳定数月,可发生局部块体位移及小至中塌方; 跨度小于 5m,可基本稳定
Ⅳ	跨度大于 5m,一般无自稳能力,数日至数月内可发生松动变形、小塌方,可发展为中至大塌方; 跨度小于 5m,可稳定数日至 1 个月
Ⅴ	无自稳能力

注:小塌方为塌方高度小于 3m,或塌方体积小于 30m³;中塌方为塌方高度 3~6m,或塌方体积 30~100m³;大塌方为塌方高度大于 6m,或塌方体积大于 100m³。

【知识归纳】

本章的主要知识要点有:结构面按照地质成因不同,可划分为原生结构面、构造结构面、次生结构面三类。根据结构面的发育程度、规模大小、组合形式等因素,结构面可分为五级。结构面的变形可分为节理的法向变形和剪切变形。节理的法向变形包含弹性变形与闭合变形两部分。节理的剪切变形则与其中的充填物有很大关系。岩体的力学性质不仅与岩石本身性质有关,也受其中节理状态的影响。节理对岩体强度的影响程度，除与节理面本身的力学性质有关外，主要决定于节理面与最大主应力的夹角 β。岩体结构分为结构整体结构、块状结构、层状结构、碎裂结构、散体结构五类。岩体强度试验是在现场原位切割较大尺寸的试件上进行单轴压缩（抗压强度）、抗剪强度和三轴压缩强度试验。岩体强度估算法有准岩体强度法和霍克-布朗经验方程法。岩体变形曲线的基本形式有直线形、上凹形、下凹形以及 S 形，几种形式分别对应不同类型的岩体变形情况。有代表性的工程岩体分类方法有普氏分类法、岩芯质量指标（RQD）分类法、巴顿岩体质量（Q）分类法和岩体 BQ 分类法。

【独立思考】

3-1 简述结构面的状态对结构面物理力学性质的影响。

3-2 简述节理的法向变形特点。

3-3 简述单节理岩体的破坏形式与节理面角度的关系。

3-4 简述围压对岩体力学性能的影响。

3-5 简述弹性波测量岩体强度的原理。

3-6 简述典型的岩石在单向压应力作用下，四个较为明显阶段的变化过程及原因。

3-7 简述普氏分类法的优缺点。

3-8 名词解释：岩体结构、岩体结构面、工程岩体、RQD。

3-9 结构面按成因通常分为哪几种类型？各自的特点是什么？

3-10 结构面的状态分为哪几种？

3-11 简述结构面的变形特性。

3-12 简述多节理面与单节理面岩体的力学性质的关系与区别。

3-13 简述结构面粗糙起伏对抗剪强度的影响。

3-14 岩体结构分为哪几类？说明分类的方法及每类岩体结构的特征。

3-15 岩石与岩体的主要区别在哪里？其强度与变形之间的关系是怎样的？

3-16 常用的岩体强度指标有哪几种？确定岩体强度的方法主要有哪些？

3-17 岩石在单轴压缩下的应力-应变曲线有哪几种类型？请用图说明其各自的特点。

3-18 岩体变形试验中，承压板法与钻孔变形法各自有哪些优缺点？

3-19 为什么要对岩体进行分类？

3-20 如何利用 BQ 分类法对岩体进行分类？

4　岩体初始应力及其测量

【内容提要】

本章主要内容包括：岩体初始应力状态的概念与意义；岩体重力应力场；岩体构造应力场；岩体初始应力状态的主要分布规律；原岩应力测定方法。本章的教学重点是岩体初始应力场的构成、原岩应力场的分布状态、应力解除法的基本原理；教学难点是岩体的重力应力场及构造应力场的特点。

【能力要求】

通过本章的学习，学生应掌握本课程的重点和难点内容，了解原岩应力分布状态，熟悉几种应力解除法测试原岩应力的方法和步骤。

4.1　基本概念

未经工程开挖而又不受开挖影响且仍处于自然平衡状态的岩体，称为原岩。受工程开挖影响应力发生重新分布的岩体，称为围岩。原岩中天然赋存的应力称为原岩应力，也称岩体初始应力、绝对应力或地应力，是引起采矿、土木建筑、水利水电、铁道、公路、军事和其他各种露天或地下岩石开挖工程变形和破坏的根本作用力，是确定工程岩石力学属性、进行围岩稳定性分析、实现岩石工程开挖设计和决策的必要前提条件。原岩应力在岩体空间有规律的分布状态称为原岩应力场，又称初始应力场，即未经采动的岩体在天然状态下所具有的应力状态。

人类在岩体中进行工程活动，扰动了原岩的自然平衡状态，使一定范围内的原岩应力发生变化，变化后的应力称为次生应力或二次应力，也称地压、岩压或矿山压力。次生应力直接影响岩体工程的稳定性。次生应力是在原岩应力的基础上产生的。为了控制工程岩体的稳定性，必须认识原岩应力场。其中，自重应力又称重力应力，是地壳上部各种岩体由于地心引力的作用而产生的应力，它是由岩体自重引起的。由地质构造作用产生的应力称为构造应力。构造应力也指地壳中长期存在着的一种促使构造运动发生和发展的内在力量。原岩应力约等于重力应力加上构造应力。

4.2　重力应力场

4.2.1　基本公式

由地心引力引起的岩体应力场称为重力应力场，又称自重应力场。研究岩体的重力应力场时，通常把岩体视为均匀、连续且各向同性的弹性体，因而可以引用连续介质力学理论来探讨岩体的重力应力场问题。将岩体视为半无限体，即上部以地表为界，下部及水平方向均视为无界限状态。岩体中某点的应力仅由上覆岩体的自重产生，如图 4-1 所示，对于埋藏深度为 z 的单元体，其自重应力可表示为：

$$\sigma_z = \gamma z \tag{4-1}$$

式中 γ——上覆岩体重度；

z——岩层埋藏深度。

图 4-1 中单元体因受垂直方向应力 σ_z 的作用而产生横向变形，而单元体又受横向相邻单元体的约束而产生水平应力 σ_x、σ_y，因此视岩体为各向同性的弹性体，故它的水平应力 σ_x、σ_y 相等，水平应变 ε_x、ε_y 也相等，即：

$$\left.\begin{array}{l}\sigma_x = \sigma_y \\ \varepsilon_x = \varepsilon_y = 0 \\ \tau_{xy} = \tau_{yz} = \tau_{zx} = 0\end{array}\right\} \tag{4-2a}$$

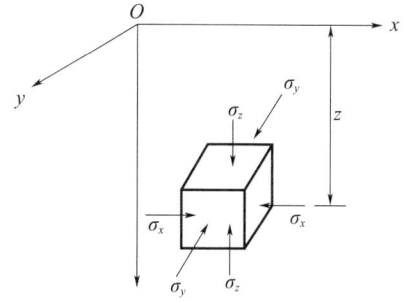

图 4-1 各向同性岩体自重应力计算

根据胡克定律有：

$$\left.\begin{array}{l}\varepsilon_x = \dfrac{\sigma_x - \mu(\sigma_y + \sigma_z)}{E} \\ \varepsilon_y = \dfrac{\sigma_y - \mu(\sigma_x + \sigma_z)}{E}\end{array}\right\} \tag{4-2b}$$

联立上述两式解得：

$$\sigma_x = \sigma_y = \frac{\mu \sigma_z}{1-\mu} = \lambda \sigma_z \tag{4-2c}$$

式中 E，μ——岩体的弹性常数；

λ——侧压力系数，且 $\lambda = \mu/(1-\mu)$。

故式 (4-2c) 又可写成：

$$\sigma_x = \sigma_y = \lambda \sigma_z = \lambda \gamma z \tag{4-2d}$$

故在均匀岩体中，岩体的自重初始应力状态为：

$$\left.\begin{array}{l}\sigma_z = \gamma z \\ \sigma_x = \sigma_y = \lambda \sigma_z = \lambda \gamma z \\ \tau_{xy} = \tau_{yz} = \tau_{zx} = 0\end{array}\right\} \tag{4-3}$$

对于深度为 H 的成层岩体，如图 4-2 所示，各层岩石质量不同时，则由式 (4-3) 可得：

$$\left.\begin{array}{l}\sigma_z = \displaystyle\sum_{i=1}^{n} \gamma_i h_i \\ \sigma_x = \sigma_y = \dfrac{\mu}{1-\mu} \sigma_z = \lambda \sigma_z\end{array}\right\} \tag{4-4}$$

式中 γ_i——第 i ($i=1, 2, 3, \cdots, n$) 层岩体的质量；

h_i——第 i 层岩体的铅垂厚度。

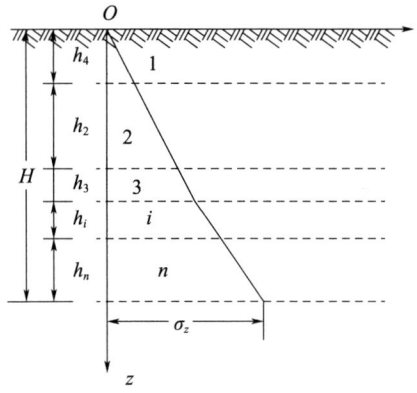

图 4-2 垂直自重应力分布

在地壳浅部,岩体处于弹性状态,$\mu=0.20\sim0.30$。在地壳深部,岩体转为塑性状态,$\mu=0.50$,$\lambda=1$,则有:

$$\sigma_x=\sigma_y=\sigma_z$$

各向等压的应力状态,又称静水压力状态。海姆认为岩石长期受重力作用,产生塑性变形,甚至在深度不大时亦会发展成各向等压的应力状态。

对于各向异性体,例如薄层状沉积岩,其自重应力分布有如下两种情况。

① 当岩层水平时,如图 4-3 所示,按式(4-4)计算有:

$$\varepsilon_x=\frac{\sigma_x}{E_\perp}-\mu_{//}\frac{\sigma_y}{E_{//}}-\mu_{//}\frac{\sigma_z}{E_{//}}=0,\quad \sigma_x=\sigma_y$$

则有:

$$\sigma_x=\sigma_y=\frac{\mu_\perp}{1-\mu_{//}}\times\frac{E_{//}}{E_\perp}\sigma_z$$

所以,各向异性水平岩层的初始自重应力状态为:

$$\left.\begin{aligned}\sigma_z &= \sum_{i=1}^{n}\gamma_i h_i \\ \sigma_x &= \sigma_y = \frac{\mu_\perp}{1-\mu_{//}}\times\frac{E_{//}}{E_\perp}\sigma_z\end{aligned}\right\} \tag{4-5}$$

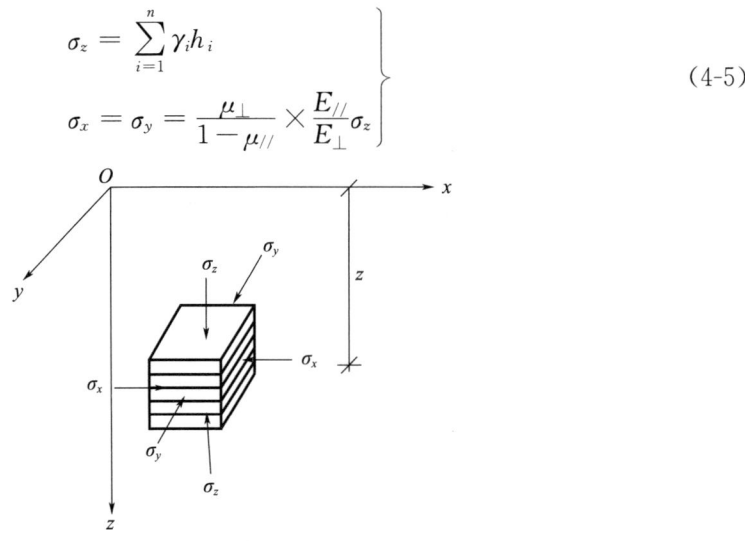

图 4-3 薄层状沉积岩岩层水平自重应力分析简图

② 当岩层垂直时，如图 4-4 所示，按式（4-4）计算有：

$$\varepsilon_x = \frac{\sigma_x}{E_\perp} - \mu_{//}\frac{\sigma_y}{E_{//}} - \mu_{//}\frac{\sigma_z}{E_{//}} = 0$$

$$\varepsilon_y = \frac{\sigma_y}{E_{//}} - \mu_{//}\frac{\sigma_z}{E_{//}} - \mu_\perp \frac{\sigma_x}{E_\perp} = 0$$

联立求解上式得：

$$\sigma_x = \frac{\mu_{//}(1+\mu_{//})E_\perp}{(1-\mu_{//}\mu_\perp)E_{//}}\sigma_z$$

$$\sigma_y = \frac{\mu_{//}(1+\mu_\perp)}{1-\mu_{//}\mu_\perp}\sigma_z$$

所以，各向异性垂直岩层的初始自重应力状态为：

$$\left.\begin{array}{l}\sigma_z = \sum_{i=1}^{n}\gamma_i h_i \\ \sigma_x = \dfrac{\mu_{//}(1+\mu_{//})E_\perp}{(1-\mu_{//}\mu_\perp)E_{//}}\sigma_z \\ \sigma_y = \dfrac{\mu_{//}(1+\mu_\perp)}{1-\mu_{//}\mu_\perp}\sigma_z\end{array}\right\} \quad (4\text{-}6)$$

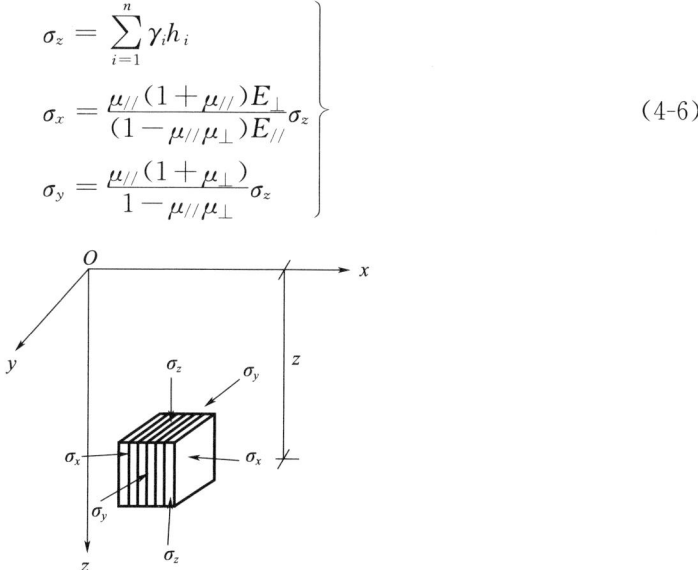

图 4-4　薄层状沉积岩岩层垂直自重应力分析简图

4.2.2　原岩重力应力场的分布特点

综上，原岩重力应力场的分布特点主要有以下几点。
① 水平应力 σ_x、σ_y 均小于垂直应力 σ_z；
② σ_x、σ_y、σ_z 均为压应力；
③ σ_z 只与岩体密度和深度有关，而 σ_x、σ_y 还同时与岩体弹性参数 E、μ 有关；
④ 结构面影响岩体自重应力分布。

4.3　构造应力场

4.3.1　构造应力场的概念

岩体构造应力是构造运动中积累或剩余的一种分布力，而构造应力场是构造运动中积累或剩余的一种应力场。相对于人类活动时期而言，除构造活动区外，它是剩余应力场。

4.3.2 构造运动的起因

地质学家分析地球表层结构及其运动规律时，提出了各种地表构造学说，其中最具代表的是地质力学学说和板块构造学说。

1. 地质力学学说

该学说认为地球自转速度的变化会产生两种推动地壳运动的力：一种是经向水平离心力；另一种是纬向水平惯性力。这两种力是地壳岩体中出现构造应力的根本原因。大量的实测资料说明，岩体中水平应力大于垂直应力，即构造应力以水平应力为主。

2. 板块构造学说

该学说是法国科学家勒比逊于1968年提出的学说。板块构造学说是在大陆漂移学说和海底扩张学说的理论基础上，根据大量的海洋地质、地球物理、海底地貌等资料，经过综合分析而提出的学说，因此有人把大陆漂移学说、海底扩张学说和板块构造学说称为全球大地构造理论发展的三部曲。板块构造学说是近代最盛行的全球大地构造理论。这个学说认为地球的岩石圈不是整体一块，而是被地壳的生长边界海岭和转换断层，以及地壳的消亡边界海沟和造山带、地缝合线等一些构造带，分割成许多构造单元，这些构造单元称为板块。全球的岩石圈分为亚欧板块、非洲板块、美洲板块、太平洋板块、印度洋板块和南极洲板块，共六大板块。其中太平洋板块几乎完全是海洋，其余五大板块都包括有大块陆地和大面积海洋。大板块还可划分成若干次一级的小板块。这些板块漂浮在"软流层"之上，处于不断运动之中。一般说来，板块内部的地壳比较稳定，板块与板块之间的交界处是地壳比较活跃、不稳定的地带。地球表面的基本面貌，是由板块相对移动而发生的彼此碰撞和张裂形成的。在板块张裂的地区，常形成裂谷和海洋，如东非大裂谷、大西洋就是这样形成的。在板块相撞挤压的地区，常形成山脉。当大洋板块和大陆板块相撞时，大洋板块因密度大、位置较低，便俯冲到大陆板块之下，这里往往形成海沟，成为海洋最深的地方；大陆板块受挤上拱，隆起成岛弧和海岸山脉。太平洋西部的深海沟和岛弧链，就是太平洋板块与亚欧板块相撞形成的。在两个大陆板块相碰撞处，常形成巨大的山脉。喜马拉雅山就是印度洋板块和亚欧板块碰撞过程中产生的。

4.3.3 构造应力场分析

根据岩体变形破坏机理，对构造运动留下的遗迹（构造形迹）进行分析，可以判断构造应力的主应力方向。

在能对原岩应力进行测量之前，很长一段时间里人们认为原岩应力仅仅是由自重应力引起的。从重力应力场的分析中可知，重力应力场中最大主应力的方向是铅垂方向。然而大量的测量工作表明，原岩应力并不完全符合重力应力场的规律。例如，我国江西铁山垅钨矿480m深处，测得垂直应力为10.6MPa，沿矿脉走向的水平应力为11.2MPa，垂直矿脉走向的水平应力为6.5MPa；甘肃金川镍矿矿区以水平应力为最大主应力，水平地应力为近北东 30°～40°，是压应力，在 200～300m 深度最大主应力一般为 20～30MPa，最高达 50MPa，最大主应力与最小主应力的差值随深度增加而增大，平均水平应力较垂直应力随深度增加的梯度更大，水平应力是自重应力的 1.69～2.27 倍。俄罗斯科拉半岛的展洛大矿、拉斯乌姆尔矿在霓霞矿的磷霞岩中，测得 100m 深处的水平应力为 55.9～76.4MPa，是垂直应力的 19 倍。

岩体构造应力一般可分为以下三种情况。

(1) 原始构造应力。

每一次构造运动都在地壳中留下构造形迹，如结构面，有的地点构造应力在这些形迹附近表现强烈，且关系密切。如乌克兰顿巴斯煤田，在没有呈现构造形迹的矿区，原岩体内垂直应力为 $\sigma_v = \gamma H$；在构造形迹不多的区域，σ_v 超过 γH 大约 20%；在构造复杂区，σ_v 远远超过 γH。

原始构造应力场的方向可以用地质力学的方法判断，因为构造形迹与形成时期的应力方向有一定的关系。根据各构造的力学性质，可以判断原始构造应力的方向。

(2) 残余构造应力。

有的地区虽然有构造运动形迹，但是构造应力不明显或不存在，原岩应力基本包括在重力应力之中。其原因在于远古时期地质构造运动虽然使岩体变形，以弹性能的方式储存于地层之内，形成构造应力，但是经过漫长的地质年代，由于应力松弛作用，应力随之减少，而且每一次新的构造运动都会引起上一次构造应力释放，而地貌的变动也会引起应力释放，因而使原始构造应力大大降低。这种显著降低的原始构造应力称为残余构造应力。各地区原始构造应力的松弛与释放程度大不相同，所以残余构造应力的差异很大。

(3) 现代构造应力。

许多实测资料表明，有的地区构造应力与构造形迹无关，而与现代构造运动密切相关。如哈萨克斯坦哲兹卡兹甘铜矿床，其原岩应力以水平应力为主，它的方向不是垂直而是构造线走向。俄罗斯科拉半岛水平应力为垂直应力的 19 倍，且地表以每年 5～50mm 的速度上升。由此可知，在这些地区不能用古老的构造形迹来说明现代构造应力，而应着重研究现代构造应力场。

综上，原岩的构造应力场分布特点为：

① 应力有压应力，亦可能有拉应力；
② 以水平应力为主时，一般水平应力比垂直应力大；
③ 构造应力分布很不均匀，通常以地壳浅部为主；
④ 褶皱、断层和节理等各种构造形迹是相伴而生的，共同形成一个构造体系。

4.4 岩体初始应力（原岩应力）分布状态

岩体初始应力（原岩应力）主要由岩体自重应力和岩体构造应力组成，受地表地形、岩体构造变动程度及构造活动性、岩体非均质性和各向异性等的影响，应力的大小和主应力方向随深度、地域不同而变化。自 20 世纪 60 年代以来，世界上已有 40 多个国家开展了岩体应力的测定工作，积累了大量的实测数据资料。就我国而言，针对深部高应力开采，也积累了不少有用的数据资料。例如，冬瓜山铜矿的开拓深度达 1074m，最大主应力方向与矿体的走向一致,近似水平,开采最低水平的最大主应力达38MPa;凡口铅锌矿的开拓深度达906m,最大水平应力与垂直应力的比值为1.2~1.7,实测的最大主应力为31.2MPa。在此基础上,人们获得了一些关于岩体初始应力分布状态的认识。

4.4.1 原岩应力场的一般分布规律

由于原岩的非均质性,以及地质、地形、构造和岩石物理力学性质等影响,很难概括出原岩应力状态及其变化规律。通过地质调查和大量地应力测量资料的分析研究,可以初步认识到原岩应力场的分布规律。其主要规律有以下几个。

1. 原岩应力场是相对稳定的非稳定场

原岩应力场是时间和空间的函数。地应力在绝大部分地区是以水平应力为主的三向不等压应力场,三个主应力的大小和方向是随着空间和时间不同而变化的,因而它是个非稳定的应力场。从小范围来看,地应力在空间上的变化是很明显的。从某一点到相距数十米外的另一点,地应力的大小和方向也可能是不同的。但就某个地区整体而言,地应力的变化是不大的,如我国的华北地区,地应力场的主导方向为北西到近于东西的主压应力。

在某些地震活动活跃的地区,地应力的大小和方向随时间的变化是很明显的。在地震前,地表处于应力积累阶段,应力值不断升高,而地震时使集中的应力得到释放,应力值突然大幅度下降。例如,1976年7月28日唐山地区发生7.8级地震时,顺义县(现为顺义区)的吴雄寺测点在震前和震后的测量结果说明了应力从积累到释放的过程:震前的1971—1973年,τ_{max}由0.64MPa积累到1.8MPa;震后的1976—1977年,τ_{max}由0.9MPa下降到0.3MPa。主应力方向在地震时会发生明显改变,在震后一段时间又会恢复到震前的状态。喀尔巴阡山、高加索等地区的测量结果表明,每隔6~12年应力轴方向会有较大的变化;有的地区其应力场极为稳定,如瑞典北部的梅尔格特矿区,现今应力场方向与20亿年前的应力场方向完全相同。

2. 水平应力 σ_h 普遍大于垂直应力 σ_v

实测资料表明,在绝大多数地区均有两个主应力位于水平或接近水平的平面内,其与水平面的夹角一般不大于30°,最大水平主应力$\sigma_{h,max}$普遍大于垂直应力σ_v。$\sigma_{h,max}$与σ_v的比值一般为0.5~5.5,在很多情况下其比值大于2,见表4-1。如果将最大水平主应力与最小水平主应力的平均值$\sigma_{h,av}=(\sigma_{h,max}+\sigma_{h,min})/2$与$\sigma_v$相比,总结目前全世界地应力实测的结果可知,$\sigma_{h,av}/\sigma_v$值一般为0.5~5.0,大多数为0.8~1.0,见表4-1。这说明在浅层地壳中平均水平应力普遍大于垂直应力,垂直应力在多数情况下为最小主应力,在少数情况下为中间主应力,只在个别情况下为最大主应力。这再次说明,水平向构造运动,如板块移动,对地壳浅层地应力的形成起控制作用。

表4-1 世界各国平均水平应力与垂直应力的关系

名称	$(\sigma_{h,av}/\sigma_v)$ /%			$\sigma_{h,max}/\sigma_v$
	<0.8	0.8~1.2	>1.2	
中国	32	40	28	2.09
澳大利亚	0	22	78	2.95

续表

名称	($\sigma_{h,av}/\sigma_v$)/%			$\sigma_{h,max}/\sigma_v$
	<0.8	0.8~1.2	>1.2	
加拿大	0	0	100	2.56
美国	18	41	41	3.92
挪威	17	17	66	3.56
瑞典	0	0	100	4.99
南非	41	24	35	2.50
俄罗斯	51	29	20	4.30
其他国家和地区	37.5	37.5	25	1.96

3. 原岩应力三个主应力 $\sigma_{h,max}$、$\sigma_{h,min}$、σ_v 均随深度的增加而增大

① 平均水平应力 σ_h 与垂直应力 σ_v 的比值随深度的增加而减小。图 4-5 所示为世界不同国家和地区地应力的实测结果。一般平均水平应力与垂直应力的比值随深度增加而减小，但在不同地区，变化的速度大不相同。

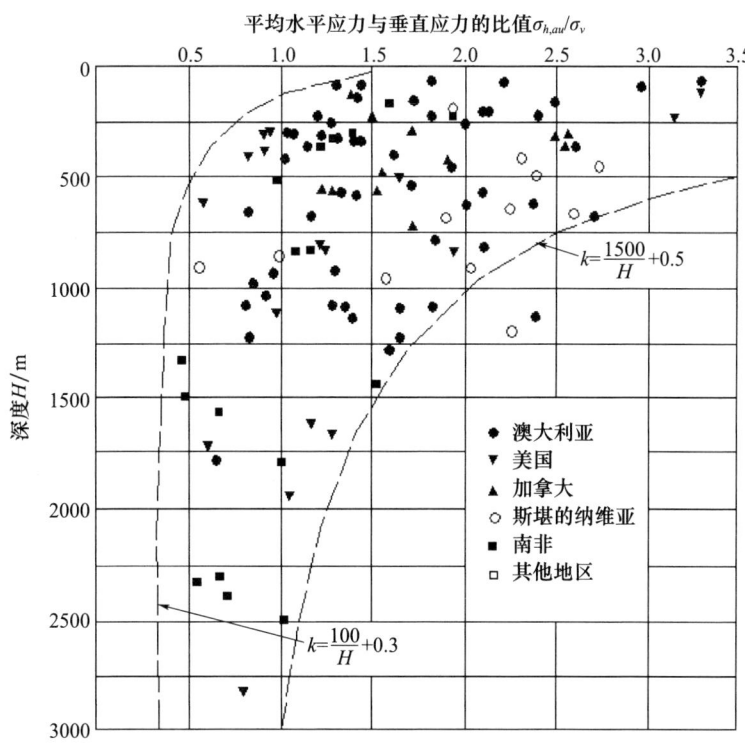

图 4-5 世界各地平均水平主应力与垂直主应力的比值 λ 随深度 H 变化的规律

霍克和布朗根据图 4-5 经线性回归分析得出下列公式，用来表示 $\dfrac{\sigma_{h,av}}{\sigma_v}$ 随深度变化的取值范围，即：

$$\frac{100}{H}+0.3 \leqslant \frac{\sigma_{h,av}}{\sigma_v} \leqslant \frac{1500}{H}+0.5 \tag{4-7}$$

式中 H——深度，m。

图 4-5 表明，在深度不大的情况下，λ 值相当分散。随着深度的增加，λ 值的变化范围逐步缩小，并向 1 附近集中，这说明在地壳深部有可能出现静水压力状态。

② 最大水平主应力和最小水平主应力之值一般相差较大，显示出很强的方向性。一般不论是在一个大的区域还是一个矿区范围内，$\sigma_{h,\max}$ 和 $\sigma_{h,\min}$ 的大小和方向都具有一定的变化。一般地，$\dfrac{\sigma_{h,\min}}{\sigma_{h,\max}}=0.2\sim 0.8$，部分国家和地区两个水平主应力的比值见表 4-2。

表 4-2 实测四地两个水平主应力的比值

实测地点	统计数目	$(\sigma_{h,\min}/\sigma_{h,\max})/\%$				
		1.0~0.75	0.75~0.50	0.50~0.25	0.25~0	合计
斯堪的纳维亚等	51	14	67	13	6	100
北美	222	22	46	23	9	100
中国	25	12	56	24	8	100
中国华北地区	18	6	61	22	11	100

③ 最大、最小水平主应力随深度增加而线性增加。与垂直应力不同的是，水平主应力线性回归方程中的常数项比垂直应力线性回归方程中常数项的数值要大些，这反映了在某些地区近地表处仍存在显著水平应力的事实。斯蒂芬森等人根据实测结果，给出了芬诺斯堪的亚古大陆最大水平主应力和最小水平主应力随深度变化的线性方程：

$$\left.\begin{array}{l}\sigma_{h,\max}=6.7+0.0444H\\ \sigma_{h,\min}=0.8+0.0329H\end{array}\right\} \quad (4\text{-}8)$$

式中 H——深度，m；

$\sigma_{h,\max}$，$\sigma_{h,\min}$——最大、最小水平主应力，MPa。

按照公式 $\sigma=T+kH$，取最大主应力和最小主应力的系数 T、k，分别求平均值 T'、k'。

④ 实测垂直应力 σ_v 基本上等于上覆岩层的重力。对全世界实测垂直应力 σ_v 的统计分析表明，在深度为 25~2700m 的范围内，σ_v 呈线性增长，大致相当于按平均重度 $\gamma=27\text{kN/m}^3$ 计算出来的重力。但在某些地区的测量结果有一定幅度的偏差，上述偏差除有一部分可能归结于测量误差外，板块移动、岩浆对流和侵入、扩容、不均匀膨胀等都可能引起垂直应力的异常。图 4-6 所示是霍克和布朗总结出的世界各地 σ_v 值随深度 H 变化的规律。

4.4.2 原岩应力分布主要影响因素

原岩应力的分布规律还受地形、地表剥蚀、风化、岩体结构特征、岩石力学性质、温度、地下水等因素的影响，特别是地形和断层的扰动影响最大。

地形对原岩应力的影响非常复杂。在一些具有负地形的峡谷或山区，地形的影响在侵蚀基准面上下一定范围内表现特别明显。一般来说，谷底是应力集中的部位，越靠近谷底，应力集中越明显。最大主应力在谷底或河床中心近于水平，而在两岸岸坡则向谷底或河床倾斜，并大致与坡面相平行。近地表或接近谷坡的岩体，其地应力状态和深部

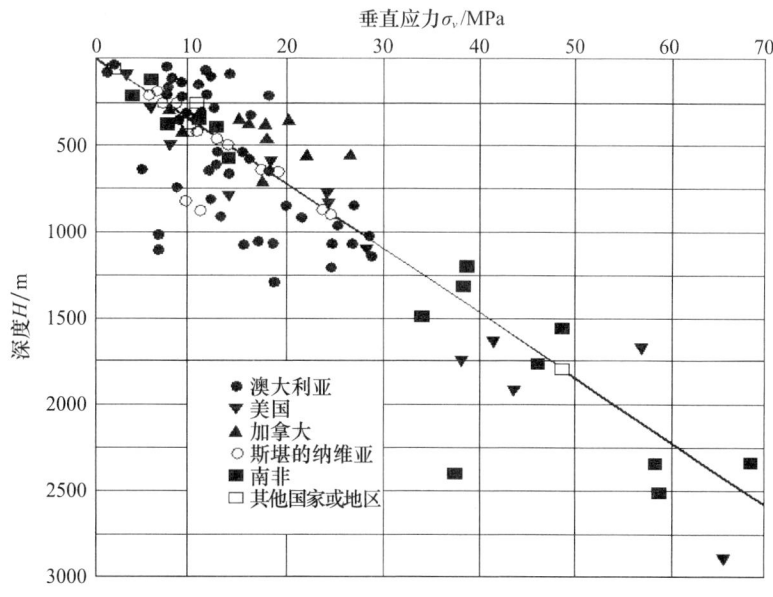

图 4-6 世界各地垂直应力 σ_v 随深度 H 变化的规律

及周围岩体显著不同,并且没有明显的规律性;随着深度不断增加或远离谷坡,地应力分布状态逐渐趋于规律化,并且显示出和区域应力场的一致性。

在断层和结构面附近,地应力分布状态也会受到明显的扰动。断层端部、拐角处及交汇处将出现应力集中的现象,端部的应力集中与断层长度有关。长度越大,应力集中越强烈;拐角处的应力集中程度与拐角大小及其与地应力的相互关系有关。当最大主应力的方向和拐角的对称轴一致时,其外侧应力大于内侧应力。因为断层中的岩体一般都较软弱和破碎,不能承受较高的应力且不利于能量积累,所以成为应力降低带,其最大主应力和最小主应力与周围岩体相比均表现为显著减小。同时,断层的性质不同,对周围岩体应力状态的影响也不同。在压性断层中,应力状态与周围岩体比较接近,只是主应力的大小相比周围岩体有所下降。而在张性断层中,地应力大小和方向与周围岩体相比均发生显著变化。

4.5 原岩应力测量方法

地下工程在施工之前,都需要了解岩体的原始应力状态,以方便地下工程的科学设计和合理施工。在地下工程开挖之后,也需要了解围岩的应力分布状态,以便对维护地下工程的稳定性提出合理措施。为了研究地压的起因、发展以及对生产的危害等,需要了解原岩应力状态和围岩的应力分布。为此,必须进行岩体的测量工作。但是,要知道应力是不能直接测量出来的,它只能根据岩体应力作用的物理效应,如通过观测得到应变、位移等值,再应用弹性理论的有关公式间接换算成要求的应力。

岩体应力测量包括原岩应力测量和围岩应力测量。测点位于原岩中测出的应力是原岩应力,测点位于围岩中测出的应力是围岩应力。两者使用的方法和原理基本相同,但是前者要把测量钻孔打至原岩中,钻孔较深,后者钻孔浅或在岩体表面测量即可。

国内外实践经验表明，**应力解除法和水压致裂法是目前使用最普遍的岩体应力测量方法**。

4.5.1 应力解除法

应力解除法是原岩应力测量中应用较广的一种方法。它的基本原理是：地下某点的岩体处于三向压缩状态，若用人为的方法解除其应力，必然出现弹性恢复现象。应用一定的仪器，测定其恢复的应变值和变形值，并且认为岩体是连续、均质和各向同性的弹性体（图 4-7），利用弹性力学公式即式（4-9）则可算出岩体初始应力。

$$\varepsilon_x = \frac{\Delta x}{x}, \quad \varepsilon_y = \frac{\Delta y}{y}, \quad \varepsilon_z = \frac{\Delta z}{z} \quad (4\text{-}9)$$

应力解除法可分为孔底应力解除法和钻孔应力解除法、套孔应力解除法。

1. 孔底应力解除法

孔底应力解除法是在岩体中的一个测点先钻进一个平底钻孔，在孔底中心处粘贴应变传感器（例如电阻应变花探头或是双向光弹应变

(a) 解除前　　　　(b) 解除后

图 4-7 应力解除法的基本原理

计），通过钻出岩芯，使受力的孔底平面完全卸载，从应变传感器获得孔底平面中心处的恢复应变，再根据岩石的弹性参数，即可求得孔底中心处的平面应力状态。由于孔底应力解除法只需钻进一段不长的岩芯，所以对于较为破碎的岩体也适用。孔底应力解除法测定岩体应力的具体步骤（图 4-8）如下。

① 打大孔至测点，磨平孔底；
② 在孔底粘贴电阻应变花探头；
③ 解除应力，测量其应变；
④ 取出岩芯，测量其弹性参数；
⑤ 计算岩体应力。

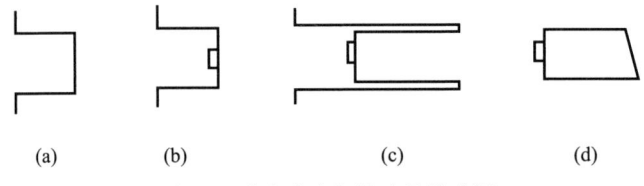

图 4-8 孔底应力解除法具体步骤

孔底应变花有等角应变花、直角应变花两种粘贴方式，如图 4-9 所示。

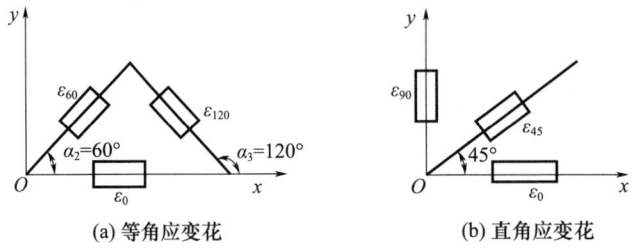

(a) 等角应变花　　　　(b) 直角应变花

图 4-9 孔底应变花的两种粘贴方式

对于等角应变花，孔底平面内的应力按下式计算：

$$\left.\begin{aligned}\sigma'_x &= \frac{E}{2}\left[\frac{\varepsilon_{0°}+\frac{1}{3}(2\varepsilon_{60°}+2\varepsilon_{120°}-\varepsilon_{0°})}{1-\mu}+\frac{\varepsilon_{0°}-\frac{1}{3}(2\varepsilon_{60°}+2\varepsilon_{120°}-\varepsilon_{0°})}{1+\mu}\right]\\ \sigma'_y &= \frac{E}{2}\left[\frac{\varepsilon_{0°}+\frac{1}{3}(2\varepsilon_{60°}+2\varepsilon_{120°}-\varepsilon_{0°})}{1-\mu}-\frac{\varepsilon_{0°}-\frac{1}{3}(2\varepsilon_{60°}+2\varepsilon_{120°}-\varepsilon_{0°})}{1+\mu}\right]\\ \tau'_{xy} &= \frac{E}{\sqrt{3}(1+\mu)}(\varepsilon_{60°}-\varepsilon_{120°})\end{aligned}\right\} \quad (4-10)$$

对于直角应变花，孔底平面内的应力按下式计算：

$$\left.\begin{aligned}\sigma'_x &= \frac{E}{2}\left(\frac{\varepsilon_{0°}+\varepsilon_{90°}}{1-\mu}+\frac{\varepsilon_{0°}-\varepsilon_{90°}}{1+\mu}\right)\\ \sigma'_y &= \frac{E}{2}\left(\frac{\varepsilon_{0°}+\varepsilon_{90°}}{1-\mu}-\frac{\varepsilon_{0°}-\varepsilon_{90°}}{1+\mu}\right)\\ \tau'_{xy} &= \frac{E}{2(1+\mu)}[2\varepsilon_{45°}-(\varepsilon_{0°}+\varepsilon_{90°})]\end{aligned}\right\} \quad (4-11)$$

孔底平面位置处的原岩应力按如下经验公式计算。

对于深孔，按平面应变问题处理：

$$\left.\begin{aligned}\sigma'_x &= C_T\sigma_x+C_l\sigma_z\\ \sigma'_y &= C_T\sigma_y+C_l\sigma_z\\ \tau'_{xy} &= C_T\sigma_y\end{aligned}\right\} \quad (4-12)$$

式中 σ_x，σ_y，σ_z——孔底的原岩应力；

C_T，C_l——孔底横向和轴向应力集中系数，大多采用 Van. Heerden 的结果，即取 $C_T=1.25$，$C_l=-0.75(0.645+\mu)$。

对于浅孔，按平面应力问题处理：

$$\left.\begin{aligned}\sigma'_x &= C_T\sigma_x\\ \sigma'_y &= C_T\sigma_y\\ \sigma'_z &= C_T\sigma_z\end{aligned}\right\} \quad (4-13)$$

采用孔底应力解除法时，单孔不能确定岩体应力的六个分量，只有进行三孔测定，才能确定岩体的原岩应力。

2. 钻孔应力解除法（孔径变形法）

孔径变形法通过测定钻孔孔径变形求解岩体应力，其应力解除工序（图4-10）为：

① 打大孔至测点，磨平孔底。
② 打同心小孔，安装孔径变形计探头。
③ 延伸大钻孔解除应力，同时测量孔径变形。
④ 取出岩芯，测量其弹性参数 E、μ。
⑤ 计算岩体应力。

假定孔径变形计探头的三个触头相对于岩体应力 σ'_1 的夹角分别为 θ_1、θ_2、θ_3，测得的孔径变形分别为 U_1、U_2、U_3，

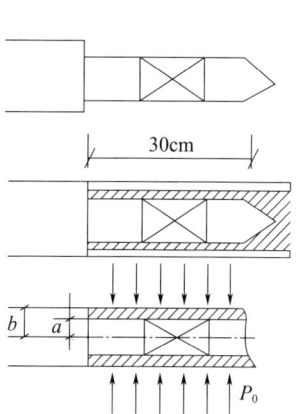

图 4-10 孔径变形法解除工序

孔壁径向位移 u_1、u_2、u_3 分别为其 1/2，如图 4-11 所示。

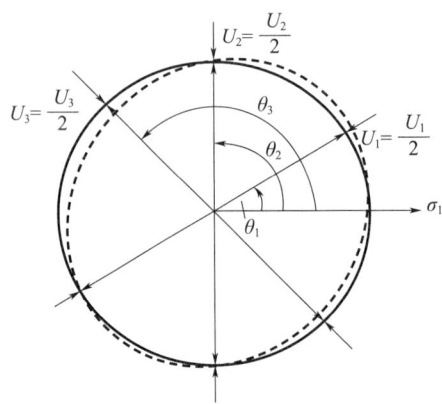

图 4-11 孔径变形示意图

① 当 θ_1、θ_2、θ_3 的间隔为 60°时，按下式计算岩体应力：

$$\left.\begin{aligned}
\sigma'_1 &= A + \frac{B}{2} = \frac{1}{3K}(u_1+u_2+u_3) + \frac{\sqrt{2}}{6K}[(u_1-u_2)^2+(u_2-u_3)^2+(u_3-u_1)^2]^{1/2} \\
\sigma'_2 &= A - \frac{B}{2} = \frac{1}{3K}(u_1+u_2+u_3) - \frac{\sqrt{2}}{6K}[(u_1-u_2)^2+(u_2-u_3)^2+(u_3-u_1)^2]^{1/2} \\
\tan 2\theta_1 &= \frac{-\sqrt{3}(u_2-u_3)}{2u_1-u_2-u_3} \\
\frac{\sin 2\theta_1}{u_2-u_3} &< 0
\end{aligned}\right\} \quad (4\text{-}14)$$

如果式（4-14）中第 4 式成立，则 θ_1 为 σ'_1 与 U_1 的夹角，否则为 σ'_2 与 U_1 的夹角。

式（4-14）中的 K，对于浅孔，可作平面应力问题处理，取 $K=\dfrac{d}{E}$；对于深孔，可作平面应变问题处理，取 $K=\dfrac{(1-\mu^2)d}{E}$。其中 d 为钻孔直径，μ 为岩石的泊松比。

② 当 θ_1、θ_2、θ_3 的间隔为 45°时，按下式计算岩体应力：

$$\left.\begin{aligned}
\sigma'_1 &= A + \frac{B}{2} = \frac{1}{2K}(u_1+u_2) + \frac{\sqrt{2}}{4K}[(u_1-u_2)^2+(u_2-u_3)^2]^{1/2} \\
\sigma'_2 &= A - \frac{B}{2} = \frac{1}{2K}(u_1+u_2) - \frac{\sqrt{2}}{4K}[(u_1-u_2)^2+(u_2-u_3)^2]^{1/2} \\
\tan 2\theta_1 &= -\frac{2u_2-(u_1+u_3)}{u_1-u_3} \\
\frac{\cos 2\theta_1}{u_1-u_3} &> 0
\end{aligned}\right\} \quad (4\text{-}15)$$

如果式（4-15）中第 4 式成立，则 θ_1 为 σ'_1 与 U_1 的夹角，否则为 σ'_2 与 U_1 的夹角。

式（4-15）中的 K，对于浅孔，可作平面应力问题处理，取 $K=\dfrac{d}{E}$；对于深孔，可作平面应变问题处理，取 $K=\dfrac{(1-\mu^2)d}{E}$。其中 d 为钻孔直径，μ 为岩石的泊松比。

按式（4-15）计算得出的 σ'_1、σ'_2 是钻孔断面内的次主应力。

要确定一点的全应力，必须向测点打三个不同方向的钻孔，进行同样测定，然后按最小二乘法求解。

3. 套孔应力解除法（孔壁应变法）

孔壁应变法是通过测定钻孔孔壁的应变求解岩体应力的 6 个分量，其应力解除工序与孔径变形法相似，测量采用图 4-12 所示的 CSIR 三轴孔壁应变计进行。

① 打大孔至测点，磨平孔底；
② 打同心小孔，安装应变花探头；
③ 套孔解除应力，超过小孔底部 50mm，同时测量孔壁应变；
④ 取出岩芯，测量其弹性参数 E、μ；
⑤ 计算岩体应力。

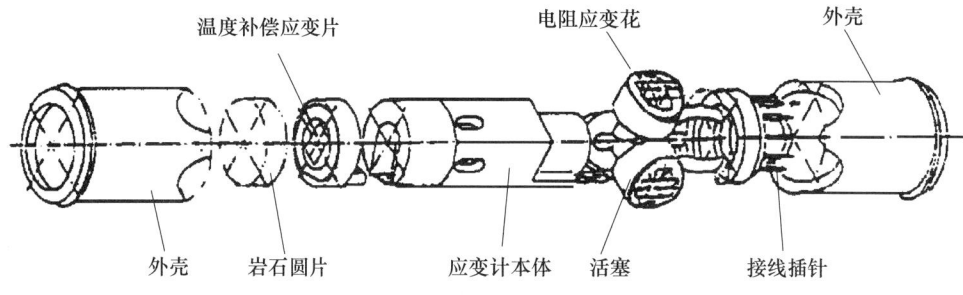

图 4-12 CSIR 三轴孔壁应变计

应变计探头孔壁布置 3 个应变花，每个应变花由 3 个应变片组成，采用直角应变花形式，如图 4-13 所示。按最小二乘法求解岩体 6 个应力分量。

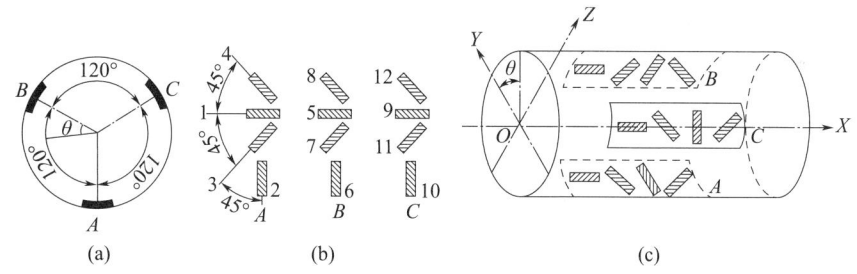

（a）截面投影图；（b）A、B、C 三组应变花的粘贴关系；（c）钻孔中的坐标关系图

图 4-13 孔壁应变花粘贴方式

4.5.2 水压致裂法

1. 基本原理

图 4-14 所示是水压致裂法测定原岩应力的全套设备。这种方法借助于封隔器在垂直钻孔中的测点处封隔一段，作为压裂段，然后将压裂液送入压裂段，通过加压泵对压裂段施加水压力，使孔壁岩石破裂，然后用印模器印出压裂裂缝，确定压裂裂缝的方向，并根据压裂时的水压力计算岩体初始应力。这种方法通过钻孔电视照相机选择压裂段，借助于安装在印模器上的指南针测定裂缝方向。

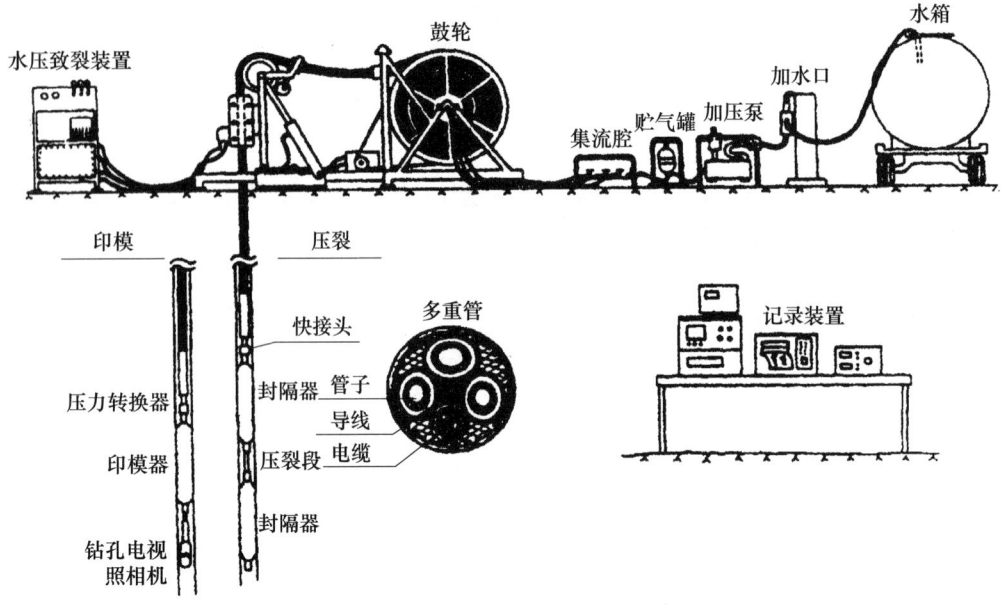

图 4-14 水压致裂应力测定系统

2. 基本假设

水压致裂法的基本假设主要有：

① 一个主应力方向是垂直的，其大小等于上覆岩层的自重应力；另外两个主应力方向是水平的，且破裂方向垂直于最小主应力方向。例如 σ_3，根据基尔希公式，钻孔周边切向应力最小值为 $\sigma_\theta = 3\sigma_2 - \sigma_1$，压裂裂缝在图 4-15 所示位置，借助于印模器可印下这个位置（方向）。

② 岩体是均质、各向同性的线弹性体。

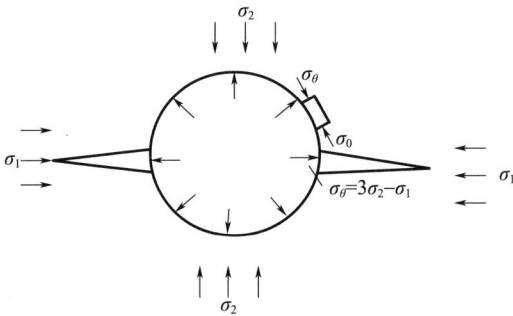

图 4-15 压裂致裂位置示意图

3. 水压致裂试验

水压致裂试验的曲线如图 4-16 所示。在未加压前，岩体中的孔隙水压力为 p_0，当压力加至 p_{ic1} 时，孔壁岩石破裂，关闭加压泵，压力逐渐下降至 p_s。在关闭压力泵不卸压的情况下，p_s 保持不变，然后卸压，压力逐步回落至孔隙水压力 p_0，裂缝闭合。再进行第二循环的加压，压力升至 p_{ic2} 时，裂缝又张开，然后关闭加压泵，压力又逐渐降至 p_s，卸除压力，压力回落至孔隙水压力 p_0。这条试验曲线被认为反映了裂缝沿钻孔轴向产生和延伸的情况。

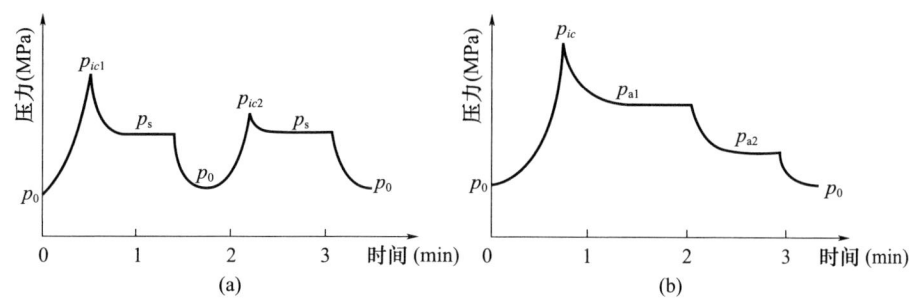

（a）只有一个关闭压力；（b）有两个关闭压力
图 4-16 水压致裂试验曲线

① 试验曲线只有一个关闭压力 p_s，破裂始终沿孔轴方向。
岩石抗拉强度：

$$\sigma_t = p_{ic1} - p_{ic2}$$

最大水平应力：

$$\sigma_1 = \sigma_{h,\max} = 3p_s - p_{ic1} - p_0 + \sigma_t$$

最小水平应力：

$$\sigma_3 = \sigma_{h,\min} = p_s$$

垂直应力按岩体自重计算：

$$\sigma_2 = \sigma_v = \gamma H$$

② 试验曲线有两个关闭压力 p_{s1} 和 p_{s2}，裂隙开始沿孔轴产生，随后转为水平方向。
最小水平应力：

$$\sigma_2 = \sigma_{h,\min} = p_{s1}$$

垂直应力：

$$\sigma_2 = \sigma_v = \gamma H$$

$$\sigma_1 = \sigma_{h,\max} = 3p_{s1} - p_{ic1} - p_0 + \sigma_t$$

水压致裂法的优点是测段岩石较长，因此其代表性较好，同时可以在深孔中进行测定，目前测量深度已达 5000m；缺点是必须假定铅垂方向为一个主应力方向，而在浅部三个主应力严格水平和垂直的情况较少。

【例 4-1】设某花岗岩埋深 1km，其上覆盖地层的平均质量为 $\gamma = 26\text{kN/m}^3$，花岗岩处于弹性状态，泊松比 $\mu = 0.25$。该花岗岩在自重作用下的初始垂直应力和水平应力分别为（　　）。

A. 2600kPa 和 867kPa　　　　B. 26000kPa 和 8667kPa
C. 2600kPa 和 866kPa　　　　D. 2600kPa 和 866.7kPa

【解】（1）垂直应力计算。

$$\sigma_Z = \sum_{i=1}^{n} \gamma_i H_i = 26 \times 1000 = 26000 \text{kPa}$$

（2）水平应力计算。

$$\sigma_x = \sigma_y = \lambda \sigma_z$$

其中，侧压力系数 λ 的大小与岩体的性质有关。当岩体处于弹性状态时，采用弹性力学公式；当岩体比较破碎时，采用松散介质极限平衡理论公式；当岩体处于潜塑状态时，采用海姆公式。因为本题岩体处于弹性状态，所以采用弹性力学公式，侧压力系数 λ 为：

$$\lambda=\frac{\mu}{1-\mu}=\frac{0.25}{1-0.25}=\frac{1}{3}$$

所以

$$\sigma_x=\sigma_y=\frac{26000}{3}=8667\text{kPa}$$

可见，本题的正确答案为 B。

【案例分析】

案例1 空心包体应力计测量地应力

地应力是煤矿井下采场和巷道等工程围岩变形与破坏的根本驱动力，煤、岩体应力状态主要取决于原岩应力场、采动应力场、支护应力场及其相互作用，原岩应力的大小与方向对围岩应力分布有很大影响。随着开采深度与强度不断增加，地应力对围岩变形与破坏的影响更加突出，在煤矿矿区进行地应力测量，并分析地应力场分布特征对煤矿开采与支护工程具有重要意义。通过地应力测试，可为矿井采场合理布局、巷道布置选择和锚杆支护设计提供基础数据，并可分析地应力对巷道稳定性的影响，为巷道的合理支护结构设计提供可靠依据。

1. 测量区域概况

设计平均标高为 -610m 的 17101（3）巷道为 13-1 煤的高抽巷，该巷底板距 13-1 煤顶板 6～28m，下伏 11-2 煤的 17161（1）工作面正在回采，和高抽巷的掘进相向进行，高抽巷和 11-2 煤的平均高差约为 100m，具体空间相对位置如图 4-17 所示。为了研究 11-2 煤的回采对高抽巷稳定性的影响，给深部巷道的掘进和支护设计提供可靠的依据，在保证矿山开采系统和采矿设施及人员安全的前提下，最大限度地减少掘进和支护成本，增加产量，提高效益，必须对下层煤回采前后巷道周围的地应力状态有充分的了解。为此，本工程采用矿山应力测量最常用的方法，即空心包体应力解除法对巷道在下层煤开采前后各进行了 6 次地应力测量、分析。

2. 测点布置

地应力的测量精度不仅受测量方法的选择、测量仪器的选用和测量人员素质的影响，而且受到工程地质环境、岩石条件等因素的制约。鉴于以上影响因素，地应力测点的选择主要考虑以下几点。

① 对于原岩应力区，测点应选择在未受巷道开挖扰动影响的区域。本次测量分为 11-2 煤开采前后两次测量，而且本次测量是为巷道的稳定性分析提供地应力资料，故前 6 个测点应布置在既未受巷道开挖影响又未受下层煤开采影响的区域，后 6 个测点布置在未受巷道开挖影响但受到下层煤开采影响的区域。

② 测点应尽量布置在比较完整的岩体区域内，以便保证空心包体应力计与岩体的胶结质量，并且可以保证取得完整的岩芯，方便进行围压率定试验，以得到比较准确的岩石力学参数。

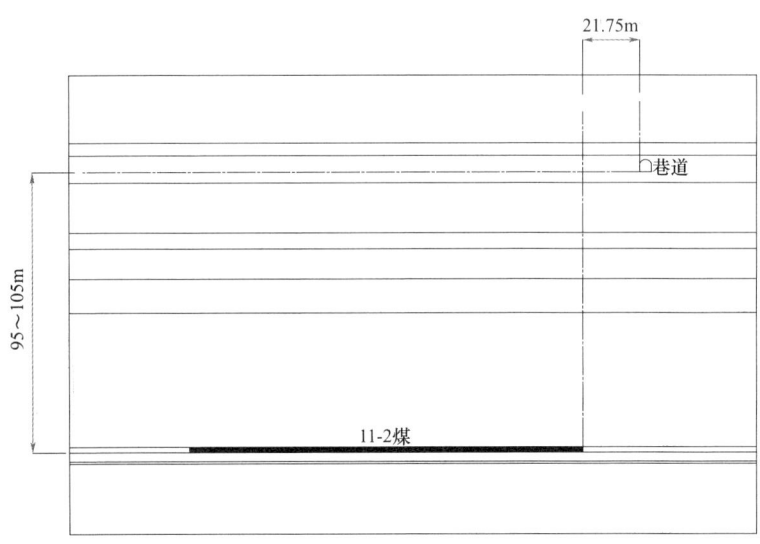

图 4-17 煤层巷道相对位置示意图

③ 要尽量远离断层区域,避免断层对测量结果的影响。

④ 避开应力集中区、不稳定区和干扰源。

综合考虑以上几点因素和巷道周围的工程地质条件,可在巷道起始端布置测点。具体测点布置如图 4-18 所示。

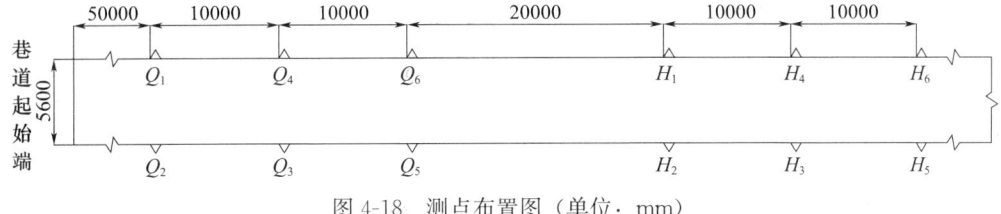

图 4-18 测点布置图(单位:mm)

3. 地应力测量所需仪器

① KX-81 型空心包体应力计。

KX-81 型空心包体应力计的实物见图 4-19,安装示意见图 4-20。采用空心包体应力计的测量方法是钻孔应力解除法。

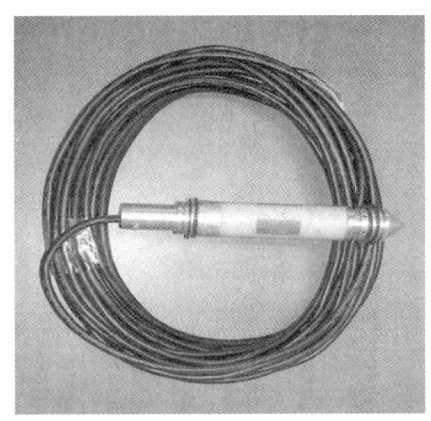

图 4-19 KX-81 型空心包体应力计

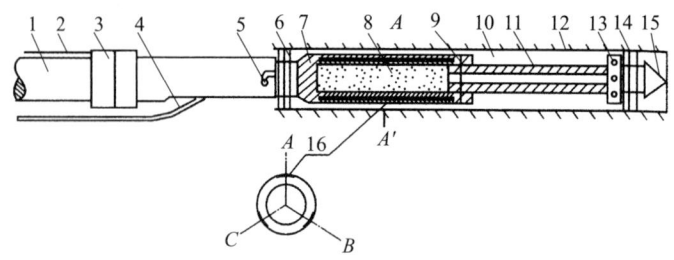

1—安装杆；2—定向器导线；3—定向器；4—读数电缆；5—定向销；6—密封圈；7—环氧树脂筒；
8—空腔，内装黏胶剂；9—固定销；10—应力计与孔壁之间的空隙；11—柱塞；12—岩石钻孔；
13—出胶孔；14—密封圈；15—导向头；16—应变花

图 4-20　KX-81 型空心包体应力计安装示意图

空心包体应力计三组应变花的分布位置如 4.5.1 中图 4-13 所示。应变花具有良好的绝缘防水性能。

② SDX 水平定向仪。

SDX 水平定向仪用于确定水平或倾斜钻孔中地应力计应变片的方向。它由显示器和转换器两部分组成。其结构如图 4-21 所示。

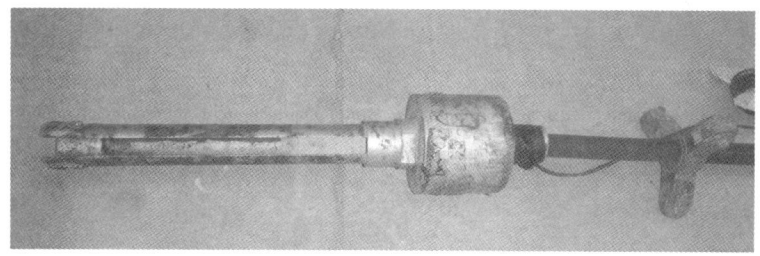

图 4-21　SDX 水平定向仪

③ KBJ-12 型矿用智能数字应变仪。

KBJ-12 型矿用智能数字应变仪用于应力解除过程中测量空心包体应力计应变花的电阻变化，从而确定地应力的大小和方向。其结构如图 4-22 所示。

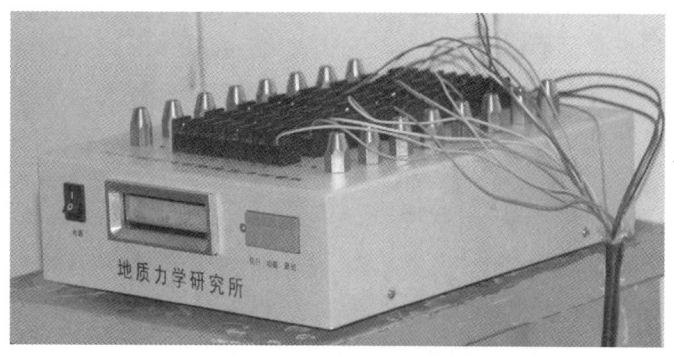

图 4-22　KBJ-12 型矿用智能数字应变仪

④ 传感器围压率定机。

传感器围压率定机用于检测应力计的可靠性。传感器围压率定机主要由围压器和油泵组成，其结构如图 4-23 所示。

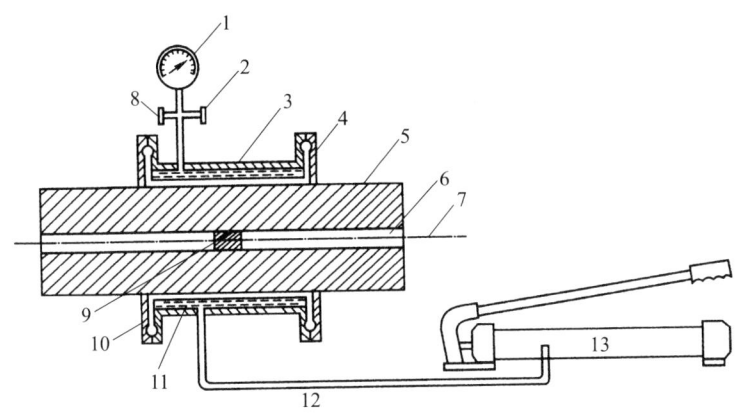

1—压力表；2—调节阀；3—钢筒；4—钢板；5—岩芯；6—小孔；7—导线；8—放气阀；9—元件；
10—橡胶筒；11—油；12—油管；13—油泵

图 4-23 传感器围压率定机结构示意图

4. 测量原理

空心包体应力计法属于应力解除法的一种，利用空心包体应力计测量地应力是目前运用最广泛的一种方法。它是通过钻孔在原岩中预留空心包体应力计，然后通过钻机取芯将含有应力计的岩芯一并取出，从而达到套孔应力解除的效果。在取芯的过程中，应力计感测岩芯弹性变形诱发的应变量，由应变量反算原始地应力的大小和方向。这种方法的优点是可以在单孔中通过一次套芯得到三维应力状态。

① 建立观测值方程组。

观测值方程以轴向应变片测得的观测值为起始端，逆时针方向编号得到每个应变片的稳定度数和空间应力分量 $\sigma_{x'}$，$\sigma_{y'}$，$\sigma_{z'}$，$\tau_{x'y'}$，$\tau_{y'z'}$，$\tau_{z'x'}$ 之间的关系，写成如下统一的形式：

$$E\varepsilon_k = A_{k1}\sigma_{x}' + A_{k2}\sigma_{y}' + A_{k3}\sigma_{z}' + A_{k4}\tau_{x'y'}' + A_{k5}\tau_{y'z'}' + A_{k6}\tau_{x'z'}' \tag{1}$$

式中：

$$A_{k1} = [K_1 + \mu - 2(1-\mu^2)K_2\cos2\theta_i]\sin^2\varphi_{ij} - \mu \tag{2}$$

$$A_{k2} = [K_1 + \mu - 2(1-\mu^2)K_2\cos2\theta_i]\sin^2\varphi_{ij} - \mu \tag{3}$$

$$A_{k3} = 1 - (1+\mu K_4)\sin^2\varphi_{ij} \tag{4}$$

$$A_{k4} = -4(1+\mu^2)K_2\sin2\theta_i\sin^2\varphi_{ij} \tag{5}$$

$$A_{k5} = 2(1+\mu)K_3\cos\theta_i\sin2\varphi_{ij} \tag{6}$$

$$A_{k6} = -2(1+\mu)K_3\sin\theta_i\sin2\varphi_{ij} \tag{7}$$

在应力计的环氧树脂层圆周上布置 3 个应变丛，序号用 i 表示，对应的极角为 θ_i。每个应变丛由 4 个应变片组成，序号用 j 表示，对应的角度为 φ_{ij}。应力系数 $A_{k1}\sim A_{k6}$ 中包含了应变片并非直接粘贴在钻孔岩壁上而引入的修正系数 K_i，修正系数 K_i 一般为 0.8～1.3。当应变片直接粘贴在钻孔岩壁上时，即钻孔半径和应力计的内半径相等时，孔周围岩的弹性模量、泊松比和环氧树脂的弹性模量、泊松比相等，此时 $K_1 = K_2 = K_3 = K_4$。

② 运用最小二乘法求应力分量。

建立了观测值方程组以后联立这些代数方程组，就可以求得三维地应力状态的 6 个应力分量，利用数理统计的最小二乘法原理，即可得到求解应力分量最佳值的方程组：

$$\begin{bmatrix} \sum_{k=1}^{n} A_{k1}^2 & \sum_{k=1}^{n} A_{k1}A_{k2} & \cdots & \cdots & \sum_{k=1}^{n} A_{k1}A_{k6} \\ \sum_{k=1}^{n} A_{k2}A_{k1} & \sum_{k=1}^{n} A_{k2}^2 & \cdots & \cdots & \sum_{k=1}^{n} A_{k2}A_{k6} \\ \vdots & \vdots & \vdots & \vdots & \vdots \\ \vdots & \vdots & \vdots & \vdots & \vdots \\ \vdots & \vdots & \vdots & \vdots & \vdots \\ \sum_{k=1}^{n} A_{k6}A_{k1} & \sum_{k=1}^{n} A_{k6}A_{k2} & \cdots & \cdots & \sum_{k=1}^{n} A_{k6}^2 \end{bmatrix} \begin{bmatrix} \sigma_x \\ \sigma_y \\ \sigma_z \\ \tau_{xy} \\ \tau_{yz} \\ \tau_{zx} \end{bmatrix} = E \begin{bmatrix} \sum_{k=1}^{n} A_{K1}\varepsilon_k \\ \sum_{k=1}^{n} A_{K2}\varepsilon_k \\ \vdots \\ \vdots \\ \vdots \\ \sum_{k=1}^{n} A_{x6}\varepsilon_k \end{bmatrix} \quad (8)$$

③ 求解主应力的大小及方向。

由方程组求得 6 个应力分量，再由应力状态方程求出 3 个主应力的大小和方向。然后进行坐标变换，将主应力转换成与地质概念相关的表示方法，用方位角和倾角定义主应力在三维空间中的方向。

5. 测量步骤

本次测量采用空心包体岩石三轴应变地应力测量仪进行，地应力上的应变片采用优化布置形式，探头装有 3 个应变片活塞，每个活塞表面粘贴 4 个应变片，组成 1 个应变花，故 1 次测量能测出 12 个应变。

测量步骤（图 4-24）如下。

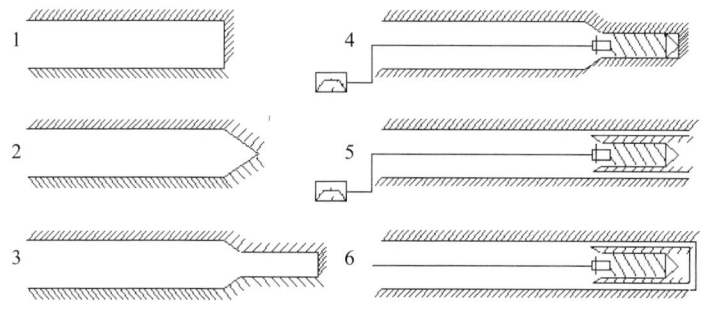

1—钻直径 130mm 的钻孔；2—钻锥形孔；3—钻直径 36mm 的小孔；
4—安装应力计；5—套芯；6—折断岩芯并且取出

图 4-24 现场地应力测量步骤

第一步：钻大孔，即用直径为 130mm 的钻头在垂直岩体表面钻大孔，大孔保持一定的倾斜度以便排水，深度一般为 6~10m。

第二步：钻锥形孔，以利于下一步钻同心小孔、清洗钻孔和探头顺利进入小孔。

第三步：钻小孔，小孔直径由所选用的探头直径决定，一般为 36~38mm，小孔深度一般为孔径的 10 倍左右，要求大小孔同心。成孔后，要用丙酮清洗整个孔，并将其晾干。

第四步：应力计定向与安装，将应力计圆筒内腔装满黏结剂，然后将柱塞插入内腔约 20mm 深处，用铝丝穿过固定销小孔将其固定，柱塞的另一端有导向轮和导向棒，以便应力计顺利地安装在预定位置上。将应力计送入钻孔中预定位置后,用力推动安装杆,可将铝丝切断,继续推进可使黏结剂经柱塞小孔流出,然后进入应力计和小孔孔壁之间的间隙,经过一定的时间黏结剂固化。此时,记下钻孔的方位与倾角,并记下应力计的偏角(应力计的标记与钻孔方向的夹角)和各应变片的读数。

第五步:应力解除,用第一步打大孔用的薄壁钻头继续延伸大孔,从而使小孔周围的岩芯实现应力解除。由于应力解除引起的小孔变形或应变,由包括测试探头在内的量测系统测定并通过记录仪器记录下来。根据测得的小孔变形或应变,利用有关公式即可求出小孔周围的原岩应力状态。预加应力后,其导线需从钻杆中穿过,并对应力计进行冲水,这时应变片的读数会有所变化,待其稳定后再开始进行进尺。为判断应力计工作状态和测量的可靠性,要在套芯过程中进行检测,一般每进尺 30mm 读一次数。待读数不再随进尺变化(钻头超过应力计中心 45cm)时停止套芯。

第六步:折断岩芯并且取出,即在套芯结束后,取出带有应力计的岩芯,准备测定岩芯的弹性模量和泊松比,并对应力计工作状态进行检验。最后,将岩芯带回实验室进行围岩率定试验,测出相应点的弹性模量和泊松比。

6. 实验结果与分析

① 实验结果。

通过现场测量得到 12 组应变解除过程中各个应变片的应变变化情况,绘出相应的应变解除曲线。图 4-25 所示为 H_2 的应变解除曲线。

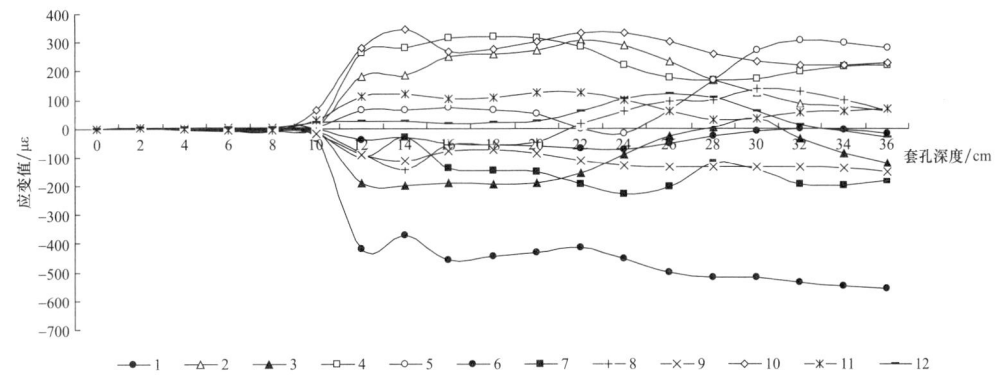

图 4-25 H_2 应变解除曲线

将实地测量得到的应变值和在实验室通过围岩率定试验测出来的弹性模量和泊松比,代入原理公式进行计算,得到各测点地应力测量结果,见表 4-3。

表 4-3 各测点地应力测量结果

测点	孔深 (m)	最大主应力 σ_1			中间主应力 σ_2			最小主应力 σ_3		
		数值 (MPa)	方位角 (°)	倾角 (°)	数值 (MPa)	方位角 (°)	倾角 (°)	数值 (MPa)	方位角 (°)	倾角 (°)
Q_1	7	21.8	206.62	10.86	12.2	-47.81	54.44	8.1	109.36	33.38
Q_2	7	21.8	203.12	-7.15	16.7	-48.86	-67.94	11.6	110.4	-20.76
Q_3	7	21.3	205.04	-4.33	15.2	-53.86	-68.52	13.7	113.38	-21

续表

测点	孔深(m)	最大主应力 σ_1			中间主应力 σ_2			最小主应力 σ_3		
		数值(MPa)	方位角(°)	倾角(°)	数值(MPa)	方位角(°)	倾角(°)	数值(MPa)	方位角(°)	倾角(°)
Q_4	7	22.2	206.24	10.1	11.7	−49.96	53.25	7.8	109.1	34.9
Q_5	7	22.1	204.86	−14.05	13.5	−58.33	−25.34	11.8	268.58	60.52
Q_6	7	20.5	199.38	11.55	14.6	−66.59	18.95	10.1	259.71	−67.57
H_1	11	20.5	189.33	−9.91	15.8	72.47	−68.86	12.1	102.67	18.48
H_2	7.4	20.4	199.58	−1.37	13	−65.47	73.69	10.7	109.2	−15.48
H_3	9	21.4	220.35	−4.8	14	−48.73	35.56	9.3	106.79	−78.12
H_4	9	21.4	207.6	−2.15	15.1	−68.97	71.8	13.8	118.3	18.07
H_5	12	20.8	195.73	6.38	17.5	−76.26	−17.2	13.6	125.35	−71.58
H_6	8.4	20.7	203.56	7.84	11.8	60.55	80.21	9.7	114.37	−5.81

② 结果分析。

通过测试可知每个测点都有两个主应力方向接近水平方向，另一个主应力方向接近垂直方向；该矿区的最大主应力方向为南偏西25°左右；测点标高处的竖直应力约为15.25MPa，最大主应力的平均值为21.62MPa，最大主应力是自重应力的1.42倍左右，表明该矿区的地应力场以水平构造应力为主。

下伏煤层开采后的平均最大主应力为20.87MPa，与下伏煤层开采前平均最大主应力21.62MPa相比，最大主应力降低了3%。

案例2　岩石声发射法测量地应力

目前，原岩应力测量在技术上最成熟的是应力解除法，其次是水压致裂法等，这些方法都必须在工程现场进行钻孔试验。由于现场地应力测量费用昂贵，耗费时间也较长，所以大多数情况下，矿山工程只根据经验估算或仅做少量的地应力现场测量。作为能够在实验室测量地应力的岩石声发射法，其测量费用低、测量过程简便。因此，可以采用凯瑟效应的声发射应力测试方法，对现场套孔应力解除法所取岩芯进行原岩应力测量。

岩体在受到扰动时，其内部贮存的应变能以弹性波的形式快速释放，并在岩体中传播，通过仪器接收到的这种传播的弹性波，称为岩体声发射。1950年，德国人凯瑟（J. Kaiser）发现多晶金属的应力从其历史最高水平释放后，再重新加载，当应力未达到先前最大应力值时，很少有声发射产生，而当应力达到或超过历史最高水平后，则大量产生声发射，这个现象叫作凯瑟效应。从很少产生声发射到大量产生声发射的转折点称为凯瑟点，该点对应的应力即为材料先前受到的最大应力。后来，许多人通过试验证明，许多岩石如花岗岩、大理岩、石英岩、砂岩、安山岩、辉长岩、闪长岩、片麻岩、辉绿岩、灰岩、砾岩等，也具有显著的凯瑟效应。凯瑟效应为测量岩石应力提供了一条途径，即如果从原岩中取回定向的岩石试件，通过对加工的不同方向的岩石试件进行加载声发射试验，测定凯瑟点，即可找出每个试件以前所受的最大应力，进而求出取样点的原始（历史）三维应力状态。

下面以安徽省庐江县龙桥铁矿为例，阐述岩石声发射法测量地应力。

1. 试样准备

试样由所取钻孔解除岩芯切割加工而成，共加工成 5 块试样。试验设备主要由加载系统、声发射系统、计算机信息处理系统组成。加载系统采用 RMT-150C 型岩石力学试验系统，加载全过程中可同时采集应力、应变、时间等数据，并绘制相应关系图表；声发射系统采用 WAE2002 全波形多通道声发射检测仪及其分析系统，采样频率为 2500kHz，可同时采集幅度、能量、振铃计数、上升时间、有效电压值等参数，相关图设定为振铃计数和时间关系图。

2. 实验过程

为了消除试件端部与压力盘之间因摩擦而产生的噪声，试验中要在试件两端加垫层材料减小摩擦，以隔绝噪声。垫层材料采用橡胶皮，橡胶皮厚度均匀，并且岩芯的轴线应与加载的轴线重合。在发射探头的检测面上抹一层硅胶并紧贴在试件中部，要求排净空气，用橡皮筋将探头固定在岩芯的中间部位，如图 4-26 所示。

图 4-26 加载试件上探头的布置

试件安装好后，设置好声发射检测系统参数后进行试验。试验时同时点击加载系统的程序运行按钮和声发射检测系统的开始按钮，两台计算机就同时采集试验所需要的数据。

在 RMT-150C 型岩石力学试验系统上对岩样进行单轴全程加压，垂直向采用 1000kN 力传感器和 5mm 位移传感器，两个水平向采用 2.5mm 位移传感器。压力机用计算机控制，控制模式为力，速率为 0.10kN/s，全程采集声发射数据，并同时测量和记录轴向和环向应变。声发射数据信号通过传感器拾取，前置放大器放大，模块采集并传输至计算机贮存和分析，同时采集全过程声发射波形信号。图 4-27 所示为其中一个试件的单轴压缩全过程应力-应变曲线，图 4-28 所示为该试件单轴压缩过程中记录的振铃计数率、应力与时间关系。

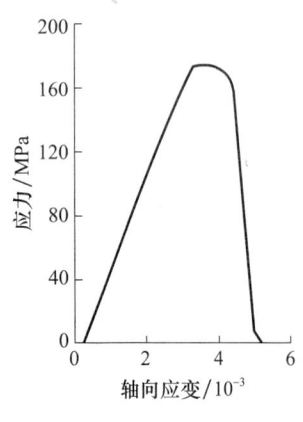
图 4-27 试件应力-应变关系曲线

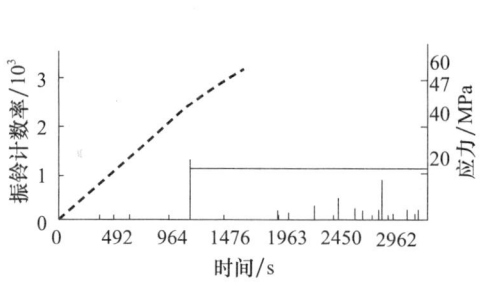
图 4-28 振铃计数率、应力与时间关系

3. 实验结果

对所加工的 5 块试样进行了声发射应力测试，测试结果为 5 块试样测量结果的平均值。典型的声发射与应力关系如图 4-29 所示，声发射波形识别与现场测量得到的地应力的比较见表 4-4。采用所编写的程序对试验结果进行处理。试验结果表明，声发射测量地应力波形识别方法测得的应力结果与套孔应力解除法的结果基本一致，验证了此次现场应力测量结果的正确性，也为后续原岩应力测量提供了一条新的测试途径。

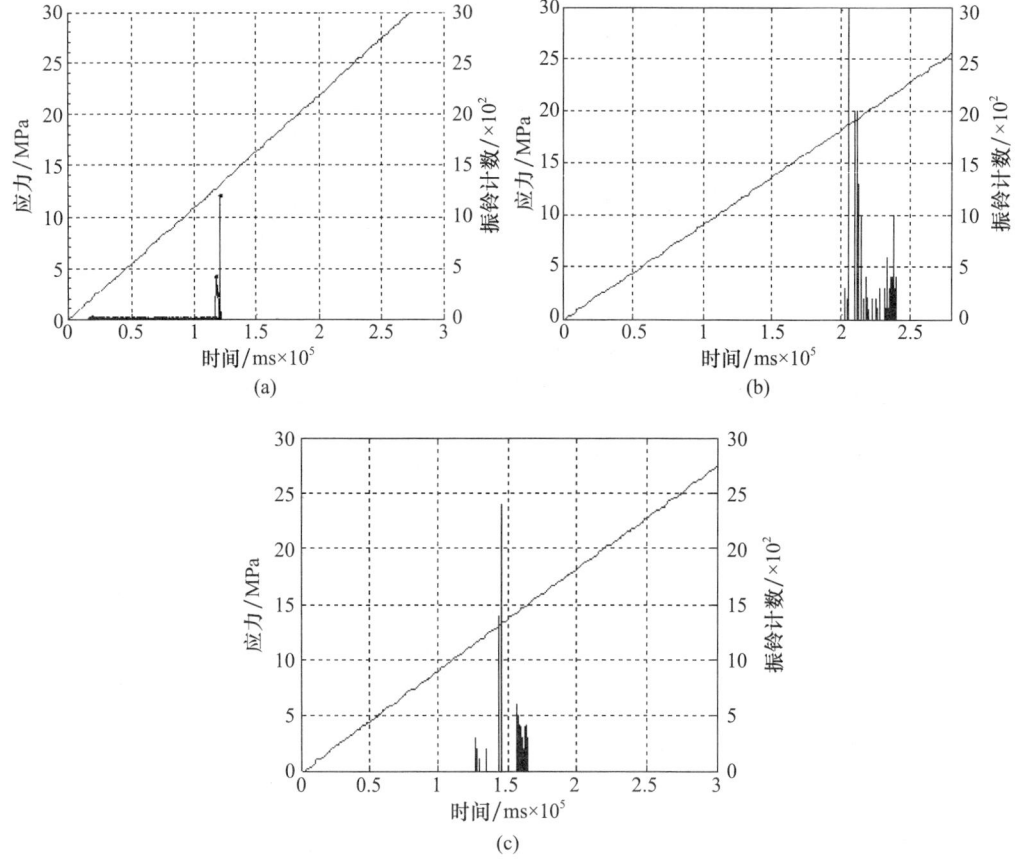
图 4-29 声发射与应力变化关系

4 岩体初始应力及其测量

表 4-4 测量结果比较

测点位置	现场实测应力			声发射测量应力			相对误差
	量值（MPa）	方位角（°）	倾角（°）	量值（MPa）	方位角（°）	倾角（°）	
−320m 水平测点	12.48	194	2	13.20	194	2	5.77%
−455m 水平测点	18.51	21	2	17.35	21	2	6.27%

通过课外查阅资料，想一想声发射法测试岩石应力的原理和步骤。

【知识归纳】

本章的主要知识点有：原岩应力包括自重应力和构造应力。原岩应力在岩体空间有规律的分布状态称为原岩应力场。构造应力在空间有规律的分布状态称为构造应力场。原岩应力变化规律大致可归纳为以下几点：原岩应力场是相对稳定的非稳定场；水平应力普遍大于垂直应力；原岩应力三个主应力均随深度增加而增大；原岩应力的分布规律还受地形、地表剥蚀、风化、岩体结构特征、岩体力学性质、温度、地下水等因素的影响，特别是地形和断层的扰动影响最大。

岩体初始应力主要的测量方法是应力解除法和水压致裂法。

【独立思考】

4-1 岩体初始应力包括哪些？

4-2 简述岩体初始应力的计算方法。

4-3 简述构造应力方向的判定方法。

4-4 影响原岩应力的因素是什么？

4-5 简述水压致裂法的原理与特点。

4-6 简述应力解除法的原理。

4-7 岩体初始应力状态分布的主要规律有哪些？

5 岩石力学在地下工程中的应用

【内容提要】

本章主要内容包括：硐室的围岩应力和围岩压力的基本概念；圆形硐室在均匀和不均匀荷载作用下，围岩应力的弹性和弹塑性分布规律；椭圆和矩形硐室围岩应力的弹性分布规律；硐室的围岩压力分类；圆形硐室在均匀荷载作用下，松动压力和塑性变形压力的计算，以及影响围岩压力的因素。本章的教学重点为硐室的围岩应力和围岩压力的基本概念，以及圆形硐室在均匀荷载作用下，围岩应力的弹性和弹塑性分布规律、松动压力和塑性变形压力的计算。本章的教学难点为圆形硐室在均匀荷载作用下，围岩应力的弹性和弹塑性分布规律，以及松动压力和塑性变形压力的计算。

【能力要求】

通过本章的学习，学生应了解圆形硐室在不均匀荷载作用下，围岩应力的弹性分布规律，以及椭圆和矩形硐室围岩应力的弹性分布规律，熟悉硐室的围岩压力分类，以及影响围岩压力的因素。

地下工程是指在地层岩体内修建的巷道或硐室的统称，包括矿山井筒和巷道、铁路及公路隧道、水工隧洞、地下发电站厂房、地下铁道及地下停车场、地下储油库及储气库、地下弹道导弹发射井、地下飞机库以及地下核废料密闭储藏库等，其共同特点是在岩体内开挖出具有一定横断面积和尺寸的硐室。地下工程周围岩体的稳定性是决定地下工程安全和正常使用的必要条件。

地下工程开挖之前，在原岩应力条件下岩体处于平衡状态，开挖后地下硐室周围岩体产生变形、位移甚至破坏，直到出现新的应力平衡为止。在岩石力学中，将地下工程开挖后出现的应力变化称为应力重新分布，地下硐室周围发生应力重新分布的岩体称为围岩，围岩中重新分布后的应力称为围岩应力。理论与试验表明，地下工程围岩应力重分布的特点主要取决于地下工程的形状、岩体自身的力学性质和岩体的初始应力状态。

围岩应力的主要特征可分为两种：

(1) 围岩应力的弹性分布。岩体经人工开挖硐室之后，洞壁的部分应力被释放，使硐室周围岩体的应力重新调整。由于岩体自身强度比较高或者作用于岩体的初始应力比较小，硐室周边的应力状态处于弹性应力状态。因此，这样的围岩应力状态被称作弹性分布。这种类型的硐室不必进行支护即可保持稳定。

(2) 围岩应力的弹塑性分布。由于作用在岩体上的初始应力较大或者岩体自身的强度比较低，硐室开挖后，洞壁的部分岩体应力超出了岩体的屈服应力，使岩体进入了塑性状态。随着围岩与硐室的距离增大，最小主应力增大，进而提高了岩体强度，并使岩体应力转为弹性状态。因此,这种弹塑性应力并存的状态被称为围岩应力的弹塑性分布。处于弹塑性分布状态的硐室,必须进行支护,否则洞周的岩体将失稳,影响硐室正常使用。

5.1 圆形硐室的围岩应力

5.1.1 圆形硐室围岩应力的弹性理论分析(侧压力系数 $\lambda=1$ 时)

5.1.1.1 基本假设

在深埋岩体中,开挖一圆形硐室,可利用弹性力学的理论分析该硐室围岩应力的弹性分布状态。对于岩体这一介质而言,除了要满足弹性力学中的基本假设条件以外,就侧压力系数 $\lambda=1$ 时深埋圆形硐室的围岩应力分析,还必须满足如下假设条件。

① 计算单元为一无自重的单元体,不考虑由于硐室开挖而产生的重力变化,并将岩体的自重作为作用在无穷远处的初始应力状态。

② 岩体的初始应力状态在不做特殊说明时,仅考虑岩体的自重应力。

③ 为了分析方便,先按平面应力问题考虑,即在无限大的板中开挖一个圆形硐室作为计算模型,分析开挖后岩体的围岩应力状态。但是具体应用时,根据硐室工程的特点,应按平面应变问题进行计算。

5.1.1.2 基本方程

根据计算模型可知,不仅其结构对称,而且荷载对称,又因 $\lambda=1$,故根据其受力和位移的特征,可取一微单元环作为计算单元体(微元体)。微单元环的半径为 r、厚度为 dr、宽度为 $rd\theta$,其受力状态如图 5-1 所示。依据这一受力状态,分析岩体在开挖半径为 r_a 的硐室后,其应力、应变以及两者之间的关系,并建立解题的基本方程。用弹性力学理论求解上述问题时,通常先根据计算简图建立反映简图中单元体的静力平衡方程和位移的几何方程,通过物理方程建立应力与应变之间的关系式,求得应变(或应力)表示的微分方程,在求得该微分方程的通解之后,再利用硐室开挖后的圆形边界条件确定其积分常数,求出最终的位移、应力、应变的表达式。

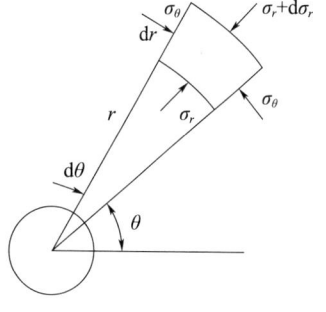

图 5-1 微元体受力状态

1. 静力平衡方程

根据图 5-1 所示的受力状态,建立静力平衡方程,即各应力之间的关系。首先利用各应力对 r 轴的投影(径向方向投影),取得静力平衡方程:

$$\sum F_r = 0$$

$$(\sigma_r+d\sigma_r)(dr+r)d\theta - \sigma_r d\theta dr - 2\sigma_\theta \sin\frac{d\theta}{2}dr = 0 \quad (a)$$

在上式中,忽略高阶无穷小量,又因 $\sin\frac{d\theta}{2} \approx \frac{d\theta}{2}$,则上式可写成如下形式:

$$\sigma_r dr - \sigma_\theta dr + d\sigma_r r = 0 \qquad (b)$$

或写成微分方程的形式：

$$\sigma_\theta = \sigma_r + r \frac{d\sigma_r}{dr} \qquad (5\text{-}1)$$

2. 几何方程

几何方程表示微单元环变形之后位移与应变之间的关系。微元体位移状态如图 5-2 所示。当开挖一圆形硐室之后，微单元环内产生径向位移 u，则微单元环自身还将产生径向位移增量 du。那么，开挖后的微单元环的半径变为 $r-u$。由于本节所讨论的条件为 $\lambda=1$，此时，岩体的切向位移 $u=0$。根据上述分析可知，由于微单元环产生径向位移 u，将改变微单元环的周长，引起切向应变。根

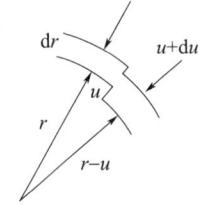

图 5-2 微元体位移状态

据这一分析，当微单元环产生位移 u 时，引起的周长的改变量为：$\sigma_t = \sigma_1\left(1+\dfrac{2}{m}\right)-\lambda\sigma_1$。进而可得，微单元环的切向、径向应变分别可用下式表示：

$$\left. \begin{aligned} \varepsilon_\theta &= \frac{2\pi u}{2\pi r} = \frac{u}{r} \\ \varepsilon_r &= \frac{du}{dr} \end{aligned} \right\} \qquad (5\text{-}2)$$

式中 ε_θ，ε_r——岩体的切向应变和径向应变。

3. 物理方程

物理方程是根据物体的应力、应变之间的关系建立起来的方程。在弹性力学中，常用广义胡克定律表示两者之间的关系。其表达式为（平面应力问题）：

$$\left. \begin{aligned} \varepsilon_r &= \frac{1}{E}\left[\sigma_r - \mu\sigma_\theta\right] \\ \varepsilon_\theta &= \frac{1}{E}\left[\sigma_\theta - \mu\sigma_r\right] \end{aligned} \right\} \qquad (5\text{-}3a)$$

或者用应力表示为应变的函数：

$$\left. \begin{aligned} \sigma_r &= \frac{E}{1-\mu^2}\left[\varepsilon_r + \mu\varepsilon_\theta\right] \\ \sigma_\theta &= \frac{E}{1-\mu^2}\left[\varepsilon_\theta + \mu\varepsilon_r\right] \end{aligned} \right\} \qquad (5\text{-}3b)$$

5.1.1.3 圆形硐室围岩应力的弹性理论的求解

有了三个基本方程，就可以求解微分方程了。本小节采用位移法，即将应力全部用位移表示，利用微分方程求出位移解，然后通过位移推出应力值。用位移表示的物理方程为：

$$\left. \begin{aligned} \sigma_r &= \frac{E}{1-\mu^2}\left[\frac{du}{dr} + \mu\frac{u}{r}\right] \\ \sigma_\theta &= \frac{E}{1-\mu^2}\left[\frac{u}{r} + \mu\frac{du}{dr}\right] \end{aligned} \right\} \qquad (5\text{-}4)$$

利用分步求导的法则，将式（5-1）改写成如下形式：

$$\sigma_\theta = \frac{\mathrm{d}(\sigma_r r)}{\mathrm{d}r} \tag{a}$$

并将式（5-4）代入上式，得：

$$\frac{E}{1-\mu^2}\left(\frac{u}{r}+\mu\frac{\mathrm{d}u}{\mathrm{d}r}\right) = \frac{E}{1-\mu^2}\left[\frac{\mathrm{d}u}{\mathrm{d}r}+\mu\frac{\mathrm{d}u}{\mathrm{d}r}+r\frac{\mathrm{d}^2 u}{\mathrm{d}r^2}\right] \tag{b}$$

整理上式后，得：

$$r^2\frac{\mathrm{d}^2 u}{\mathrm{d}r^2}+r\frac{\mathrm{d}u}{\mathrm{d}r}-u=0 \tag{c}$$

上式称为微分方程中的欧拉方程。通过设置一中间变量来求解该微分方程。

设 $\xi = \ln r$，有：

$$\frac{\mathrm{d}\xi}{\mathrm{d}r}=\frac{1}{r}, \quad \frac{\mathrm{d}^2\xi}{\mathrm{d}r^2}=-\frac{1}{r^2} \tag{d}$$

$$\frac{\mathrm{d}u}{\mathrm{d}r}=\frac{\mathrm{d}u}{\mathrm{d}\xi}\times\frac{\mathrm{d}\xi}{\mathrm{d}r}=\frac{\mathrm{d}u}{\mathrm{d}\xi}\times\frac{1}{r} \tag{e}$$

$$\frac{\mathrm{d}^2 u}{\mathrm{d}r^2}=\frac{\mathrm{d}^2 u}{\mathrm{d}\xi \mathrm{d}r}\times\frac{\mathrm{d}\xi}{\mathrm{d}r}+\frac{\mathrm{d}u}{\mathrm{d}\xi}\times\frac{\mathrm{d}^2\xi}{\mathrm{d}r^2}=\frac{\mathrm{d}^2 u}{\mathrm{d}\xi^2}\times\left(\frac{\mathrm{d}\xi}{\mathrm{d}r}\right)^2+\frac{\mathrm{d}u}{\mathrm{d}\xi}\times\frac{\mathrm{d}^2\xi}{\mathrm{d}r^2}=\frac{1}{r^2}\times\frac{\mathrm{d}^2 u}{\mathrm{d}\xi^2}-\frac{1}{r^2}\frac{\mathrm{d}u}{\mathrm{d}\xi} \tag{f}$$

$$r^2\frac{\mathrm{d}^2 u}{\mathrm{d}r^2}+r\frac{\mathrm{d}u}{\mathrm{d}r}-u = \frac{\mathrm{d}^2 u}{\mathrm{d}\xi^2}-\frac{\mathrm{d}u}{\mathrm{d}\xi}+\frac{\mathrm{d}u}{\mathrm{d}\xi}-u = \frac{\mathrm{d}^2 u}{\mathrm{d}\xi^2}-u \tag{g}$$

则式（c）可简化成以下形式：

$$\frac{\mathrm{d}^2 u}{\mathrm{d}\xi^2}-u=0 \tag{5-5}$$

求得其通解为：

$$u=c_1 \mathrm{e}^\xi+c_2 \mathrm{e}^{-\xi} \tag{h}$$

将其还原为原变量，可得：

$$u=c_1 r+c_2/r \tag{5-6}$$

上式求得了位移解。式中的两个积分常数可利用边界条件加以确定。当开挖以 r_a 为半径的圆形硐室时，其边界条件如下：

当 $r=r_a$ 时，$\sigma_r=0$（洞壁的径向应力为零）；

当 $r\to\infty$ 时，$\sigma_r=p_0$（在无穷远处的径向应力与岩体初始应力 p_0 相等）。

由于边界条件是用应力表示的，因此，应求出用位移表示的应力方程。式（5-2）中的 $\frac{u}{r}$，$\frac{\mathrm{d}u}{\mathrm{d}r}$，可利用微分方程的解求得：

$$\left.\begin{array}{l}\varepsilon_\theta=\dfrac{u}{r}=c_1+\dfrac{c_2}{r^2}\\[2mm]\varepsilon_r=\dfrac{\mathrm{d}u}{\mathrm{d}r}=c_1-\dfrac{c_2}{r^2}\end{array}\right\} \tag{5-7}$$

将式（5-7）代入式（5-4）得：

$$\left.\begin{array}{l}\sigma_r=\dfrac{E}{1-\mu^2}\left[(1+\mu)c_1-(1-\mu)\dfrac{c_2}{r^2}\right]\\[2mm]\sigma_\theta=\dfrac{E}{1-\mu^2}\left[(1+\mu)c_1+(1-\mu)\dfrac{c_2}{r^2}\right]\end{array}\right\} \tag{5-8}$$

再将边界条件代入式（5-8），可求得积分常数 c_1，c_2：

$$c_1 = \frac{1-\mu}{E} p_0$$

$$c_2 = \frac{1+\mu}{E} p_0 r_a^2$$

将上式代入原微分方程式（5-6）、式（5-7）式（5-8）可得：

$$\left.\begin{array}{l} \sigma_r = p_0 \left(1 - \dfrac{r_a^2}{r^2}\right) \\[6pt] \sigma_\theta = p_0 \left(1 + \dfrac{r_a^2}{r^2}\right) \\[6pt] u = \dfrac{p_0}{E}\left[(1-\mu)\ r + (1+\mu)\ \dfrac{r_a^2}{r}\right] \\[6pt] \varepsilon_r = \dfrac{p_0}{E}\left[(1-\mu) - (1+\mu)\ \dfrac{r_a^2}{r^2}\right] \\[6pt] \varepsilon_\theta = \dfrac{p_0}{E}\left[(1-\mu) + (1+\mu)\ \dfrac{r_a^2}{r^2}\right] \end{array}\right\} \tag{5-9}$$

以上即为深埋圆形硐室，当侧压力系数 $\lambda = 1$ 时，在无支护状态下，以平面应力为计算模型所求得的围岩应力，以及与其相对应的位移、应变随距离 r 变化的公式。

根据实际的情况可知，由于开挖圆形硐室，建造地下工程等所截取的计算单元体，其长轴方向的长度远大于另两个方向，应属平面应变状态。因此，在运用式（5-9）时，评价围岩应力以及与其相对应的应变、位移，应采用平面应变的计算公式进行计算。平面应力问题和平面应变问题的计算公式是可以相互转换的，只要将平面应力计算公式中的 E 用 $\dfrac{E}{1-\mu^2}$，μ 用 $\dfrac{\mu}{1-\mu}$ 代替，则该计算公式自动转换成平面应变问题的计算公式。若采用上述方法，式（5-9）可转换为：

$$\left.\begin{array}{l} \sigma_r = p_0 \left(1 - \dfrac{r_a^2}{r^2}\right) \\[6pt] \sigma_\theta = p_0 \left(1 + \dfrac{r_a^2}{r^2}\right) \\[6pt] u = \dfrac{1+\mu}{E} p_0 \left[(1-2\mu)\ r + \dfrac{r_a^2}{r}\right] \\[6pt] \varepsilon_r = \dfrac{1+\mu}{E} p_0 \left[(1-2\mu) - \dfrac{r_a^2}{r^2}\right] \\[6pt] \varepsilon_\theta = \dfrac{1+\mu}{E} p_0 \left[(1-2\mu) + \dfrac{r_a^2}{r^2}\right] \end{array}\right\} \tag{5-10}$$

式（5-10）即为平面应变状态下，$\lambda = 1$ 时，圆形硐室的围岩应力以及相对应的应变、位移计算公式。

5.1.1.4 圆形硐室围岩应力、应变和位移的变化特征

利用式（5-10）可计算以 p_0 为岩体的初始应力状态，开挖了以 r_a 为半径的圆形硐室，当岩体的围岩应力处在弹性阶段时，围岩中任意一点（到圆形硐室中心轴的距离为 r）的应力、应变和位移。为了了解围岩的应力、应变和位移的分布规律，有必要对其各种特性及分布规律作进一步的分析。

1. 洞周的围岩应力分布

根据式（5-10）中的第一式、第二式可知，开挖圆形硐室后，岩体应力状态可用一组极为简单的公式表示。由这两个公式可知：洞周的围岩应力 σ_θ、σ_r 随着距离 r 变化的轨迹如图 5-3 所示。σ_θ 随着 r 的增大而减小，σ_r 却随之增大而增大。此外，若取定任意一距离，将两应力相加得：

$$\sigma_\theta + \sigma_r = 2p_0$$

这是在 $\lambda = 1$ 的条件下，围岩应力为弹性应力分布状态的一个比较特殊的结论。由式（5-10）可知，围岩应力状态与围岩的弹性常数 E、μ 无关，且与径向夹角 θ 无关；在同一距离的圆环上各点应力相等，围岩应力的大小仅与硐室的半径和任意一点到圆形硐室中心轴的距离 r 的比值以及岩体初始应力值 p_0 的大小有关。

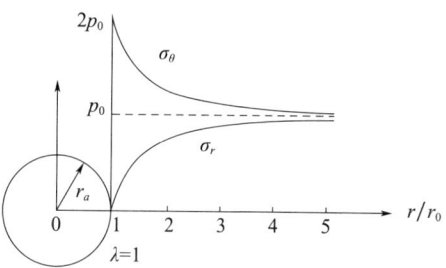

图 5-3　圆形硐室围岩应力分布

2. 硐室的径向位移

开挖的圆形硐室和荷载对称，使得硐室的切向位移为零，仅有径向位移存在。其表达式为：

$$u = \frac{(1+\mu)\, p_0}{E}\left[(1-2\mu)\, r + \frac{r_a^2}{r}\right] \text{（平面应力问题）} \tag{5-11a}$$

从式（5-11a）可知，圆形硐室的径向位移由两部分组成，一部分与开挖硐室的半径有关，而另一部分则与硐室半径无关。

若令 $r_a = 0$（其物理意义表示硐室尚未开挖），则上式为：

$$u_0 = \frac{1+\mu}{E} p_0 (1-2\mu)\, r \tag{5-11}$$

根据 u_0 的物理意义可知，这部分位移是由于初始应力 p_0 的作用，在硐室开挖前已产生的位移。那么，这部分位移在开挖前早已完成，因此，它不是实际工程中所关心的位移。而与工程直接有关的开挖后所产生的位移 Δu，可用下式求得：

$$\Delta u = u - u_0 = \frac{1+u}{E} p_0\, \frac{r_a^2}{r} \tag{5-12}$$

由于开挖了圆形硐室，岩体经过应力调整后，围岩所产生的位移增量为 Δu，这不仅取决于岩体的弹性参数 E、μ，还与岩体的初始应力 p_0 以及硐室半径 r_a 和分析点到硐室中心轴的距离 r 有关。

3. 洞周的应变

圆形硐室周边岩体的应变特性与位移特性比较接近。由式（5-10）可知，也可将应变分成两部分，一部分为开挖前的应变，即公式中不包含 r_a 的一项。同样，这部分应变是由于初始应力的作用在开挖前已经完成。其表达式如下：

$$\varepsilon_{r_0} = \varepsilon_{\theta_0} = \frac{(1+\mu)(1-2\mu)}{E} p_0 \tag{5-13}$$

两个方向上应变值相等，表明开挖前岩体在初始应力作用下，仅产生体积压缩。

另一部分是由开挖所产生的应变,可按下式求得:

$$\begin{aligned}\Delta\varepsilon_r&=\varepsilon_r-\varepsilon_{r_0}=-\frac{1+\mu}{E}p_0\frac{r_a^2}{r^2}\\ \Delta\varepsilon_\theta&=\varepsilon_\theta-\varepsilon_{\theta_0}=\frac{1+\mu}{E}p_0\frac{r_a^2}{r^2}\end{aligned}\right\} \quad (5\text{-}14)$$

由式（5-14）可知，开挖产生的切向应变与径向应变的绝对值大小相等，符号相反，切向应变是压应变，径向应变是拉应变。这表明了在 $\lambda=1$ 且岩体处于弹性阶段时，岩体的体积不发生变化的特点。

4. 洞壁的稳定性评价

当掌握了岩石的单轴抗压强度值时，洞壁的稳定性可以用下式进行评价：

$$\sigma_\theta \leqslant [\sigma_c] \quad (5\text{-}15)$$

式中 $[\sigma_c]$——岩石的允许单轴抗压强度。

若洞壁的切向应力 σ_θ 满足上式，则洞壁的岩体是稳定的。根据洞壁的应力分布可知，当 $r=r_a$ 时，$\sigma_\theta=2p_0$，$\sigma_r=0$。显然，洞壁岩体的应力可看成单向压缩状态（对于平面应力问题而言）。因此，可用以上判据，简单明了地评价岩体的稳定性。

5.1.2 圆形硐室围岩应力的弹塑性理论分析（侧压力系数 $\lambda=1$ 时）

岩体一经开挖，就会破坏原有岩体自身的应力平衡，促使岩体进行应力调整。经重新分布的应力往往会出现超出岩体屈服强度的现象，这时接近洞壁的部分岩体将进入塑性状态，随着到洞轴中心的距离 r 的增大，围岩应力逐渐向弹性阶段过渡，将导致围岩应力状态出现弹性、塑性应力并存的分布特点。

当 $\lambda=1$ 时，该问题是轴对称问题，其应力与 θ 角无关，使得弹性区、塑性区都成为一个圆环状，应力随着 r 的变化而变化。

5.1.2.1 塑性区的应力状态

当洞壁的围岩应力超出岩体的屈服应力时，洞壁岩体将产生塑性区。就岩石的力学特性而言，多数的岩石属脆性材料，其屈服应力的大小不易求得。因此，通常近似地采用莫尔-库伦准则作为进入塑性状态的判据。用主应力表示的莫尔-库伦准则为：

$$\sigma_1=\frac{1+\sin\phi}{1-\sin\phi}\sigma_3+\frac{2c\cos\phi}{1-\sin\phi} \quad (5\text{-}16)$$

令 $m=\frac{1+\sin\phi}{1-\sin\phi}$，$\sigma_c=\frac{2c\cos\phi}{1-\sin\phi}$ 表示岩石的单轴抗压强度，则式（5-16）变为：

$$\sigma_1=m\sigma_3+\sigma_c \quad (5\text{-}17)$$

将式（5-17）代入静力平衡方程式（5-1），可求得塑性区的应力计算公式。

由静力平衡方程式可得：

$$\sigma_{\theta p}=\frac{\mathrm{d}(\sigma_{rp}r)}{\mathrm{d}r}$$

为了与弹性区的应力加以区别，塑性区的应力用 $\sigma_{\theta p}$、σ_{rp} 表示。将式（5-17）代入上式得：

$$\sigma_{\theta p}=\frac{\sigma_{\theta p}-\sigma_c}{m}+\frac{r}{m}\frac{\mathrm{d}\sigma_{\theta p}}{\mathrm{d}r}$$

或写成：

$$\frac{d\sigma_{\theta p}}{dr} - \frac{m-1}{r}\sigma_{\theta p} = \frac{\sigma_c}{r} \tag{5-18}$$

解此微分方程：

$$\left.\begin{aligned}\sigma_{\theta p} &= e^{\int \frac{m-1}{r}dr}\left[\int e^{-\int \frac{m-1}{r}dr}\frac{\sigma_c}{r}dr + A\right] = r^{m-1}\left[\frac{\sigma_c r^{-m+1}}{-m+1} + A\right] = \frac{\sigma_c}{-m+1} + Ar^{m-1} \\ \sigma_{rp} &= \frac{1}{m}\left[Ar^{m-1} - \frac{m\sigma_c}{1-m}\right]\end{aligned}\right\} \tag{5-19}$$

利用边界条件求积分常数 A，其边界条件为：$r=r_a$ 时，$\sigma_{rp}=0$，将其代入式 (5-19) 得：

$$A = \frac{m\sigma_c}{m-1}\left(\frac{1}{r_a}\right)^{m-1} \tag{5-20}$$

将求得的积分常数 A 代入式 (5-19)，即可求得塑性区应力的计算公式：

$$\left.\begin{aligned}\sigma_{rp} &= \frac{\sigma_c}{m-1}\left[\left(\frac{r}{r_a}\right)^{m-1} - 1\right] \\ \sigma_{\theta p} &= \frac{\sigma_c}{m-1}\left[m\left(\frac{r}{r_a}\right)^{m-1} - 1\right]\end{aligned}\right\} \tag{5-21}$$

塑性区的应力随 r 变化的轨迹如图 5-4 中 $\sigma_{\theta p}$ 和 σ_{rp} 段曲线所示，此时的径向应力和切向应力均随 r 的增大而增加。根据塑性判据可知，在塑性区的应力都应满足 $\sigma_{\theta p}=m\sigma_{rp}+\sigma_c$ 的强度条件。图 5-4 中的两个莫尔圆与强度曲线相切，表明了塑性区应力具有这一特性。在进行塑性区的应力计算时，可利用该条件简化计算或校核计算结果。

5.1.2.2 塑性区的半径

由上述分析可知，随着 r 的增大，径向应力 σ_{rp} 也将增大。根据三向应力作用下岩体的强度特性可知，岩体强度也将随 σ_{rp} 的增加而

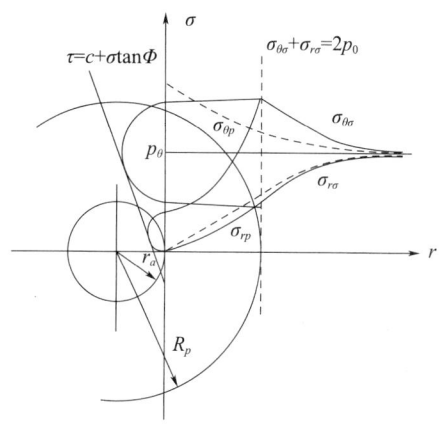

图 5-4 弹塑性应力分布图

提高，由此使岩体中的应力逐渐向弹性应力状态过渡。因此，在岩体内必定存在着某一点的应力为弹塑性应力的交界点，该点的应力既满足塑性应力的条件，又满足弹性应力的条件。通常将此弹塑性分界点称作塑性区半径（R_p）。根据条件 $r=R_p$，$\sigma_{\theta p}=\sigma_{\theta e}$，$\sigma_{rp}=\sigma_{re}$，并利用塑性区的应力计算公式，以及 $\lambda=1$ 时弹性应力应满足的条件（$\sigma_{re}+\sigma_{\theta e}=2p_0$），建立以下公式：

$$\frac{\sigma_c}{m-1}\left[m\left(\frac{R_p}{r_a}\right)^{m-1} - 1\right] + \frac{\sigma_c}{m-1}\left[\left(\frac{R_p}{r_a}\right)^{m-1} - 1\right] = 2p_0$$

简化后得塑性区半径 R_p 的计算公式：

$$R_p = r_a\left[\frac{2p_0(m-1)+2\sigma_c}{\sigma_c(m+1)}\right]^{\frac{1}{m-1}} \tag{5-22}$$

由上式可知，塑性区半径不仅与岩体自身的强度有关，而且受到初始应力 p_0、硐

室开挖半径 r_a 的影响。

5.1.2.3 塑性区半径处的应力

将塑性区半径 R_p 的表达式即式 (5-22) 代入塑性区应力的计算公式 (5-21), 即可求得塑性区边界上的应力计算公式, 其经整理后为:

当 $r=R_p$ 时, 有:
$$\sigma_{rp}=\frac{1}{m+1}[2p_0-\sigma_c] \\ \sigma_{\theta p}=\frac{1}{m+1}[2p_0 m+\sigma_c] \tag{5-23}$$

式 (5-23) 是一个特定的值, 它的大小将影响弹性区的应力和位移。

5.1.2.4 塑性区的位移

塑性区的应力和应变为非线性关系, 因此, 仅用广义胡克定律并不能正确地表明塑性区的应力与应变关系。用平均应力与平均应变之间的关系, 乘一个表示两者所具有的非线性关系的塑性模数, 并假设在塑性区体积应变为零, 最终求得塑性区的径向位移。这是计算塑性区位移最常用的方法之一。

根据弹性、塑性力学理论可知, 三维状态下的平均应力 σ 和平均应变 ε 分别为:

$$\sigma=\frac{1}{3}(\sigma_r+\sigma_\theta+\sigma_z); \quad \varepsilon=\frac{1}{3}(\varepsilon_r+\varepsilon_\theta+\varepsilon_z) \tag{a}$$

并利用广义胡克定律将三式相加, 得:

$$\varepsilon_r+\varepsilon_\theta+\varepsilon_z=\frac{1}{E}[\sigma_r-\mu(\sigma_\theta+\sigma_z)]+\frac{1}{E}[\sigma_\theta-\mu(\sigma_r+\sigma_z)]+\frac{1}{E}[\sigma_z-\mu(\sigma_r+\sigma_\theta)]$$
$$=\frac{1-2\mu}{E}(\sigma_r+\sigma_\theta+\sigma_z)$$

即:
$$\varepsilon=\frac{1-2\mu}{E}\sigma \tag{b}$$

又:
$$\varepsilon_r-\varepsilon=\frac{1}{E}[\sigma_r-\mu(\sigma_\theta+\sigma_z)]-\frac{1-2\mu}{E}\sigma=\frac{1+\mu}{E}(\sigma_r-\sigma) \tag{c}$$

或者表示为:
$$\varepsilon_r=\frac{1+\mu}{E}(\sigma_r-\sigma)+\varepsilon \tag{d}$$

同理得:
$$\varepsilon_\theta=\frac{1+\mu}{E}(\sigma_\theta-\sigma)+\varepsilon \tag{d_1}$$

$$\varepsilon_z=\frac{1+\mu}{E}(\sigma_z-\sigma)+\varepsilon \tag{d_2}$$

塑性区的应力与应变关系可在上式的基础上乘塑性模数 ψ。在弹性区, $\psi=1$, 并设塑性区的平均变形模量为 E_0, 横向变形模量为 μ_0, 剪切模量为 G_0, 体积不变 ($\varepsilon=0$)。由于 $\lambda=1$ 为轴对称问题, 由塑性区平面应变条件下的应力与应变关系可得:

$$\varepsilon_z=0; \quad \sigma_z=\sigma$$

那么:

$$\sigma=\frac{1}{2}(\sigma_r+\sigma_\theta)$$

则应力与应变关系式为：

$$\left.\begin{aligned}\varepsilon_r=\frac{\psi(1+\mu)}{E}(\sigma_r-\sigma_\theta)\\ \varepsilon_\theta=\frac{\psi(1+\mu)}{E}(\sigma_\theta-\sigma_r)\end{aligned}\right\} \quad (5\text{-}24)$$

由轴对称的几何方程式（5-2）得：

$$\varepsilon_r=\frac{\mathrm{d}u}{\mathrm{d}r};\ \varepsilon_\theta=\frac{u}{r}$$

对上述第二式求导，可得：

$$\frac{\mathrm{d}\varepsilon_\theta}{\mathrm{d}r}=-\frac{2u}{r^2}=-\frac{2\varepsilon_\theta}{r}$$

上式为一可分离变量的微分方程，经再积分可求得带有积分常数 B 的切向应变：

$$\varepsilon_\theta=\frac{B}{r^2}$$

将上式代入式（5-24），并将公式中的弹性参数 E、μ 改为塑性区中的 E_0、μ_0，整理后可得到塑性模数的表达式：

$$\psi=\frac{E_0 B}{(1+\mu_0)(\sigma_\theta-\sigma_r)r^2} \quad (5\text{-}25)$$

利用边界条件：$r=R_p$，$\psi=1$，根据上式可确定其积分常数：

$$B=\frac{(1+\mu_0)}{E_0}R_p^2(\sigma_\theta-\sigma_r)_{r=R_p} \quad (a)$$

式中 $(\sigma_\theta-\sigma_r)_{r=R_p}$——塑性区边界上的 $(\sigma_\theta-\sigma_r)$ 值。

若将上述式（a）代入式（5-25），则塑性模数的表达式为：

$$\psi=\frac{(\sigma_\theta-\sigma_r)_{r=R_p}}{(\sigma_\theta-\sigma_r)}\times\frac{R_p^2}{r^2} \quad (b)$$

由前文所述塑性区边界上的应力计算公式即式（5-23）可得：

$$\begin{aligned}(\sigma_\theta-\sigma_r)_{r=R_p}&=\frac{1}{m+1}[2mp_0+\sigma_c]-\frac{1}{m+1}[2p_0-\sigma_c]\\ &=\frac{2}{m+1}[(m-1)p_0+\sigma_c]\end{aligned} \quad (c)$$

将式（c）代入塑性模数表达式即式（b）可得：

$$\psi=\frac{2R_p^2}{r^2}\times\frac{p_0(m-1)+\sigma_c}{(m+1)(\sigma_\theta-\sigma_r)} \quad (5\text{-}26)$$

由径向位移的几何方程和塑性区的应力与应变关系式即式（5-24）可知：

$$u=r\varepsilon_\theta=r\frac{\psi(1+\mu_0)}{E_0}(\sigma_\theta-\sigma_r)=\frac{2R_p^2}{r}\times\frac{1+\mu_0}{E_0}\frac{p_0(m-1)+\sigma_c}{m+1} \quad (5\text{-}27)$$

上式即为塑性区的径向位移表达式。由式（5-27）可知，径向位移与岩体的强度参数 m、塑性区的变形特性 E_0 和 μ_0、初始应力 p_0、塑性区半径 R_p 以及任意一点的距离 r 等因素有关。

5.1.2.5 弹性区的应力和位移状态

随着 r 的增大，径向应力的增大提高了岩体的承载能力，使岩体内的应力逐渐向弹性状态过渡，当 $r \geqslant R_p$ 时，岩体内的应力处在弹性状态。此时，弹性区的应力、位移可引用前文所讨论的有关微分方程进行计算。但是，由于塑性区的存在，塑性区半径处作用着径向应力。而这径向应力必定会对弹性区的应力、位移产生影响，因此，在讨论弹性区的应力、位移问题时，必须考虑塑性区的存在对弹性区的影响。通常的做法是将塑性区边界上的径向应力作为外力对弹性区作用，以此代替塑性区的存在，并将其看成开挖半径为 R_p 的洞室的计算模式，分析弹性区的应力、位移状态。即在前述的微分方程中，改变其边界条件，求解最终的结果。此时，计算模式的边界条件如下：

$$r = R_p \text{ 时}, \sigma_{re} = \sigma_{rp} = \sigma_{Rp}$$
$$r \to \infty \text{ 时}, \sigma_{re} = p_0$$

将上式代入式（5-8）得：

$$\left. \begin{aligned} \sigma_{re} &= \frac{E}{1-\mu^2}\left[(1+\mu)c_1 - (1-\mu)\frac{c_2}{R_p^2}\right] = \sigma_{R_p} \\ \sigma_{re} &= \frac{E}{1-\mu^2}\left[(1+\mu)c_1\right] = p_0 \end{aligned} \right\} \quad (a)$$

整理后得：

$$\left. \begin{aligned} c_1 &= \frac{1-\mu}{E} p_0 \\ c_2 &= \frac{1+\mu}{E}[p_0 - \sigma_{R_p}] R_p^2 \end{aligned} \right\} \quad (b)$$

将所求得的积分常数代入原微分方程的解和应力表达式，即可求得弹塑性分布状态下弹性区的应力、位移计算公式：

$$\left. \begin{aligned} \sigma_{re} &= p_0\left(1 - \frac{R_p^2}{r^2}\right) + \sigma_{R_p}\frac{R_p^2}{r^2} \\ \sigma_{\theta e} &= p_0\left(1 + \frac{R_p^2}{r^2}\right) - \sigma_{R_p}\frac{R_p^2}{r^2} \\ u &= \frac{p_0}{E}\left[(1-\mu)r + (1+\mu)\frac{R_p^2}{r}\right] - \frac{1+\mu}{E}\sigma_{R_p}\frac{R_p^2}{r} \end{aligned} \right\} \quad (5\text{-}28)$$

同样，应将位移公式转换成平面应变条件下的计算公式：

$$u = \frac{1+\mu}{E} p_0\left[(1-2\mu)r + \frac{R_p^2}{r}\right] - \frac{1+\mu}{E}\sigma_{R_p}\frac{R_p^2}{r} \quad (5\text{-}29)$$

开挖后产生的位移（Δu）的计算公式极为简单，如下式所示：

$$\Delta u = \frac{1+\mu}{E}[p_0 - \sigma_{R_p}]\frac{R_p^2}{r} \quad (5\text{-}30)$$

从上述公式可见，弹塑性分布状态下的弹性应力、位移表达式与纯弹性分布的表达式很接近，仅差一项塑性区边界上径向应力的作用所引起的增量。因此，其应力、位移、应变的分布规律也大致相同。

5.1.2.6 圆形洞室围岩应力弹塑性分析小结

（1）当开挖后，洞壁的切向应力 $\sigma_\theta = 2p_0 > \sigma_c$ 时，洞周将产生塑性区。

(2) 在 $\lambda=1$ 的条件下，塑性区是一个圆环。塑性区的应力 σ_{rp}，$\sigma_{\theta p}$ 将随 r 的增大而增大，且塑性区的应力应该满足 $\sigma_{\theta p}=\sigma_{rp}m+\sigma_c$ 的条件。$r=R_p$ 处为塑性区的边界，塑性区边界上的径向应力将影响弹性区的应力、位移、应变的计算。

(3) 当 $r>R_p$ 时，围岩应力处于弹性区。塑性区的存在将限制弹性区的应力、位移、应变的发生，因此，与无塑性区的围岩应力状态相比较，其各计算公式中增加了由塑性区边界上的径向应力 σ_{rp} 的作用所引起的增量。但是，其分布规律与纯弹性区应力分布大致相同，而且仍可用 $\sigma_{\theta e}+\sigma_{re}=2p_0$ 来校核计算结果。

5.1.3 圆形硐室围岩应力的弹性理论分析（侧压力系数 $\lambda \neq 1$ 时）

当侧压力系数 $\lambda \neq 1$ 时，深埋圆形硐室的围岩应力计算，通常将其计算简图分解成两个较为简单的计算简图，然后将两者叠加而求得应力。其计算简图如图 5-5 所示，情况 I 作用着 $P=\frac{1}{2}(1+\lambda)p_0$ 的初始应力，并且垂直应力与水平应力相等；情况 II 作用着 $Q=\frac{1}{2}(1-\lambda)p_0$ 的初始应力，其中垂直应力是压应力，而水平应力是拉应力；若将两种情况作用的外荷载相加，其外荷载垂直应力为 p_0，水平荷载为 λp_0。根据弹性力学的解将两者叠加而求得任意一点的应力状态如下。

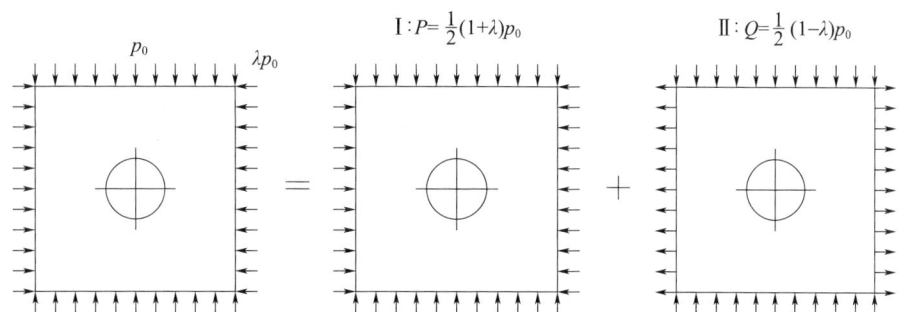

图 5-5 $\lambda \neq 1$ 时圆形硐室围岩应力的计算简图

$$\left.\begin{aligned}
\sigma_r &= \frac{p_0}{2}\left[(1+\lambda)\left(1-\frac{r_a^2}{r^2}\right)-(1-\lambda)\left(1-4\frac{r_a^2}{r^2}+3\frac{r_a^4}{r^4}\right)\cos2\theta\right] \\
\sigma_\theta &= \frac{p_0}{2}\left[(1+\lambda)\left(1+\frac{r_a^2}{r^2}\right)+(1-\lambda)\left(1+3\frac{r_a^4}{r^4}\right)\cos2\theta\right] \\
\tau_{r\theta} &= -\frac{p_0}{2}\left[(1-\lambda)\left(1+2\frac{r_a^2}{r^2}-3\frac{r_a^4}{r^4}\right)\sin2\theta\right]
\end{aligned}\right\} \quad (5-31)$$

而其位移计算公式为：

$$\left.\begin{aligned}
u &= \frac{(1+\mu)p_0}{2E}\times\frac{r_a^2}{r}\left\{(1+\lambda)+(1-\lambda)\left[2(1-2\mu)+\frac{r_a^2}{r^2}\right]\cos2\theta\right\} \\
v &= \frac{(1+\mu)p_0}{2E}\times\frac{r_a^2}{r}\left\{(1-\lambda)\left[2(1-2\mu)+\frac{r_a^2}{r^2}\right]\sin2\theta\right\}
\end{aligned}\right\} \quad (5-32)$$

显然，上述的公式要比 $\lambda=1$ 时的计算公式复杂得多，不仅作用着剪应力而且存在着切向位移。式（5-32）的位移公式仅为岩体因开挖而产生的径向位移和切向位移。

由于公式比较复杂，在此仅讨论 $r=r_a$（洞壁处的应力和位移特征）时的情况。首先，分析应力状态。由式（5-32）可知，洞周的应力状态不仅与到洞轴线中心的距离 r 有关，且与任意点到中轴连线与 x 轴的夹角 θ 以及侧压力系数 λ 有关。为了分析其所具有的特点，先简化式（5-31）。当 $r=r_a$ 时，应力公式可简化为：

$$\sigma_\theta = p_0 [(1+2\cos2\theta) + \lambda(1-2\cos2\theta)]$$
$$\sigma_r = 0; \quad \tau_{r\theta} = 0$$

若设 $1+2\cos2\theta = K_z$，$1-2\cos2\theta = K_x$，则上式可改写成：

$$\left. \begin{array}{l} \sigma_\theta = (K_z + \lambda K_x) p_0 = K p_0 \\ \sigma_r = 0; \quad \tau_{r\theta} = 0 \end{array} \right\} \tag{5-33}$$

式中 K——开挖后围岩的总应力集中系数；
K_z，K_x——垂直和水平应力集中系数。

由式（5-33）可知，围岩的总应力集中系数 K 是 θ、初始应力 p_0 以及侧压力系数 λ 的函数，其值将受到这三个因素的影响。图 5-6 表示了洞壁应力 σ_θ 的总应力集中系数 K 随 θ 以及 λ 不同而变化的状态。图 5-6 采用了一种比较特殊的坐标，其坐标原点随 θ 的变化而变化，设置在每个 θ 角的径线与 $r=r_a$ 的洞壁的交点上，且通过洞轴中心点的射线，在洞壁上向外为正向，洞内为负值，并取某点的应力值除以初始应力 p_0 为其比例尺。

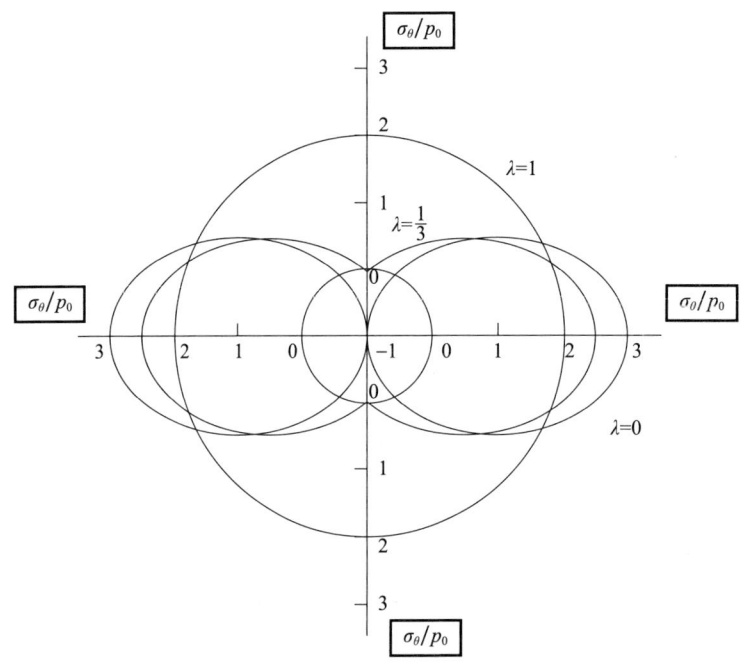

图 5-6 洞壁应力 σ_θ 总应力集中系数变化图

由图 5-6 可知，当 $\lambda=1$ 时，洞壁应力值为 $2p_0$。此时的切向应力 σ_θ 与 θ 无关，都为初始应力的两倍。因此，总应力集中系数 K 在图中表现为半径为 $3r_a$ 的圆（因为 $r=r_a$，为所有不同 θ 的坐标原点）。当 $\lambda=0$ 时，其洞壁应力分布为最不利状态。此时，洞顶（$\theta=90°$）的切向应力 $\sigma_\theta=-p_0$，将承受拉应力；在洞的侧壁中腰（$\theta=0°$）处，将承受最大的压应力 $\sigma_\theta=3p_0$。$\lambda=1/3$ 是洞顶是否出现拉应力的分界值，若 $\lambda<1/3$，则洞顶将

产生拉应力；若 $\lambda>1/3$，则洞顶将表现为压应力；若 $\lambda=1/3$，则 $\sigma_\theta=0$。

位移状态的表达式要比应力复杂得多，在此仅讨论当 $r=r_a$ 时洞壁的位移。位移公式经简化后如下：

$$\left.\begin{aligned} u &= \frac{1+\mu}{2E} p_0 r_a \left[(1+\lambda) + (1-\lambda)(3-4\mu)\cos 2\theta \right] \\ v &= \frac{1+\mu}{2E} p_0 r_a \left[(1-\lambda)(3-4\mu)\sin 2\theta \right] \end{aligned}\right\} \quad (5\text{-}34)$$

影响洞壁位移的因素很多，有岩体的弹性常数 E、μ，初始应力状态 p_0，开挖硐室的半径 r_a 等。由于 $\lambda \neq 1$，位移与径向夹角 θ 也有一定的关系。此外，从量级来说，径向位移要比切向位移稍大些，因此径向位移对硐室的稳定性仍起着主导作用。

5.2　椭圆形硐室围岩应力的弹性理论分析

5.2.1　椭圆形硐室洞壁应力的计算公式

地下工程中经常采用椭圆形硐室截面。图 5-7 所示是在单向应力作用下椭圆形硐室的计算简图。按此计算简图的求解结果，当 $r=r_a$ 时，洞壁应力如下。

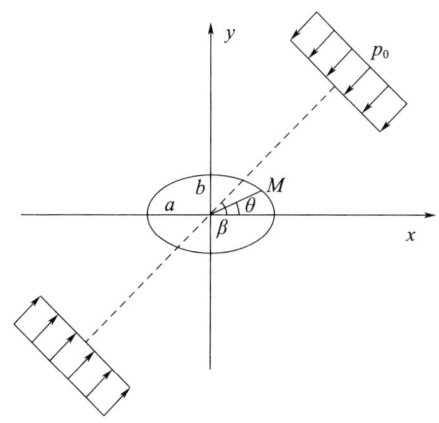

图 5-7　椭圆形硐室单向受力计算简图

$$\left.\begin{aligned} \sigma_\theta &= p_0 \frac{(1+K)\sin^2(\theta+\beta) - \sin^2\beta - K^2\cos\beta}{\sin^2\theta + K^2\cos^2\theta} \\ \theta_r &= 0; \quad \tau_{r\theta} = 0 \end{aligned}\right\} \quad (5\text{-}35)$$

式中　K——y 轴上半轴 b 与 x 轴上半轴 a 的比值，即 $K=b/a$；

θ——洞壁上任意一点 M 与 x 轴的夹角；

β——单向外荷载与 x 轴的夹角；

p_0——初始应力值。

若将岩体所受的初始应力分解成 $\beta=0°$（$P=\lambda p_0$）和 $\beta=90°$（$P=p_0$）两种状态，按上式计算求得的应力，叠加后即可求得椭圆形硐室的次生应力分布状态，洞壁应力计算公式为：

$$\left.\begin{array}{l}\sigma_\theta = \dfrac{(1+K)^2\cos^2\theta - 1 + \lambda\left[(1+K)^2\sin^2\theta - K^2\right]}{\sin^2\theta + K^2\cos^2\theta}p_0 \\ \sigma_r = 0;\quad \tau_{r\theta} = 0\end{array}\right\} \quad (5\text{-}36)$$

5.2.2 椭圆形硐室洞壁应力分布特点的分析

洞壁的切向应力不仅与初始应力 p_0 和 λ 有关，而且取决于任意点与 x 轴的夹角 θ 和轴比 K 的大小。表 5-1 列出了几种特殊组合下切向应力 σ_θ 的结果。由表 5-1 可知，当 $\lambda=0$ 时为最不利条件，侧壁的 σ_θ 为最大压应力，系数为 $\dfrac{2+K}{K}$，σ_θ 大小为 $\dfrac{2+K}{K}p_0$，而洞顶为最大拉应力，其值为 $-p_0$；当 $\lambda < \dfrac{1}{1+2k}$ 时，洞顶将出现拉应力。这是在工程中应予以重视的问题。在此还应强调的是轴比 K 的定义，若将两值之比 b/a 换成 a/b，则洞壁应力状态将发生变化。以 $\lambda=1$ 为例，当将其值为 K 和 $1/K$ 代入应力公式时，洞壁应力状态将旋转 90°。因此，不同的 K 值将使洞壁应力发生变化。

表 5-1 切向应力 σ_θ 变化特征

	$\lambda=0$	$\lambda=1$	λ
$\theta=0°$	$\dfrac{2+K}{K}$	$\varphi_j < \beta < \dfrac{\pi}{2}$	$\sigma_1 - \sigma_3$
$\theta=45°$	$\dfrac{K^2+2K-1}{1+K^2}$	$\dfrac{4K}{1+K^2}$	$\dfrac{K^2+2K-1+\lambda(1+2K-K^2)}{1+K^2}$
$\theta=90°$	-1	$2K$	$\lambda(1+2K)-1$

5.2.3 椭圆形硐室的最佳截面尺寸

当椭圆形硐室周边各点位置的应力均为等值压应力时，对工程体的稳定最为有利，此时的轴比 K 称为等应力轴比，也称最佳轴比。则此时 $\dfrac{\mathrm{d}\sigma_\theta}{\mathrm{d}\theta}=0$，可以得到：

$$K = \dfrac{1}{\lambda} = \dfrac{b}{a} \quad (5\text{-}37)$$

由此看出，等应力轴比与原岩应力无关，只和侧向应力系数 λ 有关，故 λ 可决定最佳轴比。例如，$\lambda=1$ 时，$K=1$，$a=b$，最佳截面为圆形；$\lambda=1/2$ 时，$K=2$，$b=2a$，最佳截面为 $b=2a$ 的立椭圆；$\lambda=2$ 时，$K=1/2$，$a=2b$，最佳截面为 $a=2b$ 的横椭圆。

总之，椭圆长轴总是顺着原岩应力的最大主应力的方向，且轴比满足式（5-37）为最佳。实际设计与生产工作中，如果条件许可，应满足或尽量靠近该轴比。但由于经济合理性原因，经常难以满足该轴比要求，甚至偏离较远，只能靠加强支护或其他方法维护巷道工程体的稳定。

将式（5-37）代入式（5-36）可得：

$$\begin{aligned}
\sigma_\theta &= p_0 \frac{(1+K)^2 \cos^2\theta - 1 + \lambda[(1+K)^2 \sin^2\theta - K^2]}{\sin^2\theta + K^2 \cos^2\theta} \\
&= p_0 \frac{\left(1+\frac{1}{\lambda}\right)^2 \cos^2\theta - 1 + \lambda\left[\left(1+\frac{1}{\lambda}\right)^2 \sin^2\theta - \frac{1}{\lambda^2}\right]}{\sin^2\theta + \frac{1}{\lambda^2} \cos^2\theta} \\
&= p_0 \frac{\lambda^3 \sin^2\theta + \lambda^2 \sin^2\theta + \lambda \cos^2\theta + \cos^2\theta}{\lambda^2 \sin^2\theta + \cos^2\theta} \\
&= p_0 \frac{\lambda(\lambda^2 \sin^2\theta + \cos^2\theta) + \lambda^2 \sin^2\theta + \cos^2\theta}{\lambda^2 \sin^2\theta + \cos^2\theta} \\
&= (1+\lambda) p_0
\end{aligned} \quad (5\text{-}38)$$

得出的结果很理想,其洞壁的切向应力 σ_θ 的值与 θ 无关,并且在 $\lambda \neq 1$ 时,σ_θ 为均匀的压应力,且其应力值小于圆形硐室在 $\lambda=1$ 时的洞壁切向应力值。

5.2.4 椭圆形硐室的零应力轴比

从式(5-37)中也可以看出,当 λ 过大或过小时,过分地追求最佳轴比是不尽合理的。在这种情况下,根据岩体本身抗拉强度最弱的特点,可以退而求其次,找出不出现拉应力的情况,即此时工程体周边上不出现拉应力,相应的轴比称为零应力轴比。

通过圆形孔周边的应力分析的结论可以看出,在各向不等压应力场中,孔的顶底及两帮中点位置是最要害的部位,如图 5-8 所示,因此可以由此入手。

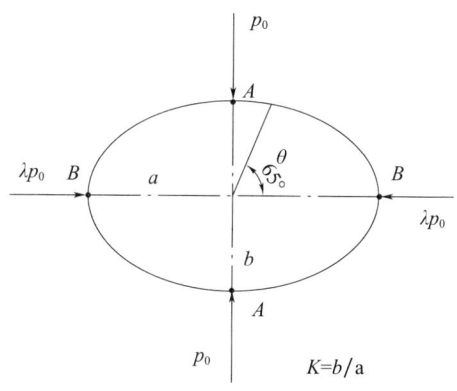

图 5-8 椭圆形硐室计算模型

对于顶点 A,$\theta=90°$,将其代入式(5-36)中得 $\sigma_\theta = \lambda p_0 (1+2K) - p_0$。

① $\lambda>1$ 时,$\lambda p_0 (1+2K) > p_0$,所以不会出现拉应力。

② $\lambda<1$ 时,无拉应力出现的条件是 $\sigma_\theta \geqslant 0$,即 $\lambda p_0 (1+2K) \geqslant p_0$,整理得无拉应力轴比:

$$K \geqslant \frac{1-\lambda}{2\lambda} \quad (5\text{-}39)$$

当上式取等号时,即为零应力轴比。

对于两帮中点 B,$\theta=0°$,将其代入式(5-36)中得 $\sigma_\theta = p_0\left(1+\frac{2}{K}\right) - \lambda p_0$。

① $\lambda<1$ 时,$\sigma_\theta \geqslant 0$,不会出现拉应力。

② $\lambda>1$ 时，若不出现拉应力，其条件为 $\sigma_\theta \geqslant 0$，则 $\sigma_\theta = p_0\left(1+\dfrac{2}{K}\right) - \lambda p_0 \geqslant 0$，整理得：

$$K \leqslant \frac{2}{\lambda - 1} \tag{5-40}$$

当上式取等号时，即为零应力轴比。

可见，当侧向应力系数比较小（$\lambda<1$）时，应着重考虑顶（底）点；反之则应考虑两帮中点。

5.3 深埋矩形硐室围岩应力的弹性理论分析

矩形硐室一般采用旋轮线代替 4 个直角，利用级数求解其应力状态。其结果可简化成下式（$r=r_a$ 时，洞壁应力）：

$$\left.\begin{array}{l}\sigma_\theta = (K_z + \lambda K_x)\, p_0 \\ \sigma_r = 0;\ \tau_{r\theta}=0\end{array}\right\} \tag{5-41}$$

表 5-2 列出了洞壁不同 θ 所对应的应力集中系数。表中 $\beta=0°$，$\beta=90°$ 下的系数分别为水平应力集中系数 K_x 和垂直应力集中系数 K_z。a，b 分别为其在 x，y 轴的宽度和高度。实际应用时可查得相应的系数乘水平初始应力和垂直初始应力，经叠加后即可求得各点的应力值。图 5-9 所示为矩形硐室（$a:b=1:8$）周边应力分布图。矩形硐室角点上的应力远远大于其他部位的应力。当 $\lambda=1$ 时，矩形硐室周边均为压应力。

表 5-2 矩形硐室周边应力的数值

$\theta/°$	$a:b=5$		$a:b=3.2$		$a:b=1.8$		$a:b=1$	
	$\beta=0°$	$\beta=90°$	$\beta=0°$	$\beta=90°$	$\beta=0°$	$\beta=90°$	$\beta=0°$	$\beta=90°$
0	−0.768	2.420	−0.770	2.512	−0.8336	2.0300	−0.808	1.472
10	—	—	−0.807	2.520	−0.8354	2.1794		
20	−0.152	8.050	−0.686	4.257	−0.7573	2.6996		
25	2.692	7.030	—	6.207	−0.5989	5.2609		
30	2.812	1.344	2.610	5.512	−0.0413	3.7041		
35	—	—	3.181	—	1.1599	3.8725	−0.268	3.366
40	1.558	−0.644	2.392	−0.193	2.7628	2.7236	0.980	3.860
45					3.3517	0.8205	3.000	3.000
50					2.9538	−0.3248	3.860	0.980
55					—	—	3.366	−0.268
60					1.9836	−0.8674		
65								
70					1.4852	−0.8674		
80					1.2636	−0.8197		
90	1.192	−0.940	1.342	−0.980	1.1999	−0.8011	1.472	−0.808

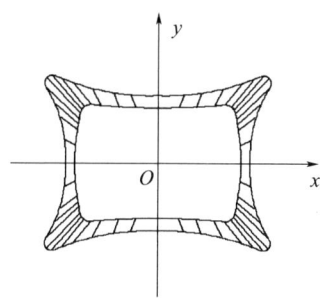

图 5-9 矩形硐室（$a:b=1:8$）周边应力分布图

5.4 硐室的围岩压力

5.4.1 围岩压力的基本概念

前述的围岩应力状态，无论是洞壁应力小于岩体强度所呈现的弹性状态，还是洞壁应力超出岩体强度而呈现的是弹塑性状态，都是在无支护的前提下讨论的，可以说，这是一种比较理想的状态。在实际工程中，很少有不做支护就使用的硐室工程。在进行支护设计时，作用在支护上的荷载是设计中必不可少的参数。这就引出了围岩压力这一概念。

对于围岩压力的认识类似于对岩体的认识，也经历了一个逐渐发展、不断完善的过程。最初，人们将围岩压力看成一个很简单的概念，认为支护是一种构筑物而岩体的围岩压力则是荷载，二者是相互独立的系统。在这一认知的基础上，围岩压力的概念即为开挖后岩体作用在支护上的压力（狭义的围岩压力）。随着对岩体的认识不断加深，人们发现岩体本身就是支护结构的一部分，它承担部分围岩应力的作用。支护结构应该与岩体是一个整体，两者应称为一个系统，共同承担由于开挖而引起的围岩应力作用。因此，对围岩压力的定义又可理解为围岩应力的全部作用（广义的围岩压力）。在这广义的围岩压力概念中，最具特色的是支护与围岩的共同作用。硐室开挖后，岩体的应力调整、向洞内位移的变化等，也说明了围岩与支护一起发挥各自所具有的强度特性，共同参与了这一应力重分布的整个过程。因此，共同作用的围岩压力理论，促进了地下工程建设，使其向更合理、更经济的方向发展。

5.4.2 硐室围岩的主要破坏形式

开挖硐室后围岩应力重分布，使得围岩部分区域应力增高。如果围岩应力状态小于岩体强度，则围岩只产生弹性变形或微小的塑性变形，岩体不发生破坏，也就是说，围岩自身作为支护结构能够承受地层压力，这种状态称为硐室稳定状态。反之，当围岩应力超过岩体强度，则围岩产生较大的塑性或发生脆性破坏，这种状态称为硐室不稳定状态。这时，在无支护的情况下，围岩将破碎塌落；在有支护的情况下，围岩将以一定的压力挤压支护结构。由此可见，围岩处于稳定状态或不稳定状态，都是围岩应力和岩体强度之间矛盾表现的不同形式。

岩体受力破坏的基本形式有断裂破坏和剪切破坏。断裂破坏主要由拉应力引起，且破坏前变形很小，所以表现出脆性破坏；剪切破坏主要由剪应力引起，但同时在剪切破坏面上还有法向应力，且破坏前有较大的位移，故表现出塑性滑移破坏。

岩体发生何种破坏形式，可通过莫尔强度包络线来判断。先由试验结果作出莫尔强度包络线（图5-10），然后根据岩体中最大应力状态在同一图中绘出应力圆。若应力圆位于曲线Ⅰ区的阴影部分，则岩体出现剪切破坏；若应力圆位于Ⅱ区，则岩体出现拉断破坏；若应力圆位于曲线2-2以内，则岩体不发生破坏。

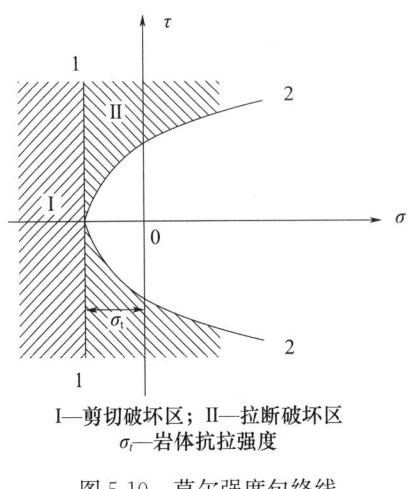

Ⅰ—剪切破坏区；Ⅱ—拉断破坏区
σ_t—岩体抗拉强度

图5-10 莫尔强度包络线

因为天然岩体经历了长期构造运动的作用，发育有各种定向的和非定向的软弱结构面，而岩体的强度、变形和破坏又主要受这些软弱结构面控制，所以研究围岩的变形和破坏，绝不能离开各类岩体的具体情况。实际工程中的调查表明，水平硐室围岩破坏的形式可归纳为如下几种基本形态。

① 硐室围岩整体稳定，但可能存在局部岩块掉落现象。在坚硬且完整性较好的岩体中开挖硐室，因为岩体的强度较高，所以成洞后围岩应力往往低于岩体强度。但是裂隙切割可能形成不利的组合，或在施工中，爆破作用引起岩块掉落现象。这种掉块现象大都是局部的，一般不会造成硐室丧失稳定性。

② 硐室围岩发生脆性断裂破坏。围岩的拉断破坏一般出现在硐室顶部，因顶部岩石容易出现拉应力。在松散、破碎和完整性很差的岩层中，可能由于顶部拉裂而发生严重冒顶现象，直至最后形成一个相应的拱形而暂时稳定下来。在坚硬岩层中，如果层理、节理裂隙切割具有不利的组合，则将使硐室顶拱部分岩体破裂。

③ 围岩塑性剪切破坏。现场观测和理论研究都证明，在软弱岩体中，在均匀压力作用下，硐室围岩易产生塑性剪切破坏。

5.4.3 围岩压力的分类

围岩压力分为松动压力、塑性形变压力、冲击压力和膨胀压力四种。

1. 松动压力

松动的岩体或者施工爆破所破坏的岩体等作用在硐室上的压力称为松动压力。实际上，松动压力就是部分岩石的重力直接作用在支护结构上的压力，所以松动压力本质上应被视作荷载（松动荷载）。因此洞顶上的压力特别大，而两侧稍小，底部一般没有。

产生松动压力的原因有地质因素和施工因素两方面。松动压力在各种地层中都可能出现。在松散、破碎和完整性很差的岩层中开挖硐室，如果不支护可能塌落成拱形而稳定下来，如图 5-11 所示，拱形与支护结构之间岩石的重力就是作用在支护结构上的松动压力。在坚硬岩层中，如果层理、节理裂隙切割具有不利的组合，将使部分岩体破裂而形成松动压力（图 5-12）。

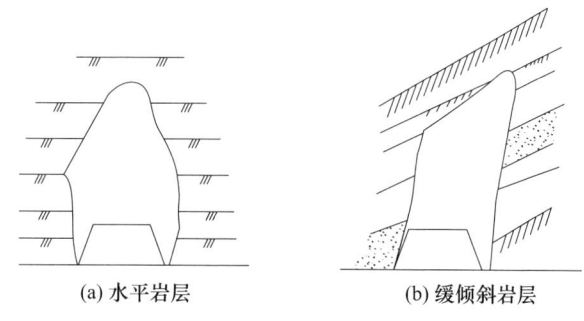

(a) 水平岩层　　　　　(b) 缓倾斜岩层

图 5-11　松散岩层中的冒顶现象

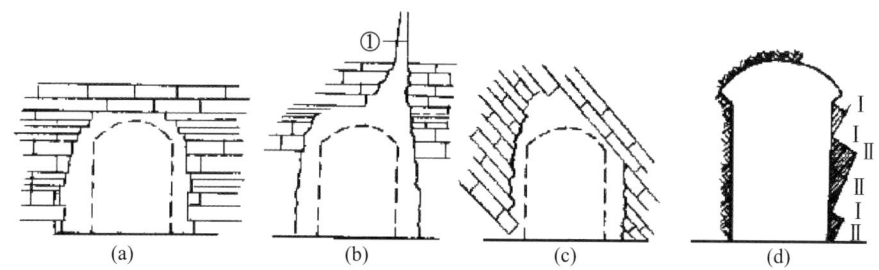

1—沿节理发育的溶槽，泥质充填；Ⅰ、Ⅱ—节理裂隙

图 5-12　坚硬岩层围岩崩塌情形

施工程序对松动压力的发展也有决定性的影响。爆破是岩层松动的主要原因，松动区的大小受钻孔布置、炸药种类和装药量控制。在破碎岩层中，松动压力的大小决定于临时支护的种类。实践表明，硐室施工中采用临时木支撑，表现出明显的缺点。实际上，安装木支撑时就不可能使其与未受扰动的地层保持贴紧，这个孔隙不久就被地层填塞。此外，木材本身容易变形，尤其当压力与木材纤维垂直时变形更大。同时，立柱压入地下会进一步造成木支撑下沉。由此可见，临时木支撑会使松动压力增大。采用喷射混凝土作为临时支护措施，则具有突出的优点，因为成洞后及时进行支护，能够约束围岩的变形，控制围岩进一步的松动和破坏。地下硐室掘进的新奥法的中心思想，就是在爆破围岩表面暴露后，立即喷射一层薄混凝土，然后进行出碴等其他工序，这样可以减少围岩的变形和松动。这种施工方法既能保证施工安全，又可简化永久性支护结构，具有综合性的经济效果。由此可见，及时支护，减少围岩暴露时间，可减小松动压力。除此之外，地下水的影响、空气中的潮气以及温度差作用都会加剧松动压力。

2. 塑性形变压力

松动压力是以重力的形式作用在硐室上的压力,即松动岩体的重力直接作用于支护结构上的荷载。而塑性形变压力则完全不同,在这里,重力是造成围岩压力的根本原因,但并不是直接原因。由岩体重力和构造运动的作用引起的围岩应力状态,才是产生塑性形变压力的原因。当围岩应力超过岩体的强度极限时,硐室周围就会出现塑性区域或破坏区域,产生塑性变形。如果硐室周围的塑性区域扩展不大,随着硐室周围位移的出现,地层塑性区达到稳定平衡状态,围岩没有达到承载能力的极限值;如果塑性区继续扩展,则必须采取支护措施约束地层运动,以保持硐室围岩处于稳定状态,这时为了阻止地层运动,就显现出塑性形变压力。显然,如果地层最初处于弹性状态,成洞后的围岩应力状态仍然保持弹性状态,那么围岩是稳定的,而且洞内不需要有支护结构,于是围岩压力现象不显现出来。因此,为了正确理解塑性形变压力,必须克服过去将围岩压力只作为荷载理解的传统观念。塑性形变压力的分布情况,取决于侧压力系数 λ 的数值,当 $\lambda=1$ 或围岩处于潜塑状态时,压力为来自四周的均布压力;当 $\lambda>1$ 时(这主要是由构造应力引起的),压力主要来自两侧;$\lambda<1$ 时,压力主要来自拱腰至侧壁间。

3. 冲击压力

岩爆是地层压力中的一种特殊现象,有时称为冲击地压。这个现象的发生通常是被这样解释的:当岩石内部积聚了很大的弹性应变能时,一旦遇到机械的扰动,其突然猛烈地释放出来,形成岩爆现象。随着巨大的响声,岩片以极快的速度向硐室内飞散开来,岩片呈透镜状或叶片状,其边缘像刀刃一样锐利。因此,岩爆就是岩石被挤压到超过其弹性限度时,岩体内积聚的能量突然释放所造成的岩石破坏现象。岩爆常常造成矿井或坑道的破坏,并严重威胁工人的安全。

依据能量原理,受压试件中积聚在单位体积内的应变能为:

$$u=\frac{\sigma^2}{2E} \tag{5-42}$$

由此可见,弹性应变能的大小和压应力的二次方成正比,而与弹性模量 E 成反比。因此一般说来,在较深的地层中,且岩体比较坚硬完整的情况下,如花岗岩、片麻岩、斑岩、闪长岩、辉绿岩、石灰岩、硬煤等,容易发生岩爆现象;在很软弱的岩石中,当弹性应变能还不太大时便使岩石产生流动,即不能积聚很大的应变能,所以在很软弱的岩石中较少发生岩爆现象。根据某些统计,大多数岩爆发生在工作面附近,因此,可以用风钻打一定数量的超前钻孔,使洞壁围岩应力部分释放,避免岩爆现象的发生。

4. 膨胀压力

在黏土质页岩或凝灰岩之类的岩石中开挖硐室,无论在地层的深部还是浅部,硐室四周的围岩往往产生很大的变形,向洞内鼓胀,但不会使其失去整体性,因而表现为顶板悬垂、两帮突出以及底板隆起,这就是膨胀现象。膨胀现象中最常见的是底鼓。例如,在泥质或煤质页岩中开挖的巷道,经常由于膨胀现象压坏支架,甚至使用各种方式加强的支架也会出现破坏现象。由于硐室膨胀而产生的压力就是膨胀压力。

关于膨胀压力产生的原因,目前认为主要是由于岩石本身的物理力学特性和地下水的影响。实践资料表明,发生膨胀的岩石,绝大多数是含有黏土质且具有较大塑性的岩土，这种岩石的骨料一般很细小（粒径在 0.005mm 以下），呈鳞片状。在骨料之间满布相互贯联的毛细孔隙，因而具有很大的吸水能力。当吸水以后，由于鳞片间毛细管的弯液面作用，使鳞片间距离变化或者位置发生改变，结果表现为体积膨胀。开挖巷道导致的应力重分布，对岩石的原状结构有很大扰动，并且自由面的形成改变了巷道附近地下水的运动规律，在压力差作用下，地下水更容易向巷道空间渗透和运动。上述因素都增加了地下水的影响，因而巷道围岩就更容易出现膨胀现象。

因此，在这种塑性较大的岩体中开挖硐室时，应特别注意地下水的影响，做好排水措施。同时要做到：快速开挖，及时支撑，及时衬砌，使岩体性质及应力状态不致过多变化，必要时设置仰拱。

关于冲击压力和膨胀压力，目前研究得很不够，尚无法进行理论计算，故本小节主要讨论围岩压力中松动压力和塑性形变压力的计算。

5.4.4 松动压力的计算

松动压力的计算以围岩应力弹塑性分析为基础。该计算方法仅考虑塑性区的岩体自重并以其作为作用在支护上的荷载，而建立的分析方法。

1. 松动压力的假设条件

松动压力的计算方法又被称作卡柯（Caquot）公式计算法。其在整个计算过程中作了如下假设。

① 当硐室开挖后，洞周的围岩应力呈弹塑性分布状态。在塑性区充分发展后，塑性区的岩体自重为作用在支护上的围岩压力。

② 在 $\lambda=1$ 的情况下，取洞顶的单元体为代表性计算单元进行分析，以考虑硐室的围岩压力最不利状态。

③ 在塑性区边界上，岩体不作应力传递，即当 $r=R_p$ 时，$\sigma_{r_p}=0$。塑性区的应力服从莫尔-库伦强度理论。

2. 塑性松动压力的计算

在硐室开挖后，岩体产生塑性区。在塑性区的洞顶部取一单元体，单元体的受力情况如图 5-13 所示。

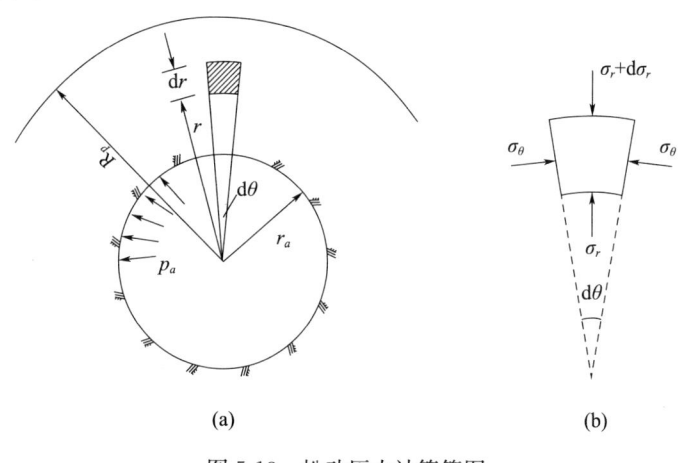

图 5-13 松动压力计算简图

根据静力平衡条件可得如下方程：

$$\sum F_r = 0; (\sigma_r + \mathrm{d}\sigma_r)(r + \mathrm{d}r)\mathrm{d}\theta - \sigma_r r \mathrm{d}\theta - 2\sigma_\theta \sin\frac{\mathrm{d}\theta}{2}\mathrm{d}r + \gamma_0 r \mathrm{d}\theta \mathrm{d}r = 0$$

略去二阶无穷小量，并令 $\sin\frac{\mathrm{d}\theta}{2} \approx \frac{\mathrm{d}\theta}{2}$，则上式整理后可得：

$$r\mathrm{d}\sigma_r + \sigma_r \mathrm{d}r - \sigma_\theta \mathrm{d}r + \gamma_0 r \mathrm{d}r = 0$$

或写成：

$$\sigma_\theta - \sigma_r = r\frac{\mathrm{d}\sigma_r}{\mathrm{d}r} + \gamma_0 r \tag{5-43}$$

式中 γ_0——塑性区岩体重力密度。

根据假设条件，塑性区的应力满足莫尔-库伦强度理论。该强度理论表达式如下：

$$\sigma_\theta = \frac{1+\sin\phi}{1-\sin\phi}\sigma_r + \frac{2c\cos\phi}{1-\sin\phi} \tag{a}$$

式中 c——岩石的凝聚力（又称内聚力、黏聚力）；
φ——岩石的内摩擦角。

改变上式的表达形式：

$$\sigma_\theta - \sigma_r = \sin\phi(\sigma_\theta + \sigma_r + 2c\cot\phi) \tag{b}$$

$$(\sigma_r + c\cot\phi)\sin\phi + \sigma_r + c\cot\phi = \sigma_\theta + c\cot\phi - (\sigma_\theta + c\cot\phi)\sin\phi$$

$$\frac{\sigma_\theta + c\cot\phi}{\sigma_r + c\cot\phi} = \frac{1+\sin\phi}{1-\sin\phi} = m \tag{c}$$

根据上式，可求得：

$$m - 1 = \frac{\sigma_\theta - \sigma_r}{\sigma_r + c\cot\varphi}$$

$$\sigma_\theta - \sigma_r = (\sigma_r + c\cot\phi)(m-1) \tag{5-44}$$

将式（5-44）代入式（5-43）得：

$$(m-1)(\sigma_r + c\cot\phi) = r\frac{\mathrm{d}\sigma_r}{\mathrm{d}r} + \gamma_0 r \tag{a}$$

$$\frac{\mathrm{d}(\sigma_r + c\cot\phi)}{\mathrm{d}r} - \frac{m-1}{r}(\sigma_r + c\cot\phi) = -\gamma_0$$

求解上述微分方程：

$$(\sigma_r + c\cot\phi) = \mathrm{e}^{+\int\frac{m-1}{r}\mathrm{d}r}\left[\int \mathrm{e}^{-\int\frac{m-1}{r}\mathrm{d}r}(-\gamma_0)\mathrm{d}r + A\right] = \frac{\gamma_0}{m-2}r + Ar^{m-1} \tag{b}$$

或改写成：

$$\sigma_r = \frac{\gamma_0}{m-2}r + Ar^{m-1} - c\cot\phi \tag{c}$$

由边界条件（当 $r = R_p$ 时，$\sigma_{rp} = 0$）确定积分常数 A：

$$\frac{\gamma_0}{m-2}R_p + AR_p^{m-1} - c\cot\phi = 0$$

$$A = \left(c\cot\phi - \frac{\gamma_0}{m-2}R_p\right)\left(\frac{1}{R_p}\right)^{m-1} = c\cot\phi\left(\frac{1}{R_p}\right)^{m-1} - \frac{\gamma_0}{m-2}\left(\frac{1}{R_p}\right)^{m-2} \tag{d}$$

代入原式得：

$$\sigma_r = c\cot\phi\left[\left(\frac{r}{R_p}\right)^{m-1}-1\right]+\frac{\gamma_0 r}{m-2}\left[1-\left(\frac{r}{R_p}\right)^{m-2}\right] \tag{e}$$

当 $r=r_a$ 时,上式所得结果即为作用在支护上的松动压力 p_a,则式（e）也就可改写成如下形式（通常称作卡柯公式）:

$$p_a = c\cot\phi\left[\left(\frac{r_a}{R_p}\right)^{m-1}-1\right]+\frac{\gamma_0 r}{m-2}\left[1-\left(\frac{r_a}{R_p}\right)^{m-2}\right] \tag{5-45}$$

式中　$m=\frac{1+\sin\phi}{1-\sin\phi}$。

当岩体中开挖一个以 r_a 为半径的硐室后,在式（5-45）中,岩体强度的 c、φ 值为常数,松动压力主要取决于塑性区半径 R_p 的大小。当塑性区半径为 r_a 时,即在无塑性区的情况下,$p_a=0$。随着 R_p 的增大,p_a 也将增大。由卡柯公式推导的整个过程可知,松动压力的计算是一个近似的计算,对在洞顶岩体中建立的单元体应力进行计算是偏于保守的,假设在塑性区边界上的应力为零的条件也不尽合理。另外,在实际应用卡柯公式计算松动压力时,塑性区半径 R_p,通常可按第 5.1.2 节应力分析中有关塑性区半径 R_p 的计算公式求得。随着工程测试技术不断提高,利用现场实测结果,可测得塑性区半径 R_p,再利用式（5-45）计算松动压力也是常用的方法,且其更符合工程的实际情况,计算结果也更趋合理。

5.4.5　塑性形变压力的计算

根据前文所述塑性形变压力的概念,按前述的围岩应力弹塑性分布的结果,改变其边界条件,就可求得塑性形变压力的计算公式。

由式（5-25）可知,按弹塑性分布的微分方程求得解为:

$$\sigma_{rp}=\frac{1}{m}\left[Ar^{m-1}-\frac{m\sigma_c}{m-1}\right]$$

$$\sigma_{\theta p}=Ar^{m-1}-\frac{\sigma_c}{m-1}$$

根据弹塑性分布的情况及围岩压力的条件,可得边界条件如下:

当 $r=r_a$ 时,$\sigma_{rp}=p_i$

其中,p_i 为支护结构对洞壁岩体的作用力。按作用力与反作用力定理,可将 p_i 改为塑性形变压力。将边界条件代入上式得:

$$p_i=\frac{1}{m}\left[Ar_a^{m-1}-\frac{m\sigma_c}{m-1}\right]$$
$$A=\left(mp_i+\frac{m\sigma_c}{m-1}\right)\left(\frac{1}{r_a}\right)^{m-1} \tag{a}$$

将求得的积分常数代入原方程得:

$$\sigma_{rp}=\left(p_i+\frac{\sigma_c}{m-1}\right)\left(\frac{r}{r_a}\right)^{m-1}-\frac{\sigma_c}{m-1}$$
$$\sigma_{\theta p}=m\left(p_i+\frac{\sigma_c}{m-1}\right)\left(\frac{r}{r_a}\right)^{m-1}-\frac{\sigma_c}{m-1} \tag{b}$$

上式中有三个未知数：σ_{rp}、$\sigma_{\theta p}$ 和 p_i,故无法求出 p_i 的具体表达式。在进行弹塑性分析时曾得到这样一个结论:在塑性区边界上的应力应既满足塑性状态下的应力条件,又满足弹性状态下的应力条件。当 $\lambda=1$ 时，弹性状态下的应力应满足公式 $\sigma_\theta+\sigma_{re}=2p_0$。根据上述条件，即为当 $r=R_p$ 时，$\sigma_\theta+\sigma_{re}=2p_0$ 成立。将这一条件与上述的式（b）联立，即可求出塑性形变压力 p_i：

$$p_i+\frac{\sigma_c}{m-1}\left(\frac{R_p}{r_a}\right)^{m-1}-\frac{\sigma_c}{m-1}+m\left(p_i+\frac{\sigma_c}{m-1}\right)\left(\frac{R_p}{r_a}\right)^{m-1}-\frac{\sigma_c}{m-1}=2p_0 \qquad (c)$$

整理后，求得塑性形变压力的表达式为：

$$p_i=\frac{2}{m^2-1}\left[p_0(m-1)+\sigma_c\right]\left(\frac{r_a}{R_p}\right)^{m-1}-\frac{\sigma_c}{m-1} \qquad (5\text{-}46)$$

式（5-46）就是计算塑性形变压力的卡斯特耐尔（Kastner）公式。就公式中所含的参数而言，当硐室开挖后，塑性形变压力的大小不仅取决于塑性区半径 R_p 的大小，而且取决于岩体原岩应力 p_0 的大小。塑性形变压力与塑性区半径 R_p 成反比，若塑性区半径增大则塑性形变压力将降低，其原因在于硐室开挖后围岩应力的形成和塑性区的形成是一个不断调整的过程。尤其是塑性区的形成，必定会使岩体产生一定量的塑性形变。若塑性区较大，则从另一侧面反映岩体已产生了一定量的塑性形变，使部分能量释放。这时进行支护，则作用在支护结构上的塑性形变压力只是剩余形变量所形成的压力，前期已释放了的能量不会对支护结构有所影响。因此，造成了塑性形变压力随塑性区半径 R_p 的增大而减小的现象。应该强调的是，利用卡斯特耐尔公式计算塑性形变压力时，不能再利用围岩应力分布的计算公式求解塑性区半径 R_p。因为两者是在相同条件下建立的两个不独立的方程式。故通常只能利用实测的方法，先确定塑性区半径，然后分析塑性形变压力。

5.4.6　影响围岩压力的因素

通过以上关于围岩变形和破坏的分析可见，影响硐室稳定性及围岩压力的因素很多，归纳起来，可分为地质因素和工程因素两方面。地质因素系自然属性，反映硐室稳定性的内在联系；工程因素则是改变硐室稳定状态的外部条件。采用合理的施工措施，控制地质条件的变化和发展，充分利用有利的地质因素，避免和削弱不利的地质因素对工程的影响。

1. 地质方面的因素

岩体是各类结构面切割而成的岩块的组合体，因此，岩体的稳定性和强度往往由软弱结构面控制。影响硐室稳定性及围岩压力的地质因素主要有以下几个。

① 岩体的完整性或破碎程度。对于围岩的稳定性及压力来说，岩体的完整性重于岩体的坚固性。

② 各类结构面，特别是软弱结构面的产状、分布和性质，包括充填情况、充填物的性质等。

③ 地下水的活动情况。

④ 对于软弱岩层，其岩性、强度值也是重要的影响因素。

在坚硬完整的岩层中，硐室围岩一般处于弹性状态，仅有弹性变形或不大的塑性变形，且变形在开挖过程中已经完成，因此，这种地层中不会出现塑性变形压力。支护的作用仅仅是防止围岩掉块和风化。

裂隙发育、弱面结合不良及岩性软弱的岩层，围岩都会出现较大的塑性区，因而需要设置支护,这时支护结构上会出现较大的塑性形变压力或松动压力。岩层处于初始潜塑状态时,支护结构上会出现极大的塑性形变压力。

2. 工程方面的因素

影响硐室稳定性及围岩压力的工程方面的主要因素有硐室的形状和尺寸、支护结构的形式和刚度、硐室的埋置深度及施工方法、时间等。

① 硐室的形状和尺寸。硐室的形状与围岩应力分布有着密切关系,因而与围岩压力也有关系。一般而言,圆形、椭圆形和拱形硐室的应力集中程度较小,破坏也小,岩石比较稳定,围岩压力也就较小;矩形硐室的应力集中程度较大,尤其以转角处最大,因而其围岩压力比其他形状硐室的围岩压力要大些。但究竟何种硐室的形状较好,应视地质情况而定。例如,若围岩压力均匀来自硐室四周,圆形最好;若来自顶部方向,高拱形式较好;若来自两侧,宜采用平拱形。围岩压力一般与硐室的跨度有关,它随着跨度的增加而增加。目前从某些围岩压力公式中可以看出,围岩压力是随着跨度增加呈正比增加的。而实践经验表明,这种正比关系只适用于跨度不大的硐室;对于跨度很大的硐室,由于往往容易发生局部塌落和不对称压力,围岩压力与跨度不一定成正比。在有些情况下,对于大跨度硐室,采用围岩压力与跨度成正比的形式,会造成支护体过厚等浪费现象。此外,在稳定性很差的岩体中开挖硐室时,实际的围岩压力可能往往比按照常用方法计算的压力大得多。如在节理很发育的岩体内开挖硐室,当硐室断面的尺寸较小时,被节理切割而冒落的岩块很少,围岩压力较小。可是,如果硐室尺寸较大,则将有大量的被切割的岩块掉落下来,围岩压力可能比按正比关系求得的压力大得多。

② 支护结构的形式和刚度。围岩压力有松动压力和塑性形变压力之分。围岩压力以松动压力为主时,支护的作用就是承受松动岩体或冒落岩体的重力,此时支护主要起到承载作用。当围岩压力为塑性形变压力时,支护的作用主要是限制位移的过度变形,以维持围岩的稳定,此时支护主要起约束作用。在一般情况下,支护可能同时具有上述两种作用。目前采用的支护可分为两类:一类叫被动支护,也称普通支护,这种支护作用在围岩的外部,依靠支护结构的承载能力来承受围岩压力。在与岩石紧密结合或者回填密实的情况下,这种支护也能起到限制围岩变形、维持围岩稳定的作用。另一类是近代发展起来的支护形式,叫作主动支护或自承支护,是通过注浆、锚杆和锚索等支护形式,加固围岩,使围岩处于稳定状态。这种支护的特点是依靠增加围岩的自承能力来稳固硐室等工程体围岩。支护形式、支护刚度和支护时间(开挖后围岩暴露时间的长短)对围岩压力都有一定的影响。支护的刚度越大,则允许的变形就越小,围岩压力也就越大;反之,围岩压力就越小。根据研究,在一定的变形范围内,支护体上的围岩压力是随着支护以前围岩变形量的增加而减小的。目前对于稳定围岩,采用喷混凝土支护或柔性支护机构能充分利用围岩的自承能力,使围岩压力减小。但是,支护的柔性不能太大,因为当塑性区扩展到一定程度会出现塑性破裂,则 c、φ 值相应降低,围岩松动,这时塑性形变压力就转化为松动压力,且可能达到很大的数值。还须指出,支护刚度不仅与支护材料和截面尺寸有关,而且与支护的形式有关。实践表明,封闭型支护比不封闭型支护具有更大的刚性。对于有底鼓现象的硐室,尤宜采用封闭型支护。

③ 硐室的埋置深度。硐室的埋置深度(埋深)与围岩压力的关系目前有很多种说法。在有些公式中围岩压力与深度无关,而在有些公式中围岩压力与深度有关。一般来说,当

围岩处于弹性状态时,围岩压力不应当与工程体的埋置深度有关;当围岩中出现塑性区时,工程体的埋深应当对围岩压力有影响。这是由于埋置深度对围岩的应力分布有影响,同时对侧向压力系数也有影响,从而对塑性区的形状和大小以及围岩压力的大小均有影响。研究表明,当围岩处于塑性形变状态时,工程体的埋置深度越大,围岩压力也就越大。深工程体的围岩通常处于高压塑性状态,所以它的围岩压力随着深度的增加而增加,在这种情况下适宜采用柔性较大的支护,以发挥围岩的自承作用,降低围岩压力大小。

④ 施工方法。围岩压力的大小与工程体的施工方法和施工速率也有较大的关系。施工方法主要是指掘进的方法。在岩体较差的地层中,如采用钻眼爆破,尤其是放大炮,或采用高猛度炸药,都会引起围岩的破碎而增加围岩压力。采用掘进机进行掘进、光面爆破、减少超挖量或采用合理的施工方法均可以降低围岩压力。在易风化的岩层中,需要加快施工速度,迅速进行支护,以便尽可能地减少这些地层与水的接触,降低硐室周围岩体的风化程度,避免围岩压力增加。通常,施工作业暴露过长、支护较晚、回填不实或者回填材料不好都会导致围岩压力增大。

⑤ 时间。因为围岩压力主要是由岩体的变形和破坏造成的,而岩体的变形和破坏都有一个时间过程,所以围岩压力一般都与时间有关。除时间因素外,岩石的蠕变也是围岩压力的一个重要影响因素,目前在这方面的研究还不够。

除上述影响因素外,还有一些其他的影响因素。例如,硐室的几何轴线与主构造线或软弱结构面的组合关系、相邻硐室的间距等对围岩压力也有影响。

综上所述,影响围岩压力的因素如此之多,但当前的一些围岩压力理论常常忽略了某些影响因素,有时甚至是一些重要因素,致使计算结果与实际出入较大。因此,只有正确而全面地分析这些影响因素,并分清主次,才能准确获知围岩压力的大小及分布规律。

【案例分析】

地下水是影响煤矿安全生产的严重灾害之一,煤矿突水事故时有发生,给国家和人民生命财产造成重大损失。岩石是可变形的多孔介质材料,在荷载和地下水压的作用下,岩石变形将引起其中孔隙、裂隙通道的改变,从而影响孔隙水的流动。孔隙水压力、流动速度变化等也会引起岩石变形。这样,岩石变形与水流动间存在相互作用,即流固耦合作用。为了探清地下水渗流对巷道围岩稳定性的影响,本文采用流固耦合理论,将巷道围岩视为多孔介质,考虑地下水渗流作用的影响,应用弹塑性损伤力学理论,对巷道围岩进行了应力和稳定性分析。

1. 计算模型

取巷道断面的形状为圆形,如图 5-14 所示,巷道半径为 a,计算区域半径为 b,地应力为 σ_b,孔隙水压力为 P_0,塑性损伤区半径为 ρ。

假设巷道围岩为均匀各向同性的多孔介质,有效孔隙率为 φ,渗透系数为 k,弹性模量为 E,泊松比为 μ。采用 Bui 弹塑性损伤模型,将单轴压缩状态下其应力-应变曲线简化为双线性,如图 5-15 所示。AB 段为弹性阶段,忽略峰值强度前岩石的初始损伤;BC 段为塑性损伤软化阶段,超过峰值强度后假设为线性各向同性损伤演化。岩石峰值强度和对应的应变为 σ_s 和 ε_s,λ 为降模量。巷道围岩屈服前为完全弹性,屈服后符合莫尔-库伦强度准则。

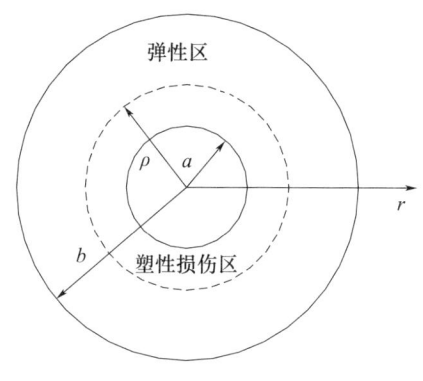 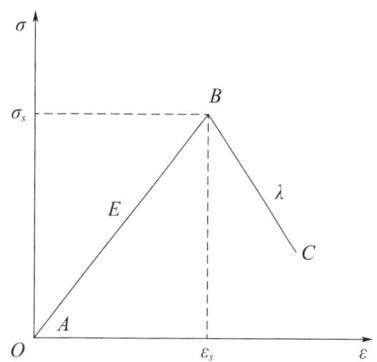

图 5-14 地下水作用下的巷道　　　　图 5-15 弹塑性损伤模型

一维损伤演化方程为:

$$H=0 \qquad \varepsilon<\varepsilon_s \atop H=\frac{\lambda}{\sigma_s}(\varepsilon-\varepsilon_s) \quad \varepsilon\geqslant\varepsilon_s \Bigg\} \qquad (5\text{-}47)$$

在三维情况下,设主应变为 ε_1、ε_2、ε_3,则等效应变为:

$$\bar{\varepsilon}=\frac{\sqrt{2}}{3}\sqrt{(\varepsilon_1-\varepsilon_2)^2+(\varepsilon_2-\varepsilon_3)^2+(\varepsilon_3-\varepsilon_1)^2} \qquad (5\text{-}48)$$

以等效应变 $\bar{\varepsilon}$ 代替单轴情况下的应变 ε,可得三维情况下的损伤演化方程:

$$H=\frac{\lambda}{\sigma_s}(\bar{\varepsilon}-\varepsilon_s) \qquad (5\text{-}49)$$

2. 巷道围岩失稳判别准则

极值点失稳理论指出,当一个初始稳定的平衡结构随着荷载的增长达到一个局部最大值时,在此荷载作用下,结构将丧失稳定性,称为极值点失稳。对于巷道,掘进前岩层在地应力作用下处于初始稳定状态,掘进后巷道围岩应力重新分布,形成塑性损伤区,其半径 ρ 存在一个极值点。巷道围岩失稳判别准则为:

$$\mathrm{d}P/\mathrm{d}\rho=0$$

3. 基本方程和边界条件

(1) 基本约定。

孔隙水压力以压为正,巷道围岩骨架以受压应力为正。因而,体积应变以体积减小为正,位移以与坐标轴负方向一致为正。

(2) 孔隙水压力的分布规律。

在地层中孔隙水和岩石骨架共同承担地应力的作用。忽略计算区域内水自重的影响,由达西定律可知,水流过半径为 r 的单位长度柱面的流量为:

$$q=-2\pi rk\frac{\mathrm{d}P}{\mathrm{d}r} \qquad (5\text{-}50)$$

由边界条件 $P|_{r=a}=0$,$P|_{r=b}=P_0$,得孔隙水压力沿半径方向的分布规律:

$$P=P_0\frac{\ln\dfrac{a}{r}}{\ln\dfrac{a}{b}} \qquad (a\leqslant r\leqslant b) \qquad (5\text{-}51)$$

(3) 基本方程和边界条件。

平衡方程：
$$\frac{\mathrm{d}\sigma_r}{\mathrm{d}r}+\phi\frac{\mathrm{d}P}{\mathrm{d}r}+\frac{\sigma_r-\sigma_\theta}{r}=0 \tag{5-52}$$

几何方程：
$$\varepsilon_r=\frac{\mathrm{d}u}{\mathrm{d}r},\quad \varepsilon_\theta=\frac{u}{r},\quad \gamma_{r\theta}=0 \tag{5-53}$$

弹性区的本构关系（平面应变问题）：
$$\left.\begin{array}{l}\varepsilon_r=\dfrac{1-\mu^2}{E}\left(\sigma_r-\dfrac{\mu}{1-\mu}\sigma_\theta\right)\\[2mm] \varepsilon_\theta=\dfrac{1-\mu^2}{E}\left(\sigma_\theta-\dfrac{\mu}{1-\mu}\sigma_r\right)\end{array}\right\} \tag{5-54}$$

塑性损伤区的本构关系：
$$\sigma'_\theta=m\sigma'_r+\sigma_s \tag{5-55}$$

式中 σ_s——岩石吸水后的单轴抗压强度；

$m=\dfrac{1+\sin\varphi}{1-\sin\varphi}$；

φ——岩石的内摩擦角。

边界条件：
$$\left.\begin{array}{l}\sigma_r\mid_{r=b}=\sigma_b+\phi P_0\\ \sigma_r\mid_{r=\rho}=\sigma_r^\rho\\ \sigma_r\mid_{r=a}=0\end{array}\right\} \tag{5-56}$$

4. 基本方程求解

(1) 巷道围岩弹性区的应力。

将式 (5-51)、式 (5-53)、式 (5-54) 代入式 (5-52)，得：
$$\frac{\mathrm{d}^2u}{\mathrm{d}r^2}+\frac{1}{r}\frac{\mathrm{d}u}{\mathrm{d}r}-\frac{u}{r^2}=\frac{Fv}{rE} \tag{5-57}$$

式中 $v=\dfrac{(1+\mu)(1-2\mu)}{1-\mu}$，$F=\dfrac{\varphi P_0}{\ln\left(\dfrac{a}{b}\right)}$。

解此微分方程，得：
$$u=C_1r+\frac{C_2}{r}+\frac{Fv}{2E}r\ln r \tag{5-58}$$

式中 C_1、C_2——积分常数。

由边界条件式 (5-56) 的第一式和第二式确定积分常数后，弹性区的应力为：

$$\sigma_r=\sigma_b+\phi P_0+\frac{F}{2}(1+v_1)\ln\frac{r}{b}+\frac{\rho^2}{\rho^2-b^2}\left(\frac{b^2}{r^2}-1\right)\left[\sigma_b+\phi P_0-\sigma_r^\rho+\frac{F}{2}(1+v_1)\ln\frac{\rho}{b}\right]$$

$$\begin{array}{l}\sigma_\theta=\sigma_b+\varphi P_0+\dfrac{F}{2}\left[(1+v_1)\cdot\ln\dfrac{r}{b}+(v_1-1)\right]-\\[2mm] \dfrac{\rho^2}{\rho^2-b^2}\left(\dfrac{b^2}{r^2}+1\right)\left[\sigma_b+\varphi P_0-\sigma_r^\rho+\dfrac{F}{2}(1+v_1)\ln\dfrac{\rho}{b}\right]\end{array} \tag{5-59}$$

式中 $v_1 = \dfrac{\mu}{1-\mu}$。

(2) 巷道围岩塑性损伤区的应力。

假设围岩为各向同性损伤，则：

$$\sigma'_r = \frac{\sigma_r}{1-H}, \quad \sigma'_\theta = \frac{\sigma_\theta}{1-H} \tag{5-60}$$

式中 损伤参数 $H = \dfrac{\lambda}{\sigma_s}(\bar{\varepsilon} - \varepsilon_s)$；

λ——降模量；

σ_s——岩石吸水后的单轴抗压强度；

ε_s——最大弹性应变；

$\bar{\varepsilon}$——等效应变。

将式 (5-60) 代入式 (5-55)，得：

$$\sigma_\theta = m\sigma_r + (1-H)\sigma_s \tag{5-61}$$

假设巷道围岩塑性损伤区的岩石骨架不可压缩，由式 (5-53) 得：

$$\bar{\varepsilon} = \frac{\rho^2}{r^2}\varepsilon_s$$

则由式 (5-49) 得：

$$H = \frac{\lambda}{\sigma_s}\left(\frac{\rho^2}{r^2}\varepsilon_s - \varepsilon_s\right) \tag{5-62}$$

由式 (5-51)、式 (5-52)、式 (5-61)、式 (5-62) 得：

$$\frac{d\sigma_r}{dr} - (m-1)\frac{\sigma_r}{r} = \frac{\sigma_s + \lambda\varepsilon_s + F}{r} - \frac{\lambda\varepsilon_s\rho^2}{r^3} \tag{5-63}$$

结合边界条件式 (5-56) 解此微分方程，得巷道围岩塑性损伤区的径向应力：

$$\sigma_r = \frac{\sigma_s + \lambda\varepsilon_s + F}{m-1}\left[\left(\frac{r}{a}\right)^{m-1} - 1\right] - \frac{\lambda\varepsilon_s\rho^2}{m+1}\left[\left(\frac{r}{a}\right)^{m-1}\frac{1}{a^2} - \frac{1}{r^2}\right] \tag{5-64}$$

(3) 巷道围岩弹性区和塑性损伤区交界面处的应力。

巷道围岩塑性损伤区一侧应力可由式 (5-64) 求得：

$$\sigma_r^\rho = \frac{\sigma_s + \lambda\varepsilon_s + F}{m-1}\left[\left(\frac{\rho}{a}\right)^{m-1} - 1\right] - \frac{\lambda\varepsilon_s}{m+1}\left[\left(\frac{\rho}{a}\right)^{m+1} - 1\right] \tag{5-65}$$

巷道围岩弹性区一侧也满足式 (5-61)，由式 (5-62) 式得 $H=0$。将式 (5-59) 代入式 (5-61) 得：

$$\sigma_r^\rho = \frac{2b^2(\sigma_b + \phi P_0) + (\rho^2 - b^2)\sigma_s + \dfrac{F}{2}\left[2b^2(1+v_1)\ln\dfrac{\rho}{b} - (1-v_1)(b^2 - \rho^2)\right]}{(m+1)b^2 - (m-1)\rho^2} \tag{5-66}$$

由弹性区和塑性损伤区交界面处径向应力的连续条件及式 (5-65)、式 (5-66)，可得孔隙水压力 P_0 与塑性损伤区半径 ρ 的关系式：

$$P_0 = \frac{-2b^2\sigma_b + (b^2 - \rho^2)\sigma_s + \left\{\dfrac{\sigma_s + \lambda\varepsilon_s}{m-1}\left[\left(\dfrac{\rho}{a}\right)^{m-1} - 1\right] - \dfrac{\lambda\varepsilon_s}{m+1}\left[\left(\dfrac{\rho}{a}\right)^{m+1} - 1\right]\right\}[(m+1)b^2 - (m-1)\rho^2]}{2b^2\phi + \dfrac{\phi}{\ln\dfrac{a}{b}}\left\{b^2(1+v_1)\ln\dfrac{\rho}{b} - \dfrac{1}{2}(1-v_1)(b^2 - \rho^2) - \left[\left(\dfrac{\rho}{a}\right)^{m-1} - 1\right]\left[\dfrac{m+1}{m-1}b^2 - \rho^2\right]\right\}}$$

$$\tag{5-67}$$

5. 巷道围岩稳定性分析

巷道围岩的孔隙水压力是影响巷道稳定性的重要因素。从式（5-67）可以看出，孔隙水压力与巷道围岩塑性损伤范围的关系受多种因素的影响，其中围岩的种类、地应力、有效孔隙率和巷道半径等均为重要因素。根据巷道围岩失稳判别准则 $dP_0/d\rho=0$ 可知，$P_0-\rho$ 关系曲线的极值点为临界水压。取巷道半径 $a=2$m，计算区域半径 $b=20$m，地应力 $\sigma_b=6.0$MPa，有效孔隙率 φ 为 0.2。巷道围岩分别为页岩（吸水后的单轴抗压强度 $\sigma_s=10.15$MPa，弹性模量 $E=25000$MPa，内摩擦角 $\varphi=30°$，泊松比 $\mu=0.3$）、砂岩（吸水后的单轴抗压强度 $\sigma_s=12.5$MPa，弹性模量 $E=27000$MPa，内摩擦角 $\varphi=30°$，泊松比 $\mu=0.3$）和粉砂岩（吸水后的单轴抗压强度 $\sigma_s=13.8$MPa，弹性模量 $E=28000$MPa，内摩擦角 $\varphi=30^0$，泊松比 $\mu=0.3$）时，计算绘出的孔隙水压力 P_0 与塑性损伤区半径 ρ 的关系曲线如图 5-16 所示，图中的极值点即为巷道围岩稳定的临界点。从图 5-16 中可以看出，页岩的临界水压 P_0 为 12.2MPa，砂岩的临界水压 P_0 为 16.8MPa，粉砂岩的临界水压 P_0 为 19.4MPa。当巷道围岩中的孔隙水压力接近临界水压时，巷道围岩处于非稳定平衡状态，在此情况下巷道围岩如受到轻微的扰动即可发生突水事故。

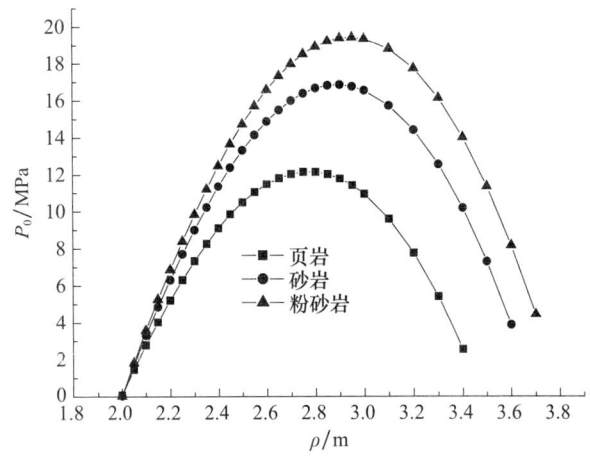

图 5-16 孔隙水压力 P_0 与塑性区半径 ρ 的关系曲线图

6. 结语

本文将巷道围岩视为多孔介质，考虑地下水渗流作用的影响，应用弹塑性损伤力学理论，导出了巷道围岩的应力分布规律，给出了巷道围岩稳定性的理论解，计算了不同岩石的临界水压值，当巷道围岩中的孔隙水压力接近临界水压时，巷道围岩处于非稳定平衡状态，在此情况下如受到轻微的扰动，则巷道围岩因失稳而坍塌，从而发生突水事故。

【知识归纳】

（1）地下硐室开挖后，硐室周围发生应力重新分布的岩体称为围岩。

（2）围岩中重新分布后的应力，称为围岩应力。围岩应力重分布的特点主要取决于地下工程的形状、岩体自身的力学性质和岩体的初始应力状态。

（3）围岩压力为硐室开挖后岩体作用在支护结构上的压力（也称狭义的围岩压力）。

支护结构与岩体共同承担硐室开挖后引起的围岩应力作用，因此，围岩压力又可定义为围岩应力的全部作用（广义的围岩压力）。

(4) 硐室开挖后，在岩体内必定存在着某一点的应力为弹塑性应力的交界点，该点的应力既满足塑性应力的条件又满足弹性应力的条件，将此弹塑性分界点称作为塑性区半径。塑性区半径 R_p 的计算公式为：

$$R_p = r_a \left[\frac{2p_0(m-1) + 2\sigma_c}{\sigma_c(m+1)} \right]^{\frac{1}{m-1}}$$

式中　$m = \frac{1+\sin\phi}{1-\sin\phi}$；$\sigma_c = \frac{2c\cos\phi}{1-\sin\phi}$。

(5) 对于椭圆形硐室，当硐室周边各点位置的应力均为等值压应力时，对工程体的稳定最为有利，此时的轴比 K 称为等应力轴比，也称最佳轴比。等应力轴比的计算公式为：

$$K = \frac{1}{\lambda} = \frac{b}{a}$$

(6) 作用在支护上的松动压力 p_a 的计算公式为：

$$p_a = c\cot\phi \left[\left(\frac{r_a}{R_p}\right)^{m-1} - 1 \right] + \frac{\gamma_0 r}{m-2}\left[1 - \left(\frac{r_a}{R_p}\right)^{m-2} \right]$$

(7) 作用在支护上的塑性形变压力 p_i 的计算公式为：

$$p_i = \frac{2}{m^2-1}\left[p_0(m-1) + \sigma_c \right]\left(\frac{r_a}{R_p}\right)^{m-1} - \frac{\sigma_c}{m-1}$$

【独立思考】

5-1　名词解释：围岩、围岩应力、围岩压力、等应力轴比。

5-2　简要说明围岩应力分布特点。

5-3　在什么条件下椭圆形断面巷道的围岩应力分布最合理？

5-4　根据弹塑性区围岩应力变化规律及分布状态，可将硐室围岩分成哪几个区域？简要说明每个区域的应力分布特点。

5-5　有一半径 $r=2$m 的圆形硐室，埋深 $H=300$m，岩石重度 $\gamma=27$kN/m³，侧压力系数 $\lambda=1$。试求硐室周边的应力。

5-6　有一半径 $r=3$m 的圆形硐室，掘进在黏聚力 $c=5.0$MPa、内摩擦角 $\varphi=30°$、岩石重度 $\gamma=27$kN/m³、泊松比 $\mu=0.25$ 的岩层中，侧压力系数 $\lambda=1$，问：

(1) 圆形硐室位于 200m 深处，其硐室是否稳定？

(2) 圆形硐室的极限深度是多少？

(3) 圆形硐室位于 300m 深处，其硐室是否稳定？若不稳定，求该圆形硐室塑性区半径。

6 岩石力学试验

【内容提要】

本章主要内容包括:岩石的含水率、颗粒密度、块体密度、单轴抗压强度、抗拉强度、剪切强度、三轴强度和变形等基本的岩石力学实验内容,岩石力学试验的试验目的、原理、试验步骤等,以及试样(试件)制备、相关仪器和试验数据处理等。

【能力要求】

通过本章的学习,学生应了解岩石的基本力学性质和破坏机制,掌握岩石力学试验基本技能。通过分组试验,加强学生间的合作精神与协调能力,锻炼学生的实际操作能力,培养学生分析试验结果的能力和解决实际问题的能力。

6.1 岩石含水率试验

6.1.1 试验目的、原理

天然状态下岩石中水的质量与岩石烘干质量比值的百分率称岩石的天然含水率。岩石含水率试验应采用烘干法,并适用于不含结晶水矿物的岩石。

6.1.2 试件制备、使用仪器及材料

主要仪器包括:天平、烘箱、干燥器。试件应符合下列要求:

(1) 保持天然含水率的试件应在现场采取,不得采用爆破或湿钻法。试件在采取、运输、储存和制备过程中,含水率的变化不应超过1%。
(2) 每个试件尺寸应大于组成岩石最大颗粒的10倍。
(3) 每个试件的质量不得小于40g。
(4) 每组试验试件的数量不宜少于5个。

6.1.3 试验步骤

(1) 称制备好的试件质量 g_1。
(2) 将试件置于烘箱内,在105~110℃的恒温下烘干试件。
(3) 将试件从烘箱内取出,放入干燥器内冷却至室温,称试件质量 g_2。
(4) 重复步骤(2)和(3),直至将试件烘干至恒温为止,即相邻24h两次称量之差不超过后一次称量的0.1%。

(5) 称量精确至0.01g。

6.1.4　试验过程原始记录、结果及分析

$$w = \frac{g_1 - g_2}{g_2} \times 100\% \tag{6-1}$$

式中　w——岩石天然含水率；
　　　g_1——保持天然含水率的试件质量（g）；
　　　g_2——烘干至恒重的试件质量（g）。

表6-1为岩石含水率测定记录表。

表6-1　岩石含水率测定记录表

试件编号	试件天然重g_1（g）	试件烘干重g_2（g）	试件含水率w（%）	岩石平均含水率（%）	备注

6.2　岩石颗粒密度试验

6.2.1　试验目的、原理

岩石的密度定义为岩石单位体积（包括岩石中孔隙体积）的质量，用ρ表示。岩石颗粒密度试验应采用比重瓶法，并适用于各类岩石。

6.2.2　试件制备、试验仪器及材料

试件应符合下列要求：
(1) 将岩石用粉碎机粉碎成岩粉，使之全部通过0.25mm筛孔，用磁铁吸去铁屑。
(2) 对含有磁性矿物的岩石，应采用瓷研钵或玛瑙研钵粉碎岩石，使全部通过0.25mm筛孔。

主要仪器包括：
(1) 粉碎机、瓷研钵或玛瑙研钵、磁铁块和孔径为0.25mm的筛；
(2) 天平；
(3) 烘箱和干燥器；
(4) 真空抽气设备和煮沸设备；
(5) 恒温水槽；
(6) 容积100mL的短颈比重瓶；
(7) 温度计。

6.2.3 试验步骤

（1）将制备好的岩粉，置于105～110℃的恒温下烘干，烘干时间不得少于6h，然后放入干燥器内冷却至室温。

（2）用四分法取两份岩粉，每份岩粉质量为15g。

（3）将经称量的岩粉装入烘干的比重瓶内，注入试液（纯水或煤油）至比重瓶容积的一半处。对于含水溶性矿物的岩石，应使用煤油做试液。

（4）当使用纯水做试液时，应使用煮沸法或真空抽气法排除气体；当使用煤油做试液时，应采用真空抽气法排除气体。

（5）当采用煮沸法排除气体时，煮沸时间在加热沸腾以后，不应少于1h。

（6）当采用真空抽气法排除气体时，真空压力表读数宜为100kPa，抽至无气泡逸出，抽气时间不宜少于1h。

（7）将经过排除气体的试液注入比重瓶至近满，然后置于恒温水槽内，使瓶内温度保持稳定并使上部悬液澄清。

（8）塞好瓶塞，使多余液体自瓶塞毛细孔中溢出，将瓶外擦干，称瓶、试液和岩粉的总质量，并测定瓶内试液的温度。

（9）洗净比重瓶，注入经排除气体并与试验同温度的试液至比重瓶内，按步骤（7）和（8）称瓶和试液的质量。

（10）称量精确至0.0001g。

6.2.4 试验过程原始记录、结果及分析

$$\rho_s = \frac{m_s}{m_1 + m_s - m_2} \rho_0 \tag{6-2}$$

式中 ρ_s——岩石颗粒密度（g/cm³）；

m_s——干岩粉质量（g）；

m_1——瓶、试液总质量（g）；

m_2——瓶、试液、岩粉总质量（g）；

ρ_0——与试验温度同温的试液密度（g/cm³）。

颗粒密度试验应进行两次平行测定，两次测定的差值不得大于0.02g/cm³，取两次测值的平均值。表6-2为岩石颗粒密度测定记录表。

表6-2 岩石颗粒密度测定记录表

测定次数	干岩粉质量（g）	瓶、试液合重（g）	瓶、试液、岩粉合重（g）	岩石颗粒密度 ρ_s	岩石平均密度	备注

6.3 岩石块体密度试验

6.3.1 试验目的、原理

岩石块体密度试验可采用量积法、水中称量法或蜡封法，并应符合下列要求：
（1）凡能制备成规则试件和各类岩石，宜采用量积法。
（2）除遇水崩解、溶解和干缩湿胀性岩石外，均可采用水中称量法。
（3）不能用量积法或水中称量法进行测定的岩石，宜采用蜡封法。

6.3.2 试件制备、使用仪器及材料

量积法试件应符合下列要求：
（1）试件尺寸应大于岩石最大颗粒的10倍。
（2）试件可用圆柱体、方柱体或立方体。
（3）沿试件高度，直径或边长的误差不得大于0.3mm。
（4）试件两端面不平整度误差不得大于0.05mm。
（5）端面应垂直于试件轴线，最大偏差不得大于0.25°。
（6）方柱体或立方体试件相邻两面应互相垂直，最大偏差不得大于0.25°。

蜡封法试件宜为边长40～60mm的浑圆状岩块。测干密度时，每组试件数量不得少于3个；测湿密度时，试件数量不宜少于5个。

主要仪器包括：
（1）钻石机、切石机、磨石机、砂轮机等。
（2）烘箱和干燥器。
（3）天平。
（4）测量平台。
（5）溶蜡设备。
（6）水中称量装置。

6.3.3 试验步骤

量积法试验应按下列步骤进行：
（1）量测试件两端和中间三个断面上相互垂直的两个直径或边长，按平均值计算截面积。
（2）量测端面周边对称四点和中心点的五个高度，计算高度平均值。
（3）将试件置于烘箱中，在105～110℃的恒温下烘24h，然后放入干燥器内冷却至室温，称量试件质量。
（4）长度量测精确至0.01mm，称量精确至0.01g。

蜡封法试验应按下列步骤进行：
（1）测湿密度时，应取有代表性的岩石制备试件并称量；测干密度时，试件应在105～110℃的恒温下烘24h，然后放入干燥器内冷却至室温，称量干试件质量。

(2) 将试件系上细线，置于温度60℃左右的溶蜡中1~2s，使试件表面均匀涂上一层蜡膜，其厚度为1mm左右。当试件上蜡膜有气泡时，应用热针刺穿并用蜡液涂平，待冷却后称蜡封试件质量。

(3) 将蜡封试件置于水中称量。

(4) 取出试件，擦干表面水分后再次称量。当浸水后的蜡封试件质量增加时，应重做试验。

(5) 湿密度试件在剥除蜡膜后，按实验的步骤（1）测定岩石含水率。

(6) 称量精确至0.01g。

水中称量法试验应按下列步骤进行：

(1) 将试件置于烘箱中，在105~110℃的恒温下烘24h，然后放入干燥器内冷却至室温，称量试件质量。

(2) 当采用自由浸水法饱和试件时，将试件放入水槽，先注水至试件高度的1/4处，以后每隔2h分别注水至试件高度的1/2和3/4处，6h后全部浸没试件。试件在水中自由吸水48h后，取出试件并沾去表面水分称量。

(3) 当采用煮沸法饱和试件时，煮沸容器内的水面应始终高于试件，煮沸时间不得少于6h。经煮沸的试件，应放置在原容器中冷却至室温，取出并沾去表面水分称量。

(4) 当采用真空抽气法饱和试件时，饱和容器内的水面应高于试件，真空压力表读数宜为100kPa，直至无气泡逸出为止，但总抽气时间不得少于4h。经真空抽气的试件，应放置在原容器中，在大气压力下静置4h，取出并沾去表面水分称量。

(5) 将经煮沸或真空抽气饱和的试件，置于水中称量装置上，称试件在水中的质量。

(6) 称量精确至0.01g。

6.3.4 试验过程原始记录、结果及分析

(1) 量积法按下列公式计算岩石块体干密度：

$$\rho_d = \frac{m_s}{AH} \tag{6-3}$$

式中　ρ_d——岩石块体干密度（g/cm³）；

　　　m_s——干试件质量（g）；

　　　A——试件截面积（cm³）；

　　　H——试件高度（cm）。

(2) 封蜡法按下列公式计算岩石块体干密度和块体湿密度：

$$\rho_d = \frac{m_s}{\dfrac{m_1-m_2}{\rho_w} - \dfrac{m_1-m_s}{\rho_p}} \tag{6-4}$$

$$\rho = \frac{m}{\dfrac{m_1-m_2}{\rho_w} - \dfrac{m_1-m_s}{\rho_p}} \tag{6-5}$$

$$\rho_d = \frac{\rho}{1+0.01w} \tag{6-6}$$

式中　ρ——岩石块体湿密度（g/cm³）；

m——湿试件质量（g）；

m_1——封蜡试件质量（g）；

m_2——封蜡试件在水中质量（g）；

ρ_w——水的密度（g/cm³）；

ρ_p——石蜡的密度（g/cm³）；

w——岩石含水率（%）。

（3）水中称量法按下列公式计算岩石块体干密度：

$$\rho_d = \frac{m_s}{m_p - m_w}\rho_w \tag{6-7}$$

式中　ρ_d——岩石块体干密度（g/cm³）；

m_s——干试件质量（g）；

m_p——试件经煮沸或真空抽气饱和后的质量（g）；

m_w——饱和试件在水中的称量（g）；

ρ_w——水的密度（g/cm³）。

表 6-3 为岩石块体密度测定记录表。

表 6-3　岩石块体密度测定记录表

测定次数	干试件质量 m_s（g）	试件质量 m_1（m_p）（g）	在水中的称量 m_2（m_w）（g）	试件截面积 A、高度 H	水、石蜡的密度 ρ_w、ρ_p	岩石块体干密度 ρ_d

6.4　岩石单轴抗压强度试验

6.4.1　试验目的、原理

当岩石试件在无侧限压力条件下，岩石在纵向压力作用下出现压缩破坏时，单位面积上所承受的载荷称为岩石单轴抗压强度，即试件破坏时的最大载荷与垂直于加载方向的截面积之比。单轴抗压强度试验适用于能成规则试件的各类岩石。

根据现场岩体工程状态，按照标准可进行岩石试样不同含水状态（天然状态、烘干状态、饱和状态）下的单轴抗压强度试验。

6.4.2　试件制备、使用仪器及材料

试件可用岩芯或岩块加工制成。试件在采取、运输和制备过程中，应避免产生裂缝。试件尺寸应符合下列要求：

（1）圆柱体直径宜为 48～54mm。

（2）含大颗粒的岩石，试件的直径应大于岩石最大颗粒尺寸的 10 倍。

（3）试件高度与直径之比宜为 2.0～2.5。

试件精度应符合下列要求：
(1) 试件两端面不平整度误差不得大于 0.05mm。
(2) 沿试件高度，直径的误差不得大于 0.3mm。
(3) 端面应垂直于试件轴线，最大偏差不得大于 0.25°。

试验前要对岩石的颜色、结构、矿物成分、颗粒大小、胶结物性质等特征进行描述，并记述受载方向与层理、片理及节理裂隙之间的关系，节理裂隙的发育程度及分布。

主要仪器包括：
(1) 钻石机、锯石机、磨石机、车床等。
(2) 测量平台。
(3) 材料试验机。

6.4.3 试验步骤

(1) 将试件置于试验机承压板中心，调整球形座，使试件两端面接触均匀。
(2) 以每秒 0.15~1.0MPa 的速度加荷直至破坏。记录破坏荷载及加载过程中出现的现象。
(3) 试验结束后，应描述试件的破坏形态。

6.4.4 试验过程原始记录、结果及分析

岩石单轴抗压强度试验值按下式进行计算：

$$R_C = \frac{P_C}{A} \tag{6-8}$$

式中　R_C——岩石单轴抗压强度试验值（kPa）；
　　　P_C——试件破坏时的最大荷载值（kN）；
　　　A——试件的横截面面积（m²）。

表 6-4 为岩石单轴抗压强度试验记录表。

表 6-4 岩石单轴抗压强度试验记录表

试验编号	岩石名称	含水状态	试件尺寸			破坏最大荷载（kN）	单轴抗压强度（kPa）	平均值（kPa）
			平均高度（mm）	平均直径（mm）	横截面面积（mm）			
备注			描述试件破坏形态					

6.5　岩石抗拉强度试验

6.5.1　试验目的、原理

抗拉强度试验采用劈裂法，适用于能制成规则试件的各类岩石。劈裂法是在圆柱体

试件的直径方向上，施加相对的线性荷载，使之沿试件直径方向破坏的试验，间接测定岩石抗拉强度。

6.5.2 试件制备、使用仪器及材料

试件应符合下列要求：

（1）圆柱体直径宜为 48～54mm，试件厚度宜为直径的 0.5～1.0 倍，并应大于岩石最大颗粒的 10 倍。

（2）试件高度与直径之比宜为 2.0～2.5。

试件精度应符合下列要求：

（1）试件两端面不平整度误差不得大于 0.05mm。

（2）沿试件高度，直径的误差不得大于 0.3mm。

（3）端面应垂直于试件轴线，最大偏差不得大于 0.25°。

试验前要对岩石的颜色、结构、矿物成分、颗粒大小、胶结物性质等特征进行描述，并记述受载方向与层理、片理及节理裂隙之间的关系，节理裂隙的发育程度及分布。

主要仪器包括：

（1）钻石机、锯石机、磨石机、车床等。

（2）测量平台。

（3）材料试验机。

6.5.3 试验步骤

（1）通过试件直径的两端，沿轴线方向画两条相互平行的加载基线，将两根垫条沿加载基线固定在试件两端。

（2）将试件置于试验机承压板中心，调整球形座，使试件均匀受荷，并使垫条与试件在同一加荷轴线上。

（3）以每秒 0.3～0.5MPa 的速度加荷直至破坏。

（4）记录破坏荷载及加荷过程中出现的现象，并对破坏后的试件进行描述。

6.5.4 试验过程原始记录、结果及分析

岩石抗拉强度按下式进行计算：

$$R_t = \frac{2P_{\max}}{\pi D l} \tag{6-9}$$

式中　R_t——岩石抗拉强度（kPa）；

　　　$P_{\max}$——试件破坏时最大荷载值（kN）；

　　　D——试件直径（m）；

　　　l——试件厚度（m）。

表 6-5 为岩石单轴抗拉强度试验记录表。

表 6-5 岩石单轴抗拉强度试验记录表

试验编号	岩石名称	含水状态	试件尺寸		破坏最大荷载（kN）	单轴抗拉强度（kPa）	平均值（kPa）
			平均高度（mm）	平均直径（mm）			
备注			描述试件破坏形态				

6.6 岩石剪切试验

6.6.1 试验目的、原理

岩石抗剪强度是岩石对剪切破坏的极限抵抗能力。本试验采用三种不同角度（50°、60°、70°）的斜剪切方式进行剪切试验，所测试的是岩石本身的抗剪强度。若条件具备也可参照标准进行直剪试验。

6.6.2 试样制备、使用仪器及材料

采用切石机、磨石机等制样设备在室内进行加工，试样加工精度和尺寸要满足下列要求：

试样边长为 50mm×50mm 的方试块，试样边长加工精度控制在 1%～2%，在切、磨制取样过程中，不允许有人为裂隙出现。量测试样尺寸，检查试样加工精度，并记录试样加工过程中的缺陷，要求测量精确至 0.02mm。

试验前要对岩石的颜色、结构、矿物成分、颗粒大小、胶结物性质等特征进行描述，并记述受载方向与层理、片理及节理裂隙之间的关系，节理裂隙的发育程度及分布。

6.6.3 试验步骤

试验用压力机应能连续加载且没有冲击，具有足够的吨位，并在吨位的 10%～90% 进行试验，压力机的承压板必须具有足够的刚度。压力机还须具有球形座，板面须平整光滑。试样上下两端的滑车和斜剪仪有足够的刚度，板面须平整光滑。压力机应符合国家计量标准的规定。

将滑车放置在压力机承压板中心，试样各置于三种不同角度的斜剪仪上，然后放置于滑车中心，调整球形座的承压板，使试样均匀受载，按每秒 300～500kPa 的加载速度连续施加荷载直到试样破坏为止，并记录最大破坏荷载，描述试样破坏形态，且记下有关情况。

6.6.4 试验过程原始记录、结果及分析

（1）计算作用在试样剪切面上的法向总压力和切向总剪力。

$$N - P\cos\alpha - Pf\sin\alpha = 0 \tag{6-10}$$

$$Q + Pf\cos\alpha - P\sin\alpha = 0 \tag{6-11}$$

式中 P——压力机上施加的总垂直力（kN）；

N——作用在试样剪切面上的法向总压力（kN）；

Q——作用在试样剪切面上的切向总剪力（kN）；

f——压力机垫板下面滚珠的摩擦系数，可由摩擦校正试验决定；

α——剪切面与水平面所成的角度。

（2）按下式计算不同角度的各级法向荷载下的正应力和剪应力：

$$\sigma = \frac{P}{A}(\cos\alpha + f\sin\alpha) \tag{6-12}$$

$$\tau_f = \frac{P}{A}(\sin\alpha - f\cos\alpha) \tag{6-13}$$

式中 A——剪切面面积（m²）。

（3）绘制剪应力与正应力关系曲线，采用图解法，以正应力为横坐标、剪应力为纵坐标，线性拟合绘制 τ_f-σ 抗剪曲线图，从拟合曲线表达式确定 c、φ 值。

表 6-6 为岩石抗剪强度试验记录表。

表 6-6 岩石抗剪强度试验记录表

试验编号	岩石名称	含水状态	试样尺寸（mm×mm）	斜剪角度	破坏最大荷载（kN）	正应力（kPa）	剪应力（kPa）
备注	描述试样破坏形态、内聚力 c 和内摩擦角 φ 值							

6.7 岩石三轴试验

6.7.1 试验目的、原理

岩石三轴试验是在三向应力状态下测定岩石的强度和变形的一种方法。本试验方法所指的三轴试验系侧向等压的三轴试验。

根据岩样的含水状态，按照规程的规定可做烘干状态下和饱和状态下的三轴试验。当用电阻片测定变形时，应在试样饱和之前做好防潮处理工作。

为便于资料分析，在进行岩石三轴试验的同时，应制样测定岩石的抗拉强度和单轴抗压强度。

6.7.2 试样制备、使用仪器及材料

采用钻石机、切石机、磨石机等制样设备取出圆柱体岩芯。在室内进行加工，试样加工精度和尺寸要满足下列要求：

试样直径为 50mm，直径误差不得超过 1mm，试样高度为直径的 2～2.5 倍。两端

面的不平行度，最大不超过 0.05mm，端面应垂直于试样轴线，最大偏差不超过 0.25°，在钻、切、磨制取试样过程中，不允许有人为裂隙出现。量测试样尺寸，检查试样加工精度，并记录试样加工过程中的缺陷，要求测量准确至 0.02mm。

试验前要对岩石的颜色、结构、矿物成分、颗粒大小、胶结物性质等特征进行描述，并记述受载方向与层理、片理及节理裂隙之间的关系，节理裂隙的发育程度及分布。

试样的防油处理。首先在准备好的试样表面涂上薄层胶液（如聚乙烯醇缩醛胶等），待胶液凝固后，再在试样上套上耐油的薄橡皮保护套或塑料套，以防止试样破坏后碎屑落入压力室内。

6.7.3 试验步骤

岩石三轴试验采用岩石三轴压力仪进行。在进行三轴试验时，先将试样施加侧压力，即小主应力 σ'_3，然后逐渐增加垂直压力，直至破坏，得到破坏的大主压力 σ''_1，从而得到一个破坏时的莫尔应力圆。采用相同的岩样，改变侧压力为 σ''_3，施加垂直压力直至破坏，得 σ''_1，从而又得到一个莫尔应力圆。绘出这些莫尔应力圆的包络线，即可求得岩石的抗剪强度曲线。如果把它看作一条近似直线，则可根据该线在纵轴上的截距和该线与水平线的夹角求得内聚力 c 和内摩擦角 φ。

将试样置于三轴压力室内，如要测变形还要接好电阻应变片的连接线，选择几个侧向压力值，先施加预定的侧向压力，在侧向压力稳定后，以每秒 500～800kPa 的加载速度连续施加轴向载荷直至破坏，并记录破坏时的最大荷载及相应的侧向压力值，描述试样的破坏形态，且记下有关情况。

6.7.4 试验过程原始记录、结果及分析

$$\sigma_1 = \frac{P_C}{A} \tag{6-14}$$

式中　σ_1——不同侧向应力时的轴向应力（kPa）；

　　　P_C——试样破坏时的最大荷载（kN）；

　　　A——试样横截面面积（m²）。

表 6-7 为岩石三轴试验记录。

表 6-7　岩石三轴试验记录表

试样编号	岩石名称	含水状态	试样尺寸			侧向应力（kPa）	最大破坏荷载（kN）	轴向应力（kPa）
			平均直径（mm）	平均高度（mm）	横截面面积（mm²）			
备注			描述试样破坏形态、内聚力 c 和内摩擦角 φ 值					

6.8 岩石变形试验

6.8.1 试验目的、原理

在纵向压力作用下测定试样的纵向和横向变形，然后计算岩石的弹性模量和泊松比。弹性模量是指纵向单轴压缩应力与纵向应变之比。一般取单轴抗压强度的50%作为应力和该应力下的纵向应变值进行计算。根据需要也可确定任何应力下的弹性模量。

泊松比是横向应变与纵向应变之比，一般取单轴抗压强度50%时的横向应变值和纵向应变值进行计算。根据需要也可以求任何应力下的泊松比。

根据岩样的含水状态，按照规程的规定可测出岩石试样烘干状态下和饱和状态下的弹性模量和泊松比。

应注意的是当用电阻片测定变形时，应在试样饱和之前对电阻片进行防潮处理。

6.8.2 试样制备、使用仪器及材料

采用钻石机、切石机、磨石机等制样设备取出圆柱体岩芯在室内进行加工。试样加工精度和尺寸要满足下列要求。

试样直径为50mm，直径误差不得超过1mm。试样高度为100mm，高度误差不得超过3mm。试样两端面的不平行度，最大不超过0.05mm，端面应垂直于试样轴线，最大偏差不超过0.25°，在钻、切、磨制试样过程中，不允许有人为裂隙出现。测量试样尺寸，检查试样加工精度，并记录试样加工过程中的缺陷，要求量测准确至0.02mm。

试验前要对岩石的颜色、结构、矿物成分、颗粒大小、胶结物性质等特征进行描述，并记述受载方向与层理、片理及节理裂隙之间的关系，节理裂隙的发育程度及分布。

6.8.3 试验步骤

试验用压力机应能连续加载且没有冲击，具有足够的吨位，并在总吨位的10%～90%进行试验，压力机的承压板必须具有足够的刚度。压力机还须具有球形座，板面须平整光滑。试样上下两端加的辅助承压板直径不小于试样直径，且宜大于试验直径的两倍，并有足够的刚度，板面须平整光滑。压力机应符合国家计量标准规定。

当选择引伸仪试验时，要求引伸仪经国家计量检定机构检定合格。引伸仪要安装在试样中部，每个试样安装纵向和横向引伸仪各一个。将安装好引伸仪的试样置于压力机承压板中心，以每秒500～800kPa的加载速度逐渐对试样施加载荷，使之均匀受载直至破坏，描述试样破坏形态，且记下有关情况。

在施加载荷的过程中，引伸仪将自动记录各级纵向和横向的应力-应变曲线。

6.8.4 试验过程原始记录、结果及分析

（1）弹性模量按下式进行计算：

$$E_{50}=\frac{\sigma_{50}}{\varepsilon_{50}} \tag{6-15}$$

式中 E_{50}——弹性模量（kPa）；

σ_{50}——相应于抗压强度50%的应力值（kPa）；

ε_{50}——应力为抗压强度50%时的纵向应变值。

（2）泊松比按下式进行计算：

$$\mu = \frac{\varepsilon_{d50}}{\varepsilon_{l50}} \tag{6-16}$$

式中 μ——泊松比；

ε_{d50}——应力为抗压强度50%时的横向应变值；

ε_{l50}——应力为抗压强度50%时的纵向应变值。

表6-8为岩石变形试验记录表。

表6-8 岩石变形试验记录表

试样编号	岩石名称	含水状态	试样尺寸		应力值 σ_{50} (kPa)	纵向应变值 ε_{l50}	横向应变值 ε_{d50}	泊松比 μ
			平均高度（mm）	平均直径（mm）				
备注			描述试样破坏形态、单轴抗压强度（kPa）					

【知识归纳】

常规岩石力学试验的基本原理和试验步骤，以及相关的试样（试件）制备、仪器损伤和试验数据处理等。

【独立思考】

6-1 试件的形态、高径比、加载速度等对单轴强度岩石单位抗压强度的影响。

6-2 比较岩石抗拉强度试验中的直接拉伸法和劈裂法的异同点。

6-3 岩石三轴试验可求得哪些力学参数？三向应力条件下的力学试验有何实际意义？

课后习题答案

1-1 何谓岩石力学？谈谈你对岩石力学的认识和看法。

岩石力学是在岩石工程建设的设计和施工中必不可少的一门理论和应用科学，也是固体力学的一个分支，它研究岩石在不同物理环境的力场中产生的力学效应。大坝、水电站、大型地下结构、露天采矿和在困难条件下的井巷开拓开采都是岩石力学取得成功的标志。

1-2 自然界中的岩石按地质成因可分为哪几大类？各有什么特点？

分为三大类：岩浆岩、沉积岩、变质岩。岩浆岩是岩浆冷凝而形成的岩石，具有强度高、均质等特性。沉积岩是由母岩（岩浆岩、变质岩和更早形成的沉积岩）在地表经风化剥蚀后而产生的物质，通过搬运、沉积和硬结作用而形成的岩石。沉积岩的主要成分为颗粒和胶状物。其中，颗粒包括各种不同形状及大小的岩屑和某些矿物，胶状物常见的成分为钙质、硅质、铁质以及泥质等。沉积岩的物理力学特性不仅与矿物和岩屑的成分有关，而且与胶状物的性质有很大的关系。另外，由于沉积环境的影响，沉积岩具有层理构造，这就使得沉积岩沿不同方向表现出不同的力学性质。变质岩是由原岩在地壳中受到高温、高压及化学活动性流体的影响发生质变而形成的岩石。它的物理性质与原岩的性质和变质作用的性质及变质程度有关。

1-3 简要叙述岩体结构的类型与特征。

岩体结构的类型有整体块状结构、层状结构、碎裂结构以及散体结构等（表 1-1）。当岩体强烈变形破碎时，也可以形成片状、破碎状、鳞片状等形式的结构体。

表 1-1 岩体结构的类型

结构类型		结构面特征
类	亚类	
整体块状结构	整体结构	结构面少，1~3 组，延展性差，多呈闭合状，一般无充填物，$\tan\varphi \geqslant 0.6$
	块状结构	结构面 2~3 组，延展性差，多呈闭合状，一般无充填物，层面有一定的结合力，$\tan\varphi = 0.4 \sim 0.6$
层状结构	层状结构	结构面 2~3 组，延展性较好，以层面、层理、节理为主，有时有层间错动面和软弱夹层，层面结合力不强，$\tan\varphi = 0.3 \sim 0.5$
	薄层（板）状结构	结构面 2~3 组，延展性较好，以层面、节理、层理为主，不时有层间错动面和软弱夹层，结构面一般含泥膜，结合力差，$\tan\varphi \approx 0.3$
碎裂结构	镶嵌结构	结构面 >2~3 组，以节理为主，组数多，较密集，延展性较差，呈闭合状，无一少量充填物，结构面结合力不强，$\tan\varphi = 0.4 \sim 0.6$

1-4 当前岩石力学的主要研究内容和研究方法是什么？

1. 应用岩石力学、环境安全和控制

(1) 环境保护；(2) 存储和弃置；(3) 天然岩质边坡的稳定性、岩体表面开挖的安全性；(4) 隧道；(5) 采矿；(6) 地下硐室；(7) 石油工程；(8) 岩基；(9) 节理岩体的行为；(10) 数值方法的实现；(11) 其他。

2. 力学现象与温度、水力和化学现象的耦合

(1) 室内试验——压缩实验；(2) 室内试验——抗剪试验；(3) 岩体水力特性与力学耦合现象的室内试验；(4) 现场试验；(5) 岩体行为模拟；(6) 其他。

3. 岩石动力学和技术

(1) 天然地震和诱发地震；(2) 岩爆；(3) 原岩应力；(4) 岩石爆破；(5) 岩石切割和钻孔；(6) 盆地模拟。

4. 现场试验与监测

(1) 试验技术；(2) 岩石和岩体的性质测定；(3) 监测、长期测量和风险评价；(4) 岩石锚固效果监测。

2-1 表示岩石物理性质的主要指标及其表示方法是什么？

岩石的重力密度：

$$\gamma = \frac{W}{V}$$

式中　γ——岩石的重力密度；

　　　W——被测定岩石试件的重量；

　　　V——被测定岩石试件的体积。

岩石的相对密度：

$$\Delta = \frac{W_d}{V_0 \Delta_w}$$

式中　V_0——岩石试件的实体体积；

　　　Δ_w——4℃时水的重度。

岩石的孔隙度：

(1) 孔隙率。

$$n = \frac{V - V_0}{V} \times 100\%$$

(2) 孔隙比。

$$e = \frac{V - V_s}{V} = \frac{n}{1 - n}$$

岩石的吸水性：

$$w = \frac{W_w}{W_D} \times 100\%$$

式中　W_w——在一个大气压下试样吸入水的重量；

　　　W_D——岩样的干重量。

岩石的渗水性是指在一定的试验条件下，水渗入岩石透过试样的能力。由于透过岩石必须有连通的孔隙，渗水性的大小不仅取决于孔隙比的大小，还与孔隙的大小和连通情况有关。岩石渗水性用渗透系数 K 表示。渗透系数根据达西定律定义为：

$$Q = -iKA$$

式中　Q——单位时间内的渗流量；

　　　i——水力梯度；

　　　A——过水面积；

　　　K——渗透系数，其量纲为速度的量纲。

$$k = \frac{K_\mu}{\gamma g}$$

式中　k——黏性系数；

　　　γ, μ——流体的重度和动力黏度；

　　　g——重力加速度。

2-2 表示岩石力学性质的主要指标及其表示方法是什么？

主要指标是岩石的变形特征和岩石的强度特征。

变形特征：(1) 岩石在单轴压缩状态下的应力-应变曲线；(2) 岩石应力-应变的全过程曲线；(3) 三轴压缩状态下的岩石变形特性；(4) 岩石变形特性参数的测定。

强度特征：(1) 岩石的单向抗压强度；(2) 岩石的抗拉强度；(3) 岩石的抗剪强度。

2-3 岩石破坏有哪几种形式？对各种破坏的原因作出解释。

(1) 脆性破坏是指岩石在荷载作用下，尚未出现明显的变形时就突然破坏，包括脆性拉伸断裂及脆性剪切断裂。(2) 塑性破坏是指岩石在两向或三向受力情况下，在破坏前的变形很大，没有明显的破坏荷载，表现出显著的塑性变形、流动或挤出。(3) 弱面剪切破坏是指岩石产生沿着弱面的剪切破坏，从而使整个岩体滑动。

脆性拉伸断裂的原因是岩石断裂面上所受的拉应力达到其抗拉强度。脆性剪切断裂的原因是岩石断裂面上所受的剪应力达到其抗剪强度。塑性破坏的原因是岩石内部结构形态发生变化使结晶晶格错位。弱面剪切破坏的原因是岩石在荷载作用下，软弱结构面上的剪应力大于该面上的强度。

2-4 什么是应力-应变全过程曲线？为什么普通材料试验机得不到应力-应变全过程曲线？

应力-应变全过程曲线是指，能够全面反映岩石受压破坏过程中的应力、应变特征，特别是岩石破坏后的强度与力学性质变化规律的应力-应变曲线。

普通材料试验机得不到全应力-应变曲线的原因是材料试验机的刚度不足。即岩石试件的刚度大，材料试验机的刚度小，材料试验机在岩石试件受载变形的同时也发生变形，并积蓄了相当的应变能，当岩石试件受载达到破裂的瞬间，试件的承载能力下降，对材料试验机失去支撑的能力，材料试验机在试验过程中所积存的应变能就在这一瞬间迅速释放，致使材料试验机冲击岩样，使它炸裂成碎块，于是岩样破裂，材料试验机自动卸载，岩样破坏的全过程就不能继续观测。

2-5 什么是库伦强度准则？

库伦强度准则是一种经验公式，一般只适用于岩石材料的受压状态，对受拉状态不太适宜。库伦强度准则认为岩石的破坏属于在正应力作用下的剪切破坏，它不仅与该剪切面上剪应力有关，而且与该面上的正应力有关。岩石并不是沿着最大剪切应力作用面产生破坏，而是沿其剪切应力和正应力最不利组合的某一面产生破坏的。库伦强度准则存在的问题是：只考虑最大和最小主应力对破坏的影响，并没有考虑中间主应力的影响。

2-6 影响岩石力学性质的主要因素有哪些？

主要因素有岩石的成分与构造、试件的尺寸与形状效应、加载方式与围压、含水率、温度。

2-7 简述岩石三种基本元件的力学模型。

1. 弹性元件（胡克体）

弹性元件在荷载作用下，其变形性质完全符合胡克定律，是一种理想弹性体。其力学模型用一个弹簧元件表示，符号为 H。胡克体的性能为：①具有瞬时弹性变形性质，无论荷载大小，只要 σ 不为零，就有相应的应变 ε 出现；②应力保持恒定，应变也保持不变，故无蠕变性质；③当 σ 变为零（卸载）时，ε 也为零，说明没有弹性后效，即变形与时间无关；④应变为恒定时，应力也保持不变，应力不因时间增长而减小，故无应力松弛性质。

2. 塑性元件（圣维南体）

物体所受的应力达到屈服极限时便开始产生塑性变形，即使应力不再增加，变形仍不断增长，具有这一性质的物体称为理想塑性体，符号为 C。理想塑性体服从库伦摩擦定律，本构方程为：当 $\sigma < \sigma_s$ 时，$\varepsilon = 0$；当 $\sigma \geqslant \sigma_s$ 时，ε 趋向于无穷大。其中 σ_s 为材料的屈服极限。即当 $\sigma < \sigma_s$ 时，不滑动，无任何变形；当 $\sigma \geqslant \sigma_s$ 时，变形无限增长。

3. 黏性元件（牛顿体）

牛顿体是一种理想黏性体，符合牛顿流动定律，即应力与时间成正比。牛顿体的力学模型可用一个带孔活塞组成的阻尼器表示，通常称为黏性元件，符号为 N。分析牛顿体的本构关系，可知牛顿体具有如下性质。

① 当 $\sigma = \sigma_0$ 时，$\varepsilon = \sigma_0 t / \eta$。说明受应力 σ_0 作用，要产生相应的变形必须经过时间 t。$t = 0$，$\varepsilon = 0$，表明无瞬时变形。从元件的物理概念也可知，当活塞受拉力时，活塞发生位移，但由于黏性液体的阻力，活塞的位移逐渐增大，位移随时间推移而增大，黏性元件具有蠕变性质。所以，牛顿体与胡克体不同，它无瞬时变形，但是有蠕变性质。

② $\sigma = 0$（卸载），$\eta \varepsilon' = 0$，积分后得 $\varepsilon = C$，C 为常数，活塞的位移立即停止，不再恢复，只有再次受到相应的压力时，活塞才回到原位，所以牛顿体无弹性后效，有永久变形。

③ $\varepsilon=C$，C 为常数，由式（2-32）可知 $\sigma=0$，说明当应变保持某一恒定值后，应力为零，无应力松弛性质。

3-1 简述结构面的状态对结构面物理力学性质的影响。

1. 结构面的产状。结构面的产状指结构面的走向、倾向和倾角，对岩体是否沿某一结构面滑动起着控制作用。

2. 结构面的形态。它决定着结构体沿结构面滑动时抗滑力的大小，当结构面的起伏度大、粗糙度高时，其抗滑力大。

3. 结构面的延展尺度。在工程岩体范围内，延展尺度大的结构面控制了岩体强度。

4. 结构面的密集程度。岩体中发育的各组结构面的密集程度，表示岩体中结构面的发育程度。结构面组数及其组合特征，反映了岩体中各个方向结构面的存在情况及它们对岩体的切割程度。结构面组数越多，结构体的块度就越小，因而岩体的完整性越差，其强度也越低。不同方向的结构面分布越均匀，则岩体的各向异性越不明显；反之，则各向异性越明显。

5. 结构面的充填物。对于软弱结构面，其充填物和含水率不同导致力学性质差别很大。

3-2 简述节理的法向变形特点。

1. 节理的弹性变形

由于节理面的成因不同，节理的两侧壁面既有光滑平整的，也有粗糙的。当节理两壁为光滑平整的平面时，节理受力后壁间可以完全闭合形成面接触。但节理面往往都不是光滑平整的平面，因此，其两壁面的接触不是完全的面接触，实际上是点接触或局部的面接触。所以，当其受到压缩作用时，如果节理是张开的，则节理受力后闭合，然后通过各个接触面传递荷载，并在各接触面上产生压缩的弹性变形。

2. 节理的闭合变形

上述节理的弹性变形是理论变形。实际上，节理两壁的情况是随荷载不同而变化的。当节理面是粗糙壁面时，节理面上的初期荷载仅由若干接触点来支承，形成点接触，其接触面面积近于零。增加法向荷载时，接触处可因变形、压碎、楔入而扩大接触面，并随变形的发展而逐步增加新的接触点。这样，在增加荷载的情况下，利用数学、力学方法找出节理面的法向变形规律是可能的。

3-3 简述单节理岩体的破坏形式与节理面角度的关系。

若岩体受主应力 σ_1 及 σ_3 的作用，节理面与最大主应力平面的交角为 β（图 3-1）。

如果节理面强度符合库伦强度准则，其强度曲线也正好是 RQP，那么，应力圆周上的 P 点正好位于节理面的强度曲线上，节理面也正好处于极限应力平衡状态，此时，岩体将开始沿节理面产生滑移。当 β 角减小时，表征节理面应力状态的 P 点将降至节理面强度曲线 RQP 之下，此时节理面上出现的剪应力 τ 将小于节理面的抗剪强度，因此，岩体将不沿节理面产生滑移。当 β 角增大时，P 点即位于强度曲线 RQP 之上，此时节理面上出现的剪应力 τ 将大于节理面的抗剪强度，因而可使岩体沿节理面产生滑动，并

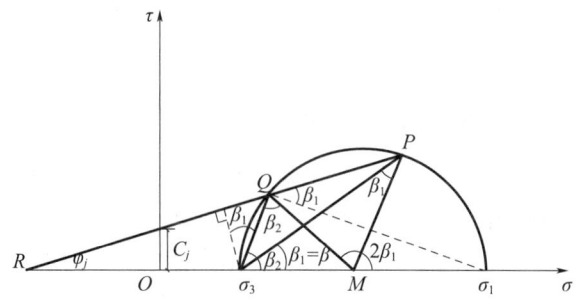

图 3-1 单节理岩体的破坏形式与节理面角度

可推知在此之前岩体已开始沿节理面产生滑移。但当 β 角增至 $\beta>\beta_2$ 时，P 点又位于强度曲线 RQP 之下，因而不会引起岩体沿节理面产生滑移的现象。

由此可以看出，当节理岩体作用有主应力 σ_1 和 σ_3 时，只有在 $\beta_1 \leqslant \beta \leqslant \beta_2$ 的条件下，单节理岩体才会沿节理面发生移动破坏。当 $\beta<\beta_1$ 或 $\beta>\beta_2$ 时，岩体不会沿节理面破坏，即使岩体发生破坏，也只能是在与节理面相交的其他断面上发生破坏，而与节理面无关。

3-4 简述围压对岩体力学性能的影响。

围压对岩体力学性能的影响主要有：
① 围压越大，岩体承载能力或者强度越大；
② 低围压下岩体呈脆性，高围压下岩体呈塑性；
③ 围压越大，弹性波传播的衰减越小。

3-5 简述弹性波测量岩体强度的原理。

岩体强度是指岩体抵抗外力破坏的能力，包含抗压、抗拉、抗剪强度。节理、裂隙等结构面是影响岩体强度的主要因素，其分布情况可通过弹性波传播来查明，弹性波穿过岩体时，遇到裂隙便发生绕射或被吸收，传播速度将有所降低。裂隙越多，波速降幅越大。小尺寸试件含裂隙少，弹性波传播速度快。根据弹性波在岩石试块和岩体中的传播速度比，可判断岩体中裂隙发育程度。

3-6 简述典型的岩石在单向压应力作用下，四个较为明显阶段的变化过程及原因。

典型的岩石在单向压应力作用下，会存在四个较为明显的阶段（图 3-2）。

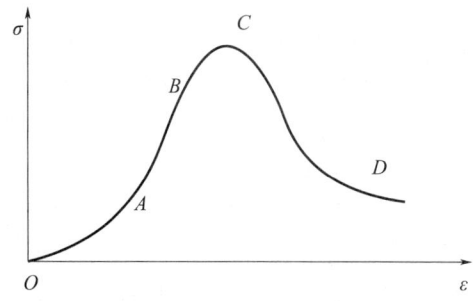

图 3-2 岩石在单向压力下的四个阶段

① 裂隙压密阶段（OA）：岩样中的裂隙被压密，曲线上凹，属于塑性变形，变形后不可恢复。

② 弹性变形阶段（AB）：变形后可恢复，呈直线，即弹性模量为常数。

③ 塑性变形阶段（BC）：岩样中裂隙扩张，变形后不能完全恢复，曲线下凹。

④ 破坏后阶段（CD）：应变软化阶段，变形增大，应力减少，塑性变形比例很大。在到达 D 点以后，靠碎块间的摩擦力还存在残余强度 σ_D。

3-7 简述普氏分类法的优缺点。

在中华人民共和国成立初期引入的、以"坚固性"这一概念作为岩石工程分类依据的普氏分类法，在我国现行的设计手册中依然被广泛采用，通常用"坚固性系数 f 值"来表示岩石破坏的难易程度。f 也称普氏岩石坚固性系数。f 值用岩石的单向抗压强度 R_C（MPa）除以 10 来表示：

$$f = \frac{R_C}{10}$$

其优点是：能够反映岩石结构非连续性，简单易行，可快速地评价岩石质量。

其缺点是：没有反映岩体的特征。

3-8 名词解释：岩体结构、岩体结构面、工程岩体、RQD。

岩体结构：岩体内结构面和结构体的排列组合形式。岩体经受各种地质作用，形成具有不同特性的地质界面，称为结构面；结构面将岩体分割成形态不一、大小不等的岩块，称为结构体。

岩体结构面：岩体中存在的一些明显的地质遗迹，如假整合、不整合、褶皱、断层、节理、劈理等，即节理，由于节理的存在，造成了介质不连续，因而这些界面又称不连续面或结构面。

工程岩体：地下工程、工业与民用建筑、大坝、边坡等各类岩石工程影响范围内的岩体。

RQD：单位长度钻孔中 100mm 以上岩芯占有的比例。

3-9 结构面按成因通常分为哪几种类型？各自的特点是什么？

结构面按照地质成因不同，可划分为原生结构面、构造结构面、次生结构面三类。

原生结构面是指在成岩过程中所形成的结构面。岩石按成因可划分为岩浆岩、沉积岩、变质岩三大类。

构造结构面是指岩体受地壳运动（构造应力）作用所形成结构面，如断层、节理、劈理以及由于层间错动而引起的破碎层等。其中，断层的规模最大，节理的分布最广。

次生结构面是指岩体在外界（如风化、卸荷、应力变化、地下水、人工爆破等）作用下形成的结构面。它们的发育多呈无序、不平整、不连续状态。

3-10 结构面的状态分为哪几种？

结构面的产状、形态、延展尺度和密集程度以及结构面的充填物等。

(1) 结构面的产状是结构面的走向、倾向和倾角。

(2) 结构面的形态包括结构面的粗糙度、抗滑度。

(3) 结构面的延展尺度中，按结构面的贯通情况，可将结构面分为非贯通性的、半贯通性的和贯通性的三种类型。

(4) 结构面的密集程度表示岩体中结构面的发育程度。

(5) 结构面的充填物分为无结构面的充填物。

3-11 简述结构面的变形特性。

结构面的变形可分为节理的法向变形和剪切变形两类。

(1) 节理的法向变形。

① 节理的弹性变形：当节理受到压缩作用时，如果节理是张开的，则节理受力后闭合，然后通过各个接触面传递荷载，并在各接触面上产生压缩的弹性变形。

② 节理的闭合变形：节理两壁的情况是随荷载不同而变化的。当节理面是粗糙壁面时，节理面上的初期荷载仅由若干接触点来支承，形成点接触，其接触面面积近于零。

(2) 节理的剪切变形：在平行于节理面的剪应力作用下产生的相对剪切变形。

节理面粗糙、无充填物（或充填厚度很小）时，在一定的法向应力条件下，开始时，剪应力增加较快，但剪切变形增加较慢，变形呈弹性，剪切刚度可视为常数；随着剪应力的增大，在达到峰值剪切强度之前，剪切位移明显增大，剪切刚度逐渐减小（这一过渡阶段范围很小）；剪应力达到峰值强度之后，抗剪能力迅速下降，变形量却大幅增加，直到最后出现残余抗剪应力。节理面在残余抗剪应力的作用下不断发生滑移变形。

如果节理中含有较厚的充填物，尤其是含有黏土类物质时，则其特点是峰值强度 τ_p 不明显，且峰值强度 τ_p 与残余剪切强度 τ_r 相差很小，曲线的斜率是连续变化的，具有流变性。

3-12 简述多节理面与单节理面岩体的力学性质的关系与区别。

当岩体中含有一个节理面，且受到外力作用时，节理面上将出现正应力 σ 及剪应力 τ。节理面与最大主应力平面的交角为 β，单节理面岩体在多向压缩下，仅当 $\beta_1 \leqslant \beta \leqslant \beta_2$ 时，节理面才会对岩体强度产生影响，使岩体沿节理发生破坏。否则，岩体强度将不因节理面的存在而减弱。

当岩体中含有两组相交的节理面时，两组节理面中仅有一组节理面符合 $\beta_1 \leqslant \beta \leqslant \beta_2$ 的条件时，显然，岩体强度即取决于该组节理面的强度，岩体破坏必将沿该节理面发生。两组节理面均符合 $\beta_1 \leqslant \beta \leqslant \beta_2$ 的条件时，岩体强度将由其临界应力圆直径的大小而定，即视 $\sigma_1 - \sigma_3$ 的值而定。显然，岩体破坏将沿临界应力圆直径较小的节理面发生，而岩体强度也将取决于该组节理面的强度。两组节理面均不符合 $\beta_1 \leqslant \beta \leqslant \beta_2$ 的条件时，岩体的强度才取决于岩石本身的强度，而不受节理面存在的影响。

当所研究的岩体范围内存在更多的相互交割的节理组时，岩体破坏基本上是沿节理面发生的，其破坏面主要决定于主应力的大小及方向，与各向同性岩石的破坏相近似，但其强度较岩石强度有显著降低。

3-13 简述结构面粗糙起伏对抗剪强度的影响。

（1）当 σ 较小时，上盘岩块上下运动，产生爬坡效应，增大了 τ。
（2）当 σ 较大时，将剪断凸起而运动，也增大了 τ。

低法向应力的剪切，结构面有剪切位移和剪胀；高法向应力的剪切，凸起会被剪断，结构面抗剪强度最终变成残余抗剪强度。在剪切过程中，起伏形成的粗糙度以及岩石强度对结构面抗剪强度形成起着重要作用。

3-14 岩体结构分为哪几类？说明分类的方法及每类岩体结构的特征。

研究岩体力学性质要从岩性、结构面、岩体结构形式、应力环境和地下水几个方面考虑，将岩体的结构分为如下五类。

① 整体结构：均质，巨块状岩浆岩、变质岩，巨厚层沉积岩、正变质岩，整体强度高，岩体稳定，可视为均质弹性各向同性体。

② 块状结构：厚层状沉积岩，正变质岩，块状岩浆岩、变质岩，整体强度较高，结构面互相牵制，岩体基本稳定，接近弹性各向同性体。

③ 层状结构：多韵律的薄层及中厚层状沉积岩，副变质岩，接近均一的各向异性体，其变形及强度特征受层面及岩层组合控制，可视为弹塑性体，稳定性较差。

④ 碎裂结构：构造影响严重的破碎岩层，完整性破坏较大，整体强度很低，并受断裂等软弱结构面控制，多呈弹塑性介质，稳定性很差。

⑤ 散体结构：构造影响剧烈的断层破碎带、强风化带、全风化带，完整性遭到极大破坏，稳定性极差，岩体属性接近松散体介质。

3-15 岩石与岩体的主要区别在哪里？其强度与变形之间的关系是怎样的？

岩石就是由矿物或岩屑在地质作用下按一定的规律聚集而形成的自然物体。岩体则是指在一定的地质条件下，含有诸如节理、裂隙、层理和断层等地质结构面的复杂地质体。

在压力作用下，岩石发生的非线性变形可分为以下三个阶段。（1）体积减小阶段：弹性阶段，岩石变形呈线性变化。（2）体积不变阶段：岩石虽有变形，但应变增量接近于零，即岩石体积大小几乎没变化。（3）扩容阶段：在塑性变形阶段及峰后区，岩石变形主要是由裂隙产生、贯穿、滑移、错动甚至张开造成的。

岩体变形的基本形式有以下三种。（1）直线形：表现为近似于直线关系的变形特征，直到发生突发性破坏，且以弹性变形为主，是玄武岩、石英岩、辉绿岩等坚硬、极坚硬岩类岩块的特征曲线。（2）下凹形：开始为直线，至末端则出现非线性屈服段。较坚硬而少裂隙，节理裂隙发育，泥质充填，岩性软弱的岩石，如石灰岩、砂砾岩和凝灰岩等常呈这种变形曲线形式。（3）上凹形：开始为上凹型曲线，随后变为直线，直到破坏，没有明显的屈服段。坚硬而有裂隙发育，多呈张开而无充填物的特征，如花岗岩、砂岩及平行片理加荷的片岩等常呈这种曲线形式。

3-16 常用的岩体强度指标有哪几种？确定岩体强度的方法主要有哪些？

岩体强度是指岩体抵抗外力破坏的能力，包含抗压、抗拉、抗剪强度。其中抗拉强度相对抗压、抗剪强度数值很小，在实践和理论中几乎不加以考虑和研究，在实际工程中也尽量避免岩体出现拉应力。

确立岩石强度的方法主要有：试验确定法和岩体强度估算法。

3-17 岩石在单轴压缩下的应力-应变曲线有哪几种类型？请用图说明其各自的特点。

① 直线形：表现为近似于直线关系的变形特征，直到发生突发性破坏，且以弹性变形为主，是玄武岩、石英岩、辉绿岩等坚硬、极坚硬岩类岩块的特征曲线（图3-3）。

② 下凹形：开始为直线，至末端则出现非线性屈服段。较坚硬而少裂隙，节理裂隙发育，泥质充填，岩性软弱的岩石，如石灰岩、砂砾岩和凝灰岩等常呈这种变形曲线形式。

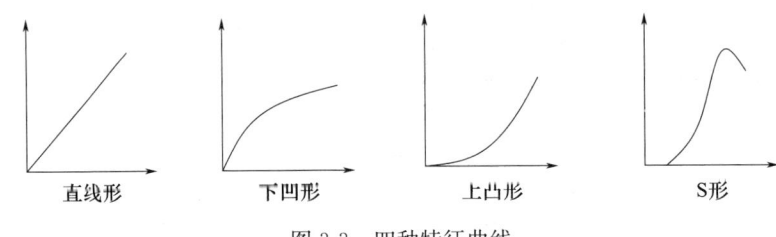

图 3-3 四种特征曲线

③ 上凹形：开始为上凹形曲线，随后变为直线，直到破坏，没有明显的屈服段。坚硬而有裂隙发育，多呈张开而无充填物的特征，如花岗岩、砂岩及平行片理加荷的片岩等常呈这种曲线形式。

其他形式可看成这三种形式的组合，如 S 形，为中部很陡的 S 形曲线，是某些坚硬变质岩（如大理岩和片麻岩）常见的变形曲线。

3-18 岩体变形试验中，承压板法与钻孔变形法各自有哪些优缺点？

承压板法优点：简便、直观，能较好地模拟建筑物基础的受力状态和变形特征。
钻孔变形法优点：
① 对岩体扰动小；
② 可以在地下水位以下相当深的部位进行；
③ 试验方向基本不受限制，且试验压力可以达到很大；
④ 在一次试验中可以同时量测几个不同方向的变形，便于研究岩体的各向异性。
缺点：试验涉及的岩体体积较小。该方法较适合于软岩或半坚硬岩体。

3-19 为什么要对岩体进行分类？

根据工程实践和岩石力学试验研究的经验，针对各类岩石工程的特点，将工程岩体分成稳定程度不同的若干级别，作为评价岩体稳定性的标准。使用时只需进行少量的地质勘察和岩石力学试验，就能确定岩体级别、给出相应的物理力学参考数据和资料，从而可以大量节约勘察、试验工作量，缩短前期工作时间。

3-20 如何利用 BQ 分类法对岩体进行分类？

岩体基本质量指标 BQ，应根据分级因素的定量指标 R_C 的兆帕数值和 K_v，按下式计算：

$$BQ=90+3R_C+250K_v$$

注：使用上式时，应遵守下列限制条件。

① 当 $R_C>90K_v+30$ 时，应将 $R_C=90K_v+30$ 和 K_v 代入计算 BQ 值。

② 当 $K_v>0.04R_C+0.4$ 时，应将 $K_C=0.04R_C+0.4$ 和 R_C 代入计算 BQ 值。

岩石坚硬程度的定量指标，应采用岩石单轴饱和抗压强度 R_C。R_C 应采用实测值。当无条件取得实测值时，也可采用实测的岩石点荷载强度指数 $I_{s(50)}$ 的换算值，并按下式换算：

$$R_C=22.82I_{s(50)}^{0.75}$$

采用岩石饱和单轴抗压强度 R_C 划分岩石坚硬程度，见表 3-1。

表 3-1 采用岩石饱和单轴抗压强度 R_C 划分岩石坚硬程度

R_C/MPa	>60	60～30	30～15	15～5	<5
坚硬程度	坚硬	较坚硬	较软岩	软岩	极软岩

岩体完整程度的定量指标，应采用岩体完整性系数 K_v。K_v 应采用实测值。当无条件取得实测值时，也可用岩体体积节理数 J_v，按表 3-2 确定对应的 K_v 值。

表 3-2 采用岩体体积节理数 J_v 确定 K_v 值

J_v（条/m³）	<3	3～10	10～20	20～35	>35
K_v	>0.75	0.75～0.55	0.55～0.35	0.35～0.15	<0.15

采用完整性系数 K_v 划分岩体完整程度，见表 3-3。

表 3-3 采用完整性系数 K_v 划分岩体完整程度

K_v	>0.75	0.75～0.55	0.55～0.35	0.35～0.15	<0.15
完整程度	完整	较完整	较破碎	破碎	极破碎

① 工程岩体级别的确定。

按 BQ 值进行岩体基本质量分级，见表 3-4。

表 3-4 岩体基本质量分级表

基本质量级别	岩体基本质量定性特征	岩体基本质量指标（BQ）
Ⅰ	坚硬岩，岩体完整	>550
Ⅱ	坚硬岩，岩体较完整；较坚硬岩，岩体完整	550～451
Ⅲ	坚硬岩，岩体较破碎；较坚硬岩或软硬岩互层，岩体较完整；较软岩，岩体完整	450～351
Ⅳ	坚硬岩，岩体破碎；较坚硬岩，岩体较破碎至破碎；较软岩或软硬岩互层，且以软岩为主，岩体较完整至较破碎；软岩，岩体完整至较完整	350～251

续表

基本质量级别	岩体基本质量定性特征	岩体基本质量指标（BQ）
V	较软岩，岩体破碎；软岩，岩体较破碎至破碎；全部极软岩及全部极破碎岩	≤250

② 基本质量指标 BQ 值的修正。

结合工程具体情况，对 BQ 进行修正，修正值 $[BQ]$ 按下式计算：

$$[BQ] = BQ - 100(K_1 + K_2 + K_3)$$

式中　K_1——地下水影响修正系数，见表3-5；

　　　K_2——主要软弱结构面产状影响修正系数，见表3-6；

　　　K_3——初始地应力状态影响修正系数，见表3-7。

表3-5　地下水影响修正系数 K_1

地下出水状态	BQ			
	>450	450～351	350～251	≤250
潮湿或点滴状态出水	0	0.1	0.2～0.3	0.4～0.6
淋雨状或涌流状出水，水压小于0.1MPa或单位出水量小于或等于10/（min·m）	0.1	0.2～0.3	0.4～0.6	0.7～0.9
淋雨状或涌流状出水，水压大于0.1MPa或单位出水量大于10/（min·m）	0.2	0.4～0.6	0.7～0.9	1.0

表3-6　主要软弱结构面产状影响修正系数 K_2

结构面产状及其与洞轴线的组合关系	结构面走向与洞轴线夹角小于30°，结构面倾角30°～75°	结构面走向与洞轴线夹角大于60°，结构面倾角大于75°	其他组合
K_2	0.4～0.6	0～0.2	0.2～0.4

表3-7　初始地应力状态影响修正系数 K_3

初始应力状态	BQ				
	>550	550～451	450～351	350～251	≤250
极高应力区	1.0	1.0	1.0～1.5	1.0～1.5	1.0
高应力区	0.5	0.5	0.5	0.5～1.0	0.5～1.0

4-1　岩体初始应力包括哪些？

岩体初始应力（原岩应力）主要由岩体自重应力和岩体构造应力组成。

4-2　简述岩体初始应力的计算方法。

计算岩体自重应力时，需要将岩体视为均匀、连续且各向同性的弹性体，因而可以引用连续介质力学理论来探讨岩体的重力应力场问题。将岩体视为半无限体，即上部以地表为界，下部及水平方向均视为无界限状态，岩体中某点的应力仅由上覆岩体的自重产生。

① 对埋藏深度为 z 的单元体，运用 $\sigma_z = \gamma z$ 进而运用胡克定律可求出应力应变。

② 对于深度为 H 的成层岩体，各层岩石质量不同时，可以将①中求解的应力应变代入各层的 h 进行求解。

即：

$$\left. \begin{array}{l} \sigma_z = \sum_{i=1}^{n} \gamma_i h_i \\ \sigma_x = \sigma_y = \dfrac{\mu}{1-\mu}\sigma_z = \lambda \sigma_z \end{array} \right\}$$

③ 薄层状沉积岩，其自重应力分布有如下两种情况。

当岩层水平时，有：

$$\left. \begin{array}{l} \sigma_z = \sum_{i=1}^{n} \gamma_i h_i \\ \sigma_x = \sigma_y = \dfrac{\mu_\perp}{1-\mu_{/\!/}} \times \dfrac{E_{/\!/}}{E_\perp}\sigma_z \end{array} \right\}$$

当岩层垂直时，有：

$$\left. \begin{array}{l} \sigma_z = \sum_{i=1}^{n} \gamma_i h_i \\ \sigma_x = \dfrac{\mu_{/\!/}(1+\mu_{/\!/})E_\perp}{(1-\mu_{/\!/}\mu_\perp)E_{/\!/}}\sigma_z \\ \sigma_y = \dfrac{\mu_{/\!/}(1+\mu_\perp)}{1-\mu_{/\!/}\mu_\perp}\sigma_z \end{array} \right\}$$

构造应力尚无法用数学力学的方法进行分析计算，只能用现场应力量测的方法来求得。

4-3　简述构造应力方向的判定方法。

根据岩体变形破坏机理，对构造运动留下的遗迹（构造形迹）进行分析，可以判断构造应力的主应力方向。岩体构造应力一般可分为以下三种情况。

1. 原始构造应力

每一次构造运动都在地壳中留下构造形迹，如结构面，有的地点构造应力在这些形迹附近表现强烈，且关系密切。如乌克兰顿巴斯煤田，在没有呈现构造形迹的矿区，原岩体内垂直应力为 $\sigma_v = \gamma H$；在构造形迹不多的区域，σ_v 超过 γH 大约 20%；在构造复杂区，σ_v 远远超过 γH。

原始构造应力场的方向可以用地质力学的方法判断，因为构造形迹与形成时期的应力方向有一定的关系。根据各构造的力学性质，可以判断原始构造应力的方向。

2. 残余构造应力

有的地区虽然有构造运动形迹，但是构造应力不明显或不存在，原岩应力基本包括在重力应力之中。其原因在于远古时期地质构造运动虽然使岩体变形，以弹性能的方式储存于地层之内，形成构造应力，但是经过漫长的地质年代，由于应力松弛作用，应力随之减少，而且每一次新的构造运动都将引起上一次构造应力释放，而地貌的变动也会引起应力释放，因而使原始构造应力大大降低。这种显著降低的原始构造应力称为残余构造应力。各地区原始构造应力的松弛与释放程度大不相同，所以残余构造应力的差异很大。

  3. 现代构造应力

  许多实测资料表明，有的地区构造应力与构造形迹无关，而与现代构造运动密切相关。如哈萨克斯坦哲兹卡兹甘铜矿床，其原岩应力以水平应力为主，它的方向不是垂直而是构造线走向。俄罗斯科拉半岛水平应力为垂直应力的19倍，且地表以每年5～50mm的速度上升。由此可知，在这些地区不能用古老的构造形迹来说明现代构造应力，而应该着重研究现代构造应力场。

4-4　影响原岩应力的因素是什么？

  原岩应力的分布规律还受地形、地表剥蚀、风化、岩体结构特征、岩石力学性质、温度、地下水等因素的影响，特别是地形和断层的扰动影响最大。

  地形对原岩应力的影响非常复杂。在一些具有负地形的峡谷或山区，地形的影响在侵蚀基准面上下一定范围内表现特别明显。一般来说，谷底是应力集中的部位，越靠近谷底，应力集中越明显。最大主应力在谷底或河床中心近于水平，而在两岸岸坡则向谷底或河床倾斜，并大致与坡面相平行。近地表或接近谷坡的岩体，其地应力状态和深部及周围岩体显著不同，并且没有明显的规律性；随着深度不断增加或远离谷坡，地应力分布状态逐渐趋于规律化，并且显示出和区域应力场的一致性。

  在断层和结构面附近，地应力分布状态也会受到明显的扰动。断层端部、拐角处及交汇处将出现应力集中的现象，端部的应力集中与断层长度有关。长度越大，应力集中越强烈；拐角处的应力集中程度与拐角大小及其与地应力的相互关系有关。当最大主应力的方向和拐角的对称轴一致时，其外侧应力大于内侧应力。因为断层中的岩体一般都较软弱和破碎，不能承受高的应力，不利于能量积累，所以成为应力降低带，其最大主应力和最小主应力与周围岩体相比均表现为显著减小。同时，断层的性质不同，对周围岩体应力状态的影响也不同。在压性断层中，应力状态与周围岩体比较接近，只是主应力的大小相比周围岩体有所下降。而在张性断层中，地应力大小和方向与周围岩体相比均发生显著变化。

4-5　简述水压致裂法的原理与特点。

  原理：这种方法借助于封隔器在垂直钻孔中测点处封隔一段，作为压裂段，然后将压裂液送入压裂段，通过加压泵对压裂段施加水压力，使孔壁岩石破裂，然后用印模器印出压裂裂缝，确定压裂裂缝的方向，并根据压裂时的水压力计算岩体初始应力。这种方法通过钻孔电视照相机选择压裂段，借助于安装在印模器上的指南针测定裂缝方向。

  特点：水压致裂法的优点是测段岩石较长，因此其代表性较好。同时可以在深孔中进行测定，目前测量深度已达5000m；缺点是必须假定铅垂方向为一个主应力方向，而在浅部三个主应力严格水平和垂直的情况较少。

4-6　简述应力解除法的原理。

  应力解除法是原岩应力测量中应用较广的一种方法。它的基本原理是：地下某点的岩体处于三向压缩状态，若用人为的方法解除其应力，必然发生弹性恢复现象。应用一定的仪器，测定其恢复的应变值和变形值，并且认为岩体是连续、均质和各向同性的弹性体，利用如下弹性力学公式则可算出岩体初始应力。

$$\varepsilon_x = \frac{\Delta x}{x} \quad \varepsilon_y = \frac{\Delta y}{y} \quad \varepsilon_z = \frac{\Delta z}{z}$$

4-7 岩体初始应力状态分布的主要规律有哪些？

由于原岩的非均质性，以及地质、地形、构造和岩石物理力学性质等影响，很难概括出原岩应力状态及其变化规律。通过地质调查和大量地应力测量资料的分析研究，可以初步认识到原岩应力场的分布规律。其主要规律有以下几个。

（1）原岩应力场是相对稳定的非稳定场。
（2）水平应力 σ_h 普遍大于垂直应力 σ_v。
（3）原岩应力三个主应力 $\sigma_{h,\max}$、$\sigma_{h,\min}$、σ_v 均随深度的增加而增大。

5-1 名词解释：围岩、围岩应力、围岩压力、等应力轴比。

围岩：地下硐室周围发生应力重新分布的岩体。
围岩应力：围岩中重新分布后的应力。
围岩压力：开挖后岩体作用在支护上的压力（狭义的围岩压力）；围岩应力的全部作用（广义的围岩压力）。
等应力轴比：椭圆形硐室周边各点位置的应力均为等值压应力时的轴比。

5-2 简要说明围岩应力分布特点。

围岩应力的弹性分布。岩体经人工开挖硐室之后，洞壁的部分应力被释放，使硐室周围岩体的应力重新调整。由于岩体自身强度比较高或者作用于岩体的初始应力比较小，硐室周边的应力状态处于弹性应力状态。

围岩应力的弹塑性分布。由于作用在岩体上的初始应力较大或者岩体自身的强度比较低，硐室开挖后，洞壁的部分岩体应力超出了岩体的屈服应力，使岩体进入了塑性状态。随着围岩与硐室的距离增大，最小主应力增大，进而提高了岩体强度，并使岩体应力转为弹性状态。

5-3 在什么条件下椭圆形断面巷道的围岩应力分布最合理？

椭圆长轴总是顺着原岩应力的最大主应力的方向，且轴比满足式 $K = \dfrac{1}{\lambda} = \dfrac{b}{a}$ 为最佳。

5-4 根据弹塑性区围岩应力变化规律及分布状态，硐室围岩可分成哪几个区域？简要说明每个区域的应力分布特点。

（1）塑性区。塑性区的应力 σ_{rp}、$\sigma_{\theta p}$ 将随 r 的增大而增大，且塑性区的应力应该满足 $\sigma_{\theta p} = \sigma_{rp} m + \sigma_c$。在 $r = R_p$ 处为塑性区的边界，塑性区边界上的径向应力将影响弹性区的应力、位移、应变的计算。

（2）弹性区。塑性区的存在将限制弹性区的应力、位移、应变的发生，因此，与无塑性区的围岩应力状态相比较，各计算式中增加了由塑性区边界上的径向应力 σ_{rp} 的作用所引起的增量。其分布规律与纯弹性区应力分布大致相同。

5-5 有一半径 $r=2$m 的圆形硐室，埋深 $H=300$m，岩石重度 $\gamma=27$kN/m³，侧压力系数 $\lambda=1$。试求硐室周边的应力。

解：已知半径 $r=2$m，埋深 $H=300$m，岩石重度 $\gamma=27$kN/m³，侧压力系数 $\lambda=1$。求得垂直应力和侧向应力：

$$p=\gamma H=27\times 300=8100\text{kN/m}^2$$
$$q=\lambda p=8100\text{kN/m}^2$$

又因为要求其周边的应力，所以 $r=a=2$m，所以 $\sigma_r=\tau_{r\theta}=0$，$\sigma_\theta=[p(1+\lambda)+2(1-\lambda)\cos 2\theta]=8100\times 2=16200\text{kN/m}^2$，以上即为所求硐室的周边应力。

5-6 有一半径 $r=3$m 的圆形硐室，掘进在黏聚力 $c=5.0$MPa、内摩擦角 $\varphi=30°$、岩石重度 $\gamma=27$kN/m³、泊松比 $\mu=0.25$ 的岩层中，侧压力系数 $\lambda=1$，问：

(1) 圆形硐室位于 200m 深处，其硐室是否稳定？

(2) 圆形硐室的极限深度是多少？

(3) 圆形硐室位于 300m 深处，其硐室是否稳定？若不稳定，求该圆形硐室塑性区半径。

解：已知半径 $r=3$m，黏聚力 $c=5.0$MPa，内摩擦角 $\varphi=30°$，岩石重度 $\gamma=27$kN/m³，泊松比 $\mu=0.25$，侧压力系数 $\lambda=1$。

(1) $\sigma_z=\gamma\times h=27\times 200=5400kPa=5.4$MPa

$$\sigma_x=\sigma_y=p\frac{\mu}{1-\mu}\sigma_z=\frac{0.25}{1-0.25}\times 5.4\text{MPa}=1.8\text{MPa}$$

$$\sigma_r=\left(1-\frac{a^2}{r^2}\right)p=0,\quad \tau_{r\theta}=0,\quad \sigma_\theta=\left(1+\frac{a^2}{r^2}\right)p-2p=3.6\text{MPa}$$

所以 $\sigma_1=\sigma_\theta=3.6$MPa，$\sigma_3=\sigma_r=0$。

由破坏判据：$\sigma_1\geqslant\dfrac{2\times c\times\cos\varphi}{1-\sin\varphi}$，而 $\dfrac{2\times c\times\cos\varphi}{1-\sin\varphi}\approx 17.32$MPa，所以 $\sigma_1=3.6$MPa<17.32MPa，圆形硐室位于 200m 深处，其硐室稳定。

(2) 以不出现塑性破坏为硐室的临界极限深度，则有：

$$Z_{\max}=\frac{c\cos\varphi}{\xi\gamma(1-\sin\varphi)},\quad \text{其中}\ \xi=\frac{\mu}{1-\mu}=\frac{3}{4}$$

计算得极限深度 $Z_{\max}=429$m。

(3) 由圆形硐室塑性区半径公式 $R_p=r_a\left[\dfrac{2p_0(m-1)+2\sigma_c}{\sigma_c(m+1)}\right]^{\frac{1}{m-1}}$（式中 $m=\dfrac{1+\sin\varphi}{1-\sin\varphi}$，$\sigma_c=\dfrac{2c\cos\varphi}{1-\sin\varphi}$）可得：$m=3$，$\sigma_c=17.32$MPa，代入上式得塑性区半径 $R_p\approx 64.91$m。

6-1 试件的形态、高径比、加载速度等对单轴强度岩石单位抗压强度的影响。

(1) 试件形状和尺寸对强度的影响主要表现在高径比 h/d 或高宽比 h/a 和横截面面积上。试件太高，高径比太大，则会由于弹性不稳定而提前发生破坏，降低岩石强度；

试件太短，试件端面与承压板之间的摩擦力会阻碍试件的横向变形，强度也会有所提高。根据研究，采用圆柱体试件时，高径比 $h/d=2\sim2.5$ 为宜。

（2）对岩石进行单轴抗压试验时，如果加载速度过快，超过了岩石的变形速度，即岩石的变形尚未达到稳定状态又继续加载，则在岩石中会出现应变滞后于应力的现象，从而相对地提高岩石的弹性模量，减小了其组成粒子之间的位移，使岩石显示出更高的强度。同时，当岩石的应力和应变达到某种限度，开始出现粒子位置交换（开始出现塑性变形）时，如果加载速度过快，会使粒子在脱离了原有的结合关系之后，无暇完成新的结合关系，从而导致岩石呈脆性破坏。由此可见，加快加载速度不仅会使岩石强度加大，也会改变岩石的破坏性质，在进行岩石单轴抗压试验时，以 $0.49\sim0.78\mathrm{MPa/s}$ 的速度加载为宜。

6-2　比较岩石抗拉强度试验中的直接拉伸法和劈裂法的异同点。

1. 相同点

（1）虽然两种试验中试件的受力状态各不相同，直接拉伸试验中试件处于拉伸应力状态，劈裂试验中试件处于一向受拉，另一向受压的二向应力状态，在两种试验中试件都是拉裂破坏。

（2）尽管不同试验方法中试件破坏时的应力状态不同，但其破坏面均与拉应力垂直。

（3）通过试验方法所得的抗拉强度计算式中，均不含有变形参数（区别于圆盘弯曲试验）。

2. 不同点

（1）与直接拉伸试验试件的破坏不同，劈裂试验中试件先经历一个压密阶段再破坏。在直接拉伸试验中，由于不存在压缩试验中的压密阶段，因此，直接拉伸过程中岩石所产生的非弹性应变与受拉裂缝的扩展直接相关。在一定程度上，可认为非弹性应变增加的主要原因在于岩石裂缝的扩展，可以说在直接拉伸过程中，岩石中受拉裂缝的扩展是产生非弹性应变的直接原因。而在劈裂试验中，线荷载的施加往往通过用一个强度大于岩石材料的垫条来实现，因此造成在垫条与试件的接触处，由于应力集中等现象，垫条强度又大于岩石强度，造成垫条先将接触面一定范围内的岩石挤碎，随着压力的增大，最终试件沿着竖向的裂缝贯穿。在试件顶部存在一定范围内的整体破坏区，在这个破坏区出现以后，在其下部产生一条贯穿的裂缝。

（2）根据试验结果，可以知道岩石在直接拉伸过程中存在延性破坏和残余强度。在轴向拉力的作用下试件沿着组成岩石矿物的粗细颗粒连接处拉开，宏观上看，断面基本上与轴线垂直。在直接拉伸试验中，破裂面只受拉应力，劈裂法不但有拉应力还有压应力的作用，试件属于压拉破坏。两种试验测出的抗拉强度值一般都有差别。一般来说，直接拉伸法测得的强度较劈裂法高，直接拉伸试验试件中受拉裂缝的扩展是试件产生非弹性应变最直接的原因。而对于劈裂试验，由于垫条集中荷载的作用，试件与垫条的接触处岩石先行破坏，形成破坏区，并不断发展，使得岩石还没有完全达到抗拉强度就发生劈裂破坏，因此通过劈裂试验测得的抗拉强度往往偏低。

（3）影响因素存在不同。在直接拉伸试验中，试验的主要影响因素为所施加的拉力必须与岩石试件同轴心，否则由于偏心荷载，试件的破坏断面就会不垂直于岩石试件的轴心。试件与夹具间要结合紧密，否则会出现试件与夹具脱落，在试件固定处附近又常常有应力集中现象。

6-3 岩石三轴试验可求得哪些力学参数？三向应力条件下的力学试验有何实际意义？

岩石三轴试验可求得试样的弹性参数 E、抗压强度 σ_c、内聚力 c 和内摩擦角 φ。

工程中所遇到的岩体或矿体多处于三向应力状态，因此，仅研究单轴应力状态下岩石的变形性质是不够的，必须充分认识复杂应力状态下岩石的变形性质，只有这样，才能正确地解决工程中的岩石力学问题。

参考文献

[1] 赵明阶. 岩石力学 [M]. 北京：人民交通出版社，2011.
[2] 王渭明，杨更社，张向东，等. 岩石力学 [M]. 徐州：中国矿业大学出版社，2010.
[3] 张永兴. 岩石力学 [M]. 北京：中国建筑工业出版社，2004
[4] 赵文. 岩石力学 [M]. 长沙：中南大学出版社，2010
[5] 徐志英. 岩石力学 [M]. 北京：中国水利水电出版社，2007.
[6] GB/T 50266—2013. 工程岩体试验方法标准 [S]. 北京：中国计划出版社，2013.
[7] GB/T 23561.9—2009. 煤和岩石物理力学性质测定方法 第 9 部分：煤和岩石三轴强度及变形参数测定方法 [S]. 北京：中国标准出版社，2009.
[8] 付志亮. 岩石力学试验教程 [M]. 北京：化学工业出版社，2011.
[9] 张永兴. 岩石力学（第二版）[M]. 北京：中国建筑工业出版社，2008.
[10] 沈明荣，陈建峰. 岩体力学 [M]. 上海：同济大学出版社，2006.
[11] 周维垣. 高等岩石力学 [M]. 北京：水利电力出版社，1990.